Viktor Ritter von Tschusi zu Schmidhoffen

Ornithologisches Jahrbuch

7. Jahrgang 1896

Viktor Ritter von Tschusi zu Schmidhoffen

Ornithologisches Jahrbuch
7. Jahrgang 1896

ISBN/EAN: 9783743334083

Hergestellt in Europa, USA, Kanada, Australien, Japan

Cover: Foto ©berggeist007 / pixelio.de

Manufactured and distributed by brebook publishing software
(www.brebook.com)

Viktor Ritter von Tschusi zu Schmidhoffen

Ornithologisches Jahrbuch

Ornithologisches Jahrbuch.

ORGAN

für das

palaearktische Faunengebiet.

———

Herausgegeben

von

Victor Ritter von Tschusi zu Schmidhoffen,

früherer Präsident d. „Com. f. ornith. Beob.-Stat. in Oesterr.-Ungarn," Ehrenmitgl. d. „Ornith. Ver." in Wien u. d. „Ungar. ornith. Centrale" in Budapest, ausserord. u. correspond. Mitgl. d. „Deutsch. Ver. z. Schutze d. Vogelw." in Halle a. S., der „Naturf.-Gesellsch. d. Osterlandes," Corresp. Memb. of the „Amer. Ornithol.-Union" in New-York, Mitgl. d. „Allgem. deutsch. ornith. Gesellsch," in Berlin, etc.

—— VII. Jahrgang. ——

1896.

Mit einer Tafel.

Hallein, 1896.

Druck von Ignaz Hartwig in Freudenthal (Schles.), Kirchenplatz 13

Verlag des Herausgebers.

Inhalt des VII. Jahrganges.

Aufsätze und Notizen.

IV

Seite

Literatur.
Berichte und Anzeigen.

Todtenliste.

Nachrichten.

An den Herausgeber eingegangene Druckschriften.

40, 83—84, 123—124, 163 -164, 204.

Index der wissenschaftlichen Namen.

245 -249.

Corrigenda.

164, 250.

Ornithologisches Jahrbuch.

ORGAN

für das

palaearktische Faunengebiet.

| Jahrgang VII. | Januar-Februar 1896. | Heft I. |

Julius Finger*).

Ein Nachruf von **Heinr. Glück.**

Am 19. December 1894 starb auf seinem Besitze, Villa im Bärenfelde, in Milltstatt in Kärnten Julius Finger, dessen Name stets einen Ehrenplatz unter den ornithologischen Forschern Österreich-Ungarns einnehmen wird.

Julius Finger wurde am 30. Juni 1826 als Sohn eines Wiener Seidenwarenfabrikanten geboren. Er absolvierte das Gymnasium in der Josephstadt, um bei seiner Vorliebe für die Naturwissenschaften sich dem Studium der Medicin zu widmen. Das Jahr 1848 scheint jedoch auf seinen Plan ändernd eingewirkt zu haben. Da er für das väterliche Geschäft, wiewohl er im Interesse desselben einige Reisen unternommen hatte, keinen Beruf in sich fühlte, erwählte er die Beamtencarrière und trat bei der I. österr. Sparcasse ein, welchem Institute er bis zum Jahre 1887 in der Eigenschaft eines ersten Buchhalters angehörte.

In frühester Jugend schon regte sich die Liebe zur Natur, gefördert durch zahlreiche Fusspartien, welche allsonntäglich unter dem Schutze eines älteren Verwandten in die Umgebung der Kaiserstadt unternommen wurden.

Bezeichnend für den frühentwickelten Sammeleifer Finger's sei hier erwähnt, dass bei Anlegung einer Schmetterlingsammlung kein Weg gescheut wurde, um nur das nöthige Raupenfutter oft weither zu beschaffen.

Im Präpariren -- einer damals von den „Wissenden“ in der Regel strenge vor jedermann geheimgehaltenen Kunstfertigkeit

*) Vgl. auch P. Leverkühn, „Orn. Monatsschrift“. XX. 1895, p. 174—175.
Der Herausgeber.

1

— war der bekannte Wiener Präparator Pregl sein Lehrmeister.
in dessen Geschäft auch Heckel, v. Frauenfeld und Zelebor oft
verkehrten. Finger war ein gelehriger Schüler, der bald seinen
Meister erreichte und später auch übertraf. Seine Präparate
waren unstreitig die besten, die man zu damaliger Zeit zu Gesichte
bekam. Es genügte eben dem regen Schönheitssinne Fingers nicht,
die Vögel einfach zu conservieren und nach herkömmlicher Scha-
blone in möglichst abgerundeter Körperform auf gedrechselten
Postamenten in stramm militärischer Haltung in Reih und Glied
aufzustellen, und so führte ihn sein gesunder Geschmack, unter-
stützt von der Fähigkeit der Wiedergabe des Beobachteten.
von selbst darauf, die Vögel in ihren natürlichen wechselreichen
Stellungen darzustellen. Wie sehr ihm dies gelungen, bezeugt
seine Collection. welche er 1876 dem k. k. naturhistorischen
Hof-Museum spendete, wo dieselbe zuerst separat aufgestellt
war, später aber in die österreichisch-ungarische Abtheilung
der Schausammlung eingereiht wurde. Sie umfasste nach v.
Pelzeln*) 282 Arten in 483 Exemplaren, darunter viele Seltenheiten ersten Ranges.

Die verschiedensten landschaftlichen Bilder aus der engeren
und weiteren Heimat, der Prater und die Auen an der Donau,
die Buchenwälder des Wiener Waldes, das Röhricht und das
Sumpfterrain des Neusiedlersees. Hansags, die Forste der grünen
Steiermark, die Küste der blauen Adria, sie alle, alle mochten
in des Sammlers Erinnerung grüssend auftauchen, wenn er
seine Lieblinge mit zufriedenem Blicke musterte, die er ja
grossentheils selbst erbeutet hatte. Eine solche Sammlung hat
für ihren Besitzer doppelten Wert und die Erlangung eines
neuen Stückes gewährt neue Freude. Kein Wunder daher, wenn
der Verewigte, wie er mir erzählte, jauchzend einen Luftsprung
gethan, als er am Donauufer einen vorbeistreichenden Giarol
(Glareola pratincola) erbeutet hatte.

So sehr er mit Eifer für die Vermehrung seiner Vogelsammlung thätig war, so dass dieselbe in einem relativ kurzen Zeitraume
die hauptsächlichsten und seltensten Arten der heimischen Ornis
in sich vereinigte, unterliess er es nicht, jedem seiner Präparate

---

*) Verzeichnis der von Herrn Julius Finger dem kaiserl. Musaum als
Geschenk übergebenen Sammlung einheimischer Vögel. — Verh. k. k. zool.-
bot. Gesellsch. in Wien. XXVI. 1876. Abh. p. 153—162.   Der Herausgeber.

genaue Daten beizufügen und damit ihren wissenschaftlichen
Wert zu sichern.

Anfänglich mochte wohl die Jagdpassion und das damit
im Zusammenhange stehende Sammeln von Jagdtrophäen das
wissenschaftliche Interesse überwogen haben, bis dieses in den
Vordergrund trat und zum treibenden Motive wurde. Durch
seine intensive Beschäftigung mit der Ornithologie, fortwährend
angeregt durch die Lectüre der Fachliteratur, den Umgang
mit Heckel, Zelebor, v. Frauenfeld, v. Pelzeln und durch den
Briefwechsel mit Pastor Chr. L. Brehm, Dr. A. Palliardi, Oberst
v. Feldegg, Fürst Khevenhüller u. a. wurde ihm das Beobachten und Sammeln zur zweiten Natur.

Wenn immer es die Zeit erlaubte, wurde der Jagdrock
angelegt und die bewährte einläufige Flinte -- einem harmlosen Rohrstocke täuschend ähnlich -- in der Hand. Munition
und zusammenlegbaren Ladestock in des Rockes Falten, gieng
es beflügelten Schrittes hinaus in die zu jener Zeit noch grossen
Praterauen, an die Ufer des Wienflusses, in den Wiener Wald,
wo ihm seitens des kaiserlichen Oberstjägermeisters volle Jagd-
freiheit für ornithologische Sammelzwecke gewährt worden war.
Tagebuchnotizen aus den Jahren 1850 und 1851 erzählen von
häufigen, mit Sammelexcursionen verbundenen Besuchen bei
den damaligen kaiserl. Revierjägern Labler, Sasshofer und Gaul.
Leider hat Finger seine aus dieser Zeit stammenden Tagebücher,
die viele wertvolle Aufzeichnungen über die damals noch so
reichhaltige und eigenartige Vogelwelt der Umgebung Wiens ent-
hielten, verbrannt, weil sie mit Bleistift geschrieben und grösstentheils unleserlich geworden waren.

Die Krähenhütten des Marchfeldes, die reiche Vogelfauna
der Donau-Auen, die noch in Flor stehenden grossen Entenfänge
an der Nordostgrenze Niederösterreichs lieferten so manches
seltene Stück für die stetig anwachsende Sammlung.

Auch der Wiener Wildpretmarkt, auf den zu damaliger Zeit
noch grosse Massen Krammetsvögel und verschiedene Kleinvögel
für Küchenzwecke gelangten, wurde fleissig besucht und bot
noch manchesmal ein seltenes Stück.

Die sogenannten „Seebauern", eine ständige Wiener
Markttype früherer Decennien, brachten nebst den flossen- und
schuppentragenden- zuweilen auch befiederte Bewohner des

Neusiedlersees mit ihren primitiven Gespannen auf den Wiener Markt.

Dadurch und vielleicht auch durch die Notizen Natterer's und Heckel's über die Fauna des Neusiedlersees auf die Ornis desselben aufmerksam gemacht, unternahm Finger einige Ex- cursionen dahin, welche durch die noch nicht gerade rasch und bequem zu nennenden Communicationsmittel einen eigenen, nur dem geborenen Sammler verständlichen Reiz gewannen.

Der günstige Erfolg dieser Ausflüge veranlasste Finger zu einem längeren Aufenthalte am See. Er schlug zu diesem Zwecke für Wochen sein Quartier in Apáthfalva auf, um jagend und sammelnd so manche für unsere Ornis wichtige Entdeckung zu machen. Der später durch seine Sammlung und sein „Verzeichnis der Vögel des Neusiedlersees" bekanntgewor- dene Ortspfarrer Ant. Jukovits wurde damals durch Finger zu ornithologischen Beobachtungen und im Präpariren unterwiesen.

Vielfache Berichte über den Vogelreichthum der adria- tischen Küstengebiete (Narenta-Delta, Bocche di Cattaro), sowie die Erfolge des Obersten Baron Feldegg und des Präparators Pregl reiften in dem nimmermüden Sammler den Plan zu einer ornithologischen Excursion in die erwähnten Gebiete, die be- züglich Sicherheit und Annehmlichkeit des Reisens damals nicht eben im besten Rufe standen.

Mit sehr ergiebiger Ausbeute kehrte er von der im Mai 1857 unternommenen, an Eindrücken reichen Reise zurück und ver- öffentlichte noch im selben Jahre seine „Ornis austriatica", in welcher er ein Verzeichnis der für Österreich nachgewiesenen (394) Arten gab, dem in der Einleitung wertvolle Notizen über seltene ornithologische Vorkommnisse beigefügt sind.

Die überraschenden Erfolge Fingers, wie zum Beispiele der Nachweis des Vorkommens nordischer Arten auf der Adria, gaben Veranlassung, dass in der Folge zweifelnde Stimmen laut wurden; indes haben gerade die Forschungen der letztver- gangenen Jahre beinahe alle von Finger angeführten Arten bestätigt und so das seltene Sammeltalent und Glück des ver- dienten Mannes ins rechte Licht gesetzt.

* Verh. d. Ver. f. Naturk. in Pressburg. Abh. II. 1857. 2 H. p. 32; VIII. 1864 5. p. 49.-54.

Fast hat es den Anschein, als seien ihm die liebgewonnenen Sammel-Excursionen irgendwie verleidet worden. da in den späteren Jahren die Pflege seines als Unicum bekannten Gartens in Unter-Meidling und botanische Studien in den Vordergrund traten. ohne dass jedoch sein Interesse für die Ornithologie erloschen wäre. wie dies vielfach geglaubt wurde. da er den regsten Antheil bei der Begründung des „Ornithologischen Vereines" in Wien 1876 nahm und auch neuerdings eine Raubvögelsammlung anzulegen begann. was insbesondere aus einem an Dr. Uiberacker in Gross-Enzersdorf gerichteten Briefe Fingers hervorgeht. worin er denselben ersucht, ihm von seinen Ausbeuten auf der Krähenhütte Interessantes einzusenden, da er wieder eine Sammlung anlegen wolle.

Die Villa „Füchselhof" in Meidling blieb jederzeit ein beliebtes Rendez-vous, namentlich jüngerer Ornithologen, die dem erfahrenen Altmeister so manchen Rath und praktischen Wink verdankten.

In herzgewinnender Weise wurde man hier empfangen. Wenn kaum der Winter zur Neige gieng. grüssten freundlich von allen Fensterbrettern Kinder der ersten Frühlingsflora. während im Garten noch Schnee die Beete deckte. welche später den berühmtesten Rosenflor Wiens hervorzauberten. Hier standen auch, praktisch angeordnet. Volièren mit spottenden Hähern und krächzenden Kolkraben, von letzterem ein Paar der wenigen. wenn nicht der letzten aus Wiens Umgebung. Im anregendsten Gespräche und bei Besichtigung der Bibliothek und der wertvollen Reste der früheren und der Anfänge der neuen Sammlung — ich erwähne nur einen herrlichen *Faco islandicus*. am 11. XII. 1885 im Marchfelde erlegt; einen *Buteo ferox*, welcher gleichfalls im Marchfelde von K. Uiberacker. einem Sohne Dr. Uiberackers in Gross-Enzersdorf. am 9. September 1890 auf der Krähenhütte geschossen wurde ; eine Gruppe von *Glaucidium passerinum* und *Picoides tridactylus* aus dem Simmeringgebiete — verlief jedem Besucher der Nachmittag nur zu rasch. und wenn dann aus dem Nebenzimmer eine reich besetzte Tafel winkte und zu weiterem Verweilen einlud. so erfolgte der Aufbruch von dem gastlichen Hause stets viel später, als er anfangs beabsichtigt war.

Baldamus suchte bei seinem Wiener Aufenthalte während

des I. internationalen ornithologischen Congresses im Jahre 1884
Finger in Meidling auf. konnte sich jedoch im „Füchselhofe-
nicht gleich orientieren. Der Knall einer Vogelflinte belehrte
ihn jedoch sofort, wo er den Gesuchten zu finden habe.
Eine Sehenswürdigkeit war das sogenannte „Jagdzimmer".
das den gediegenen Geschmack Finger's, der als Kunstkenner
einen Namen hatte. verrieth. In malerischem Durcheinander
fesselten wertvolle Jagdtrophäen. seltene Waffenstücke und
Kupferstiche alter aufgeschlagener Folianten den Blick; dies
alles erhielt durch ein wohlthuend gedämpftes Licht etwas
derart bestrickend Anheimelndes. dass sich alle Besucher. darunter
auch hervorragende Künstler. gerne an das originelle Heim
Finger's erinnerten.

Zu den intimsten Bekannten Fingers zählte der berühmte
Maler Makart. sowie der verstorbene Blumenzüchter und Botani-
ker Hooibrenk.

Finger's Frau. mit der er seit 1860 in glücklichster Ehe
lebte. theilte Leid und Freud mit ihrem Gatten und begleitete
ihn auf so mancher entbehrungsreichen Sammeltour. Namentlich
an seinen botanischen Studien und bei der Pflege des Gartens
nahm sie regen. thätigen Antheil.

Mit Pastor Christian Ludwig Brehm. der ihn gelegentlich
der Versammlung deutscher Naturforscher und Ärzte in Wien
1856 besuchte. verband ihn ein reger. brieflicher Verkehr.
Ebenso war er mit dessen Sohne Alfred befreundet. der ein
Jahr an der Wiener Universität studierte und viel in Finger's
Gesellschaft verkehrte.

Zu Blasius Hanf. dem bekannten Ornithologen der Steiermark. fühlte sich Finger durch verwandtes Streben hingezogen ;
mehrmals besuchte er den greisen Pfarrer in Mariahof und
gedachte des Hingeschiedenen oft mit warmen Worten, den
Verdiensten desselben rückhaltslose Anerkennung und Be-
wunderung zollend. Das beste Bild Hanf's aus seinen letzten
Lebensjahren wurde bei einem Besuche Finger's und auf dessen
Wunsch von einem dortigen Photographen aufgenommen. Wie
schon erwähnt. hatte Finger bereits im Jahre 1876 seine Vogel-
und Eiersammlung dem k. k. naturhistorischen Hofmuseum zum
Geschenke gemacht. wofür ihm später von Sr. Majestät das
goldene Verdienstkreuz verliehen wurde.

In diese Zeit ungefähr dürfte auch die Orientreise Finger's fallen, die ihn aber nicht sonderlich befriedigt zu haben schien, da ihm das Reisen nach bequemer moderner Weise unter der Führung einer Reiseunternehmung wenig zusagte. Dies dürfte auch der Grund sein, weshalb er den Plan einer Ostindienreise fallen lies.

Die Freude an seinem, schon vom Vater ererbten Besitze in Meidling wurde ihm durch das immer mehr und mehr sich fühlbar machende Getriebe der Grossstadt vergällt; die Verbauung der nächsten Umgebung, die unangenehme Nachbarschaft eines stetig anwachsenden Proletariates und rauchender Fabriksschlote veranlassten ihn, sein Tusculum 1891 zu verkaufen und der Grosstadt Valet zu sagen.

Am reizenden Millstätter See in Kärnten erbaute er sich ein prächtiges Heim, „Villa im Bärenfelde" genannt, um hier ungestört seinen Lebensabend zu verbringen.

Bei seinen täglichen Spaziergängen, bei denen er gewohnheitsgemäss der Vogelwelt ein aufmerksames Auge schenkte, empfand er die thatsächlich auffallende Armut der dortigen Ornis im Vergleiche zur reichen Vogelfauna der Wiener Umgebung sehr schmerzlich.

Eine kleine Sammlung von Vögeln der localen Fauna, die er inzwischen zusammengebracht hatte, machte er der Millstätter Volksschule zum Geschenke.

Als bezeichnend für den Scharfblick und für den Sammeleifer Fingers sei mir die Erzählung einer kleinen Episode gestattet, die sich im September 1892 zutrug. Bei der Heimfahrt von einem grösseren Ausfluge in das liebliche Lieserthal wählte Finger die selten befahrene, jedoch hübsche Ausblicke gewährende alte Strasse von Gmünd nach Spital a. d. Drau. Unweit von Trebesing gewahrt Finger einen grösseren grauen Vogel auf einem Sturzacker und zu seiner Befriedigung einen Jäger, der sich bemüht, den Vogel zu beschleichen und endlich, die Spannung seines Zuschauers auf eine harte Probe stellend, erlegt. Wie ein deus ex machina vor dem glücklichen Schützen erscheinend, ersucht Finger ohne Umschweife denselben, Pastor B., um dessen seltene Beute, eine mittlere Raubmöve, *Lestris pomatorhinus*, und erhält sie auch von dem etwas erstaunten

Herrn, dem so auf eine höchst merkwürdige Art eine rara avis zur Beute bestimmt und entführt wurde.

Mit Vergnügen pflegte sich Finger der Zeit seiner eifrigen Sammelthätigkeit zu erinnern. Wie im Fluge schwanden dann die Stunden beim Theetische in der gastlichen Villa dahin, wenn er in seiner angenehmen, von feinem Humor gewürzten Weise von ernsten und heiteren Episoden seiner Excursionen erzählte.

Rüstig, ein Bild der Gesundheit, oblag Finger in seinem Hoch- und Krickelwild bergenden Jagdgebiete fleissig dem Weidwerk, unternahm tägliche Spaziergänge in die nächste Umgebung Millstatts und auch mehrere kleine Reisen in Begleitung seiner Frau.

Zwei Gestalten der alpinen Vogelwelt waren es, die ihn vor allem interessierten: Der Mauerläufer *Tichodroma muraria* und der Bartgeier *Gypaëtus barbatus*, die er gerne in ihrem Freileben kennen gelernt hätte. Nach mancher vergeblichen Bergfahrt glückte es ihm endlich, im Herbste 1893 auf den Kalkwänden bei St. Oswald (Kärnten) des Mauerläufers ansichtig zu werden.

Hauptsächlich, um den mächtigen Flieger, *Gypaëtus barbatus*, in seiner letzten Zufluchtstätte, im Berglande der Hercegovina, zu beobachten, hatte Finger eine Reise nach dem Occupationsgebiete geplant, doch ein unerbittliches Schicksal fügte es anders.

Als er am 19. December 1894 in Begleitung seiner Frau die herrliche Winterlandschaft bewundernd, einen Spaziergang unternahm, sank er plötzlich, ohne vorher das geringste Unwohlsein gezeigt zu haben, vom Herzschlage gerührt, leblos zusammen.

Die Nachricht von seinem Tode wurde von allen, die den Verewigten kannten, schmerzlichst empfunden; besass doch Finger die seltene Gabe, sich die Sympathien aller, mit denen er in persönlichen Verkehr trat, zu erwerben und dauernd zu erhalten. Mit ihm ist der letzte Ornithologe Nieder-Österreich's, dessen Thätigkeitsbeginn noch in die Naumann-Brehm'sche Glanzperiode fiel, zu Grabe gegangen.

Finger veröffentlichte nachfolgende Arbeiten:

Einige Bemerkungen über das Vorkommen von Albinos unter
den Vögeln. Naum. III. 1853. p. 6—9.

Über Albinos unter den Vögeln. - Verhandl. d. zool.-bot.
Ver. in Wien. III. 1853. Sitzungsber. p. 6—9.

Das Jahr 1853 in ornithologischer Beziehung. Ibid. IV. 1854.
Sitzungsber. p. 32—34.

Varietät von *Syrnium aluco.* - Ibid. IV. 1854. Sitzungsber. p. 103.

Über *Circaëtus gallicus,* Boje. -- Ibid. IV. 1854. Abhandl.
p. 597 600.

Über *Strix uralensis.* -- Ibid. V. 1855. Sitzungsber. p. 54 55.

Über eine weisse Dohle. Ibid. V. 1855. Sitzungsber. p. 118—119.

Der Entenfang bei Holitsch. — Naum. VI. 1856. p. 262—267.

Phänologische Notizen aus der Vogelwelt Wiens in den Jahren
1854—1855 in: K. Fritsch's, Phänologische Beobachtungen aus dem Pflanzen- und Thierreiche IV. 1855.
Jahrb. d. k. k. Centralanst. f. Meterolol. und Erd-
magnet. VII. 1857.

Zwei für Österreich neue Vogelarten *(Buteo leucurus* und *Hop-
lopterus spinosus).* — Verhandl. d. zool.-bot. Ver. in Wien.
VII. 1857, Sitzungsber. p. 157.

Ornis Austriaca (Verzeichn.) Ibid VII. 1857. Abhandl.
p. 555—566.

Schwalbenplaudereien. — Verhandl. d. k. k. zool.-bot. Gesellsch.
in Wien. XI. 1861 Abhandl. p. 215—222.

Über den Singschwan. — Ibid. XI. 1861. Abhandl. p. 229—234.

Vom Neusiedlersee. — Mittheil. Ornith. Ver. Wien. VI. 1882.
p. 47—48.

Aberration von *Astur palumbarius.* — Orn. Jahrb. I. 1890. p. 19.

Das kaukasische Königshuhn.

(Tetraogallus caucasicus (Pall.))

von

Max Noska,

weil. Jagdleiter Sr. kaiserl. Hoheit des Grossfürsten Sergei Michailowitsch,

unter Mitwirkung von

Vict. Ritter von Tschusi zu Schmidhoffen.

Vorwort.

Der einem tragischen Geschicke in der Blüte seiner Jahre zum Opfer gefallene grossfürstlich Sergei Michailowitsch'sche Jagdleiter M. Noska, dem wir bereits im vorigen Jahrgange dieses Journales eine grundlegende Arbeit über das kaukasische Birkhuhn *(Tetrao mlokosiewiczi Tacz.)* verdanken, hatte nebst diesem Manuscripte ein weiteres in meine Hände gelegt, welches einen nicht minder interessanten, gleichfalls ausschliesslichen Bewohner des kaukasischen Hochgebirges behandelt: das kaukasische Königshuhn *(Tetraogallus caucasicus (Pall.)*

Diesem Huhne wurde — woran seine Seltenheit in den Museen schuld trug — das Schicksal zutheil, von hervorragenden Ornithologen mit anderen Arten der Gattung verwechselt zu werden. 1811 von P. S. Pallas beschrieben, drangen ausser wenigen Angaben Motchoulski's, welche J. Gould in die „Birds of Asia" und C. R. Bree in die „Birds of Europe" aufnahmen, nur dürftige Nachrichten in die Öffentlichkeit. Erst G. Radde gebührt das Verdienst, sowohl was die Verbreitung des Vogels, wie seine Lebensweise anbelangt, ausführlicheres veröffentlicht und damit den Grund zur näheren Kenntnis desselben gelegt zu haben. Da jedoch der genannte Forscher nur gelegentlich seiner Reisen diesem Huhne Aufmerksamkeit sekenken konnte, so musste es willkommen sein, dass sich in M. Noska eine geeignete Persönlichkeit fand, dem zu allen Jahreszeiten reichliche Gelegenheit sich bot, dieses Huhn zu beobachten und vermöge der dabei gesammelten Erfahrungen unsere Kenntnis des Lebensbildes dieses prächtigen Huhnes zu vervollständigen und abzurunden.

Mein Antheil an dieser Arbeit beschränkt sich auf Zusammenstellung der Synonymie, Beschreibung der Art und Bearbeitung des Manuscriptes für den Druck.

Villa Tännenhof bei Hallein, im November 1895.

v. Tschusi zu Schmidhoffen.

Tetraogallus caucasicus (Pall.)

Synonymie.

Tetrao caucasica Pall. Zoogr. Rosso-Asiat. II. 1811,
p. 76, p. 87 nota.
Perdix alpina Fisch. N. Mém. Soc. Imp. Nat. Mosc. IV.
1835, p. 240.
Chourtka alpina (Fisch.) Motchoulski, Bull. Soc. Imp.
Nat. Mosc. I. 1839. p. 94, 434.
Tetraogallus caucasicus (Pall.) Gray, Proceed. Zool. Soc.
Lond. 1842, p. 105.
Megaloperdix caucasica (Pall.) Brandt. Bull. Phys.-Mat.
Acad. St. Petersb. I. 1843, p. 283.
Oreotetrax caucasica Cab.. Ersch. und Gruber's Encycl.
III. Sec. 1. Vol. XXII., p. 144 (1848)
Tetraogallus caspius Gould. B. of Asia. Pt. V. 1854 (part.)
Megaloperdix-Tetraogallus-caspia, Bolle und Br., Journ.
f. Orn. XXI. 1873, p. 1.
Oreotretrax caspia (caucasica Pall.) Cab.. Journ. f. Orn.
XXI. 1873, p. 63.
Oreotetrax caucasica (Pall.) Cab., Journ. f. Orn. XXIV.
1876, p. 217.

Russisch: Gornaja Indeika (Gebirgs-Puter). Indjuschka; bei den Tscherkessen des Kuban: Schumaruk; georgisch bei den Imereten: Indaure; bei den Swanen: Mulkaure oder Mulkäre; in der oberen Radscha an den Rionquellen: Dsheruni; bei den Ossen der oberen Radscha: Sim (Radde). Dschumaruk (Pall.). Churtka (Motchoul.)

Abbildungen.

Vogel: Pallas. Icon. Zoogr. Rosso-Asiat. II. 1811. Tab. 6.
— Motchoulski. Bull. Soc. Imp. Nat. Mosc. 1839. Tab. VIII.
— Dresser, Birds Eur. VII. 1878. Pl. 491, 492.

Eier: Journ. f. Orn. 1873. Tab. III. Fig. 36. — Radde.
Orn. Cauc. 1884. Taf. XXI. Fig. 1. 2.

Die Königshühner erinnern in ihrer Gestalt an die Feld-
hühner, übertreffen selbe aber bedeutend an Grösse, die ungefähr
der der Auerhenne gleichkommt. Sie sind Hochgebirgshühner
im vollsten Sinne des Wortes, indem sie die nackte Felsregion
ober der Waldgrenze bewohnen und selbe auch im Winter
nicht verlassen. Sie leben in strenger Monogamie.

Gegenwärtig kennt man sechs Arten: *Tetraogallus caucasicus, caspius, altaicus, himalayensis, tibetanus* und *henrici*.

Als Kennzeichen von *Tetraogallus caucasicus*, die, soweit
sie die plastischen betreffen, im allgemeinen auch die der
Gattung sind, gelten:

Plastische Kennzeichen. Schnabel ziemlich stark,
an der Wurzel höher als breit. Firste gegen die abgerundete
Spitze zu gewölbt. Nasenlöcher an der Basis, gross mit halb-
geöffneter Membrane. Hinter dem Auge ein nackter, glatter
Längsfleck. Flügel mässig lang, zugespitzt, 2. und 3. Schwinge
die längsten. Stoss 18-fedrig, ziemlich lang und breit, mässig
abgerundet, nach den Seiten zu sich stufig verkürzend. Tarsus
stark, ziemlich kurz, kürzer als die Mittelzehe, vorne über $^1/_4$
von Federn bedeckt und mit doppelter Reihe breiter Schilder
bekleidet; ♂ mit erbsengrossem, stumpf abgerundetem Sporn,
♀ mit einer vergrösserten hornigen Platte. Hinterzehe kurz,
äussere und innere Zehe fast von gleicher Länge und mit der
mittleren verbunden. Nägel ziemlich lang, stark und breit,
gewölbt, am Ende abgestumpft.

Färbungs-Kennzeichen. Kopf, Wangen und Hinterhals grau. Kehle und Halsseiten weiss, zwischen denen sich
ein graues Band von den Wangen nach den Kropfseiten zieht.
Kropf, Oberbrust und Rücken lehmgelb und schwarz querge-
bändert und gewässert. Brust fein schwarz und weiss gewässert,
mit besonders an den Seiten breiten rostbraunen Federrändern.
Bauch braungrau, schwärzlich und weisslich gewässert. Untere
Stossdecken weiss. Stossfedern schwarz mit rostfarbigem Ende,
die mittleren mit feiner Wellung. Die Flügelfedern und zwar
die Handschwingen weiss, schwärzlich endigend; die Armschwingen haben die Färbung und Zeichnung des Rückens.

Beschreibung.

Der **Hahn** hat den ganzen Oberkopf und Nacken aschgrau, nach dem Hinterhalse zu allmählich in Lichtgraubraun übergehend. Kinn, Kehle, Vorderhals und Halsseiten sind weiss, nach unten scharf abgeschlossen. Von der seitlichen Basis des Oberschnabels zieht sich über die Wangen- und Ohrgegend ein aschgraues Feld, an dessen unterer Seite ein breites graubraunes Band abzweigt und zur Kropfpartie sich herabsenkend, das weisse Halsgebiet in zwei Theile scheidet. Die Kropfpartie und Oberbrust sind blass-ledergelb mit ziemlich breiter, gegen den Schaft spitz zulaufender schwarzer Bänderung, welche tiefer unten in schwärzliche und weissliche Wässerung übergeht. Der untere Theil der Brust und die Seiten zeigen letztere Zeichnung deutlicher hervortretend und weisen von jener nach dieser sich vergrössernde, rostbraune, nach innen mehr oder weniger in rostgelblich abtönende Längsstreifen auf. die jedoch nur von den Federrändern gebildet werden, während ihr schwärzliches, weisslich längsgezacktes Mittelstück lanzettförmig gestaltet ist. Der Bauch und After sind auf grauweissem Grunde schwärzlich gewässert und mit Rostgelb überflogen. Die unteren Partien des Hinterhalses und die oberen des Rückens besitzen dieselbe Färbung und Zeichnung der Kropfpartien, doch verdichtet sich auf letzterem die Wellung so, dass die Grundfarbe in Form feiner Wellenlinien zutage tritt. Der übrige Theil des Rückens, der Bürzel, die oberen Stossdecken und die Schultern haben die gleiche Zeichnung, da jedoch selbe nur auf den mittleren Theil der Federn beschränkt ist. während ihre breiten Seitenränder gelblichweiss zuweilen am unteren Theile der Aussenfahne rostfarben sind. blickt diese Färbung überall hervor und verleiht diesen Partien ein schuppiges Aussehen. Die Handschwingen sind weiss, schwarzgrau endigend, oben längs des Randes spärlich gelblich gewässert. Ihre an der Wurzel weissen Schäfte gehen gegen die Spitze in Graubraun über. Die Armschwingen und Flügeldeckfedern tragen das gleiche Aussehen wie die des Rückens, nur treten bei ihnen die gelblichweissen, an den Aussenfahnen vielfach rostfarbigen Säume deutlicher hervor. Die Daumenfedern zeigen bei lichter Randwässerung eine graue Färbung. Die äusseren Steuerfedern sind schwarz mit rostfarbigen,

schwarz gewässerten Rändern. Gegen die mittleren zu tritt
an den Aussenfahnen. immer weiter sich verbreitend. eine feine
rostgelbliche Wässerung auf. welche schliesslich beide Fahnen-
hälften zum grössten Theile bedeckt. Die unteren Stossdecken
sind weiss. Die Befiederung der Unterschenkel ist schmutzig-
grau. gelblich bespritzt. Die nackte Hautstelle hinter dem
Auge ist gelb, die Iris dunkelbraun. Der Oberschnabel ist
trüb hornfarbigen und hat lichtere Ränder; der Unterschnabel
zieht mehr ins Röthlichgelbe. Die Tarsen sind röthlichgelb,
Sporn und Nägel schwärzlichbraun.

Die Henne gleicht. abgesehen von ihrer geringeren
Grösse, im allgemeinen dem Hahne. hat aber eine gröbere
Zeichnung und breitere. hellere Federsäume. Auf dem Oberkopfe. dem Nacken und Hinterhalse zieht das Grau weniger
in's Bräunliche und ersterer zeigt eine sparsame weissliche und
schwärzliche Sprenkelung. Der untere Rand des seitlichen
grauen Kopffeldes trägt schwärzliche Federspitzen. Ebensolche
treten an Stelle des beim Hahne graubraunen Halsbandes,
dieses nur unvollkommen andeutend. doch verlieren sich dieselben,
ehe sie die Kropfpartie erreichen. Der Unterschied in der
Färbung und Zeichnung des Rückengefieders besteht hauptsächlich in einer breiteren und deutlicher markierten Bänderung.
Bei den Flankenfedern sind die gelblich-rostfarbenen Säume
breiter, ebenso auf den Flügeln die weisslich-rostfarbenen
Aussenfahnen. Das Bauchgefieder ist deutlicher gelblich überflogen. Alles Übrige weist keine nennenswerten Unterschiede auf.

Halbdunenkleid. Oberkopf. Kopf- und Halsseiten
und Hinterhals sind trübweiss. Auf der Stirne befindet sich
ein spitz beginnender, breit verlaufender, schwärzlicher, licht
begrenzter Fleck. den mehrere gleichgefärbte, undeutliche
Streifen und Binden umgeben. Vom Nasenloch zieht sich zum
Auge eine schwarze Binde. die sich unterhalb desselben in
mehrere kurze Streifen auflöst. welche sich bis zu den unge-
fleckten Ohrdecken fortziehen und deren unterster gegen die
Kropfgegend sich hinabsenkt, die weisse Kehle an den Seiten
begrenzt. Der Rücken ist fahl gelblichweiss, schwarz gebändert.
Die Schwingen sind schwärzlichgrau. die grossen mit fahl
gelblichweissen Rändern und solcher Wässerung an den Seiten,
die kleinen und die Deckfedern auf weisslichem und licht

graubraunem Grunde schwarz gefleckt und gewässert. Die Schulterfedern sind schwärzlich-grau mit etwas durchschimmerndem Braun und kleinen weissen, dreieckigen Schaftflecken am Federende. Die Stossfedern haben eine fahle in's Rostgelbliche ziehende Färbung und undeutliche schwärzliche Zeichnung. Der Unterkörper und die Schenkelbefiederung sind schmutzigweiss mit Grau untermischt, diese ausserdem nach innen gelblich überflogen.

Masstabelle.
$\frac{m'}{m}$.

Geschlecht	Erlegungsort: N.-Kaukas., Quellgebiet der Laba.						
	♂	♀	♀juv	♂	♀	♂	♀
Totallänge	650	610	580	600	590	610	640
Flugweite	910	900	820	850	860	850	880
Flügellänge	385	380	340	370	380	370	380
Entfernung d. Flügel v. d. Schwanzspitze	100	190	140	160	160	160	
Stoss	190		160	190	190	180	
Unbefiederter Theil des Laufes	60		60	60	55	70	
Sporn	12	10					
Mittelzehe ohne Nagel	57	57	55	50	50	55	
Mittelzehe mit Nagel			70	62	63	70	
Innenzehe ohne Nagel	35		30	35	35	33	
Aussenzehe ohne Nagel	36		40	40	40	40	
Hinterzehe	12	20	15	15	15	15	
Schnabel a. d. Basis gerade gemessen	30		30	30	30	30	
Schnabel längs d. Krümmung gemessen	32	35	30	30	30	30	
Schnabeldicke a. d. Nasenlöchern	20		20	16	16	20	
Schnabelhöhe	18		28	15	15	28	
Gewicht in Gramm	2155	2460	1660	1590	1280	1710	2870

Verbreitung.

Die horizontale Verbreitung dieser, wie in dem Vorworte erwähnt, von früheren Autoren vielfach mit einem anderen — dem kaspischen Königshuhne (*Tetraogallus caspius* (Gm.) — identificierten Art hat erst G. Radde genau festgestellt und beschränkt sich selbe nur auf den Grossen Kaukasus. Genannter Forscher bringt diesbezüglich sehr genaue Daten in seiner „Ornis caucasica", p. 347, auf welche hiermit hier verwiesen sei. Über die verticale Verbreitung gibt nachfolgender Abschnitt näheren Aufschluss.

Standort.

Das Königshuhn ist Standwild im vollsten Sinne des Wortes. Die Orte, welche es sich einmal gewählt, verlässt es nie oder doch nur nothgedrungen; ja selbst der Winter ist nicht imstande, es daraus zu verdrängen. Sein Standort liegt einzig in der hochalpinen Zone und erstreckt sich bis hinauf zu der Region des ewigen Schnees; er umfasst daher einen Gürtel, dessen Breite mit 2—4000' angenommen werden kann und der demgemäss in einer Höhe von 7—11000' zu suchen ist. Wer einmal mit der Örtlichkeit vertraut ist, welche dieses Wild bewohnt, kann bestimmt darauf rechnen, fast immer an diesem oder jenem bekannten Platze Hühner aufzustossen. Um die Localität genauer zu präcisieren, kann ich mittheilen, dass dort, wo die weiten Alpenweiden mit der öden, steinreichen Felswildnis des höchsten Berglandes zusammenstossen, die bevorzugten Aufenthaltsorte liegen und zwar mit einer entschiedenen Neigung bergwärts. Bis zu den Weiden steigen die Königshühner nur dann hinab, wenn jene, wenigstens stellenweise, nackten Gesteins nicht entbehren, an welches sie geradezu gebunden erscheinen. Der Uebergang der Alpenweide zur Felsöde vollzieht sich fast nie scharf. Der todte Fels entsendet gerne gratige Ausläufer in's lebendige Grün der Weiden, welche in kühn geformten, verwitterten parallelen Ketten thalab ziehen und an ihrem oberen Theile tiefe Schründe bilden. Nur die genügsamsten Vertreter der Pflanzenwelt sind es, welche hier noch ihr Fortkommen finden und die bevorzugte Äsung des Steinbocks *(Aegoceros pallasii* und des Königshuhnes bilden. Je weiter diese Felsausläufer der Tiefe zustreben, desto niederer wird · der Grat und desto seichter der Graben, und endlich verlaufen beide im Grün der Alpenweide, aus welcher nur ab und zu noch nacktes Gestein hervordringt.

Einen weiteren bevorzugten Aufenthaltsort bilden die Kuppen, die gleichsam aufgebaut aus ungeheueren Felsenwürfen den höchsten Rand eines steinigen Kar's bilden, an dessen Grund oft winzige smaragdgrüne Bergseen in stiller Einsamkeit erglänzen, während ringsum der kesselförmige Felsenkranz erst amphitheatralisch sich aufbaut, um dann als steiles Gewände nach oben abzuschliessen.

So beschaffen ist das Wohngebiet unseres Huhnes, dem
es das ganze Jahr hindurch treu bleibt. Ich selbst sah nur
ein einzigesmal — es war im December, jedoch bei geringer
Schneedecke — dass zwei noch heurige Hühner, die sich von
der Kette abgesondert, kämpfend einander verfolgten, sich im
Rhododendrongebüsch verliefen und im Eifer des Gefechtes
sogar in's Birkengesträuch gerieten, worin sie länger als ich
ihnen zusehen konnte, verweilten. Fälle, wie der eben erwähnte,
bilden Ausnahmen, da das Königshuhn als Regel nur freies,
steiniges, gestrüpploses Terrain aufsucht.

Biologisches.
Eigenschaften und Gewohnheiten.

Das Königshuhn äugt und vernimmt sehr scharf. Wie
die meisten Thiere aber, die nur höchst selten mit dem Menschen
in Berührung kommen, zeigt es häufig eine scheinbare Vertrautheit, die jedoch stets nur aus der Unsicherheit der Lage,
in der es sich augenblicklich befindet, resultiert. Ist es sich
klar der Gefahr, so sucht es auch gleich sein Heil in der Flucht.
Als Führer der Kette fällt dem Hahne in erster Linie die
Sorge um deren Sicherheit zu. Er ist es, der von einem
erhöhten Punkte aus das Terrain recognosciert. Sichernd
erhebt er den Kopf, sobald er etwas Verdächtiges wahrgenommen hat, streckt den Hals aus, trippelt hin und her, tritt
von Felsblock zu Felsblock, um freiere Ausschau zu gewinnen
und verharrt dann oft lange Zeit bewegungslos auf seinem
Observatorium. Sobald er jedoch einer herannahenden Gefahr
sich bewusst ist, erhebt er den Warnungsruf und veranlasst
die Kette zum Abstreichen.

Mir ist es nie vorgekommen, dass sich ein Volk von
Königshühnern bei erkannter Gefahr und in sichtigem, weniger
coupiertem Terrain gedrückt hätte, um sich auf diese Art
unsichtbar zu machen und dem Verfolger zu entgehen. Wohl
ist dies aber bei einzelnen der Fall, besonders wenn die Kette
gesprengt wurde. Sie drücken sich dann unter dem Schutze
von Felsblöcken, ohne gesehen zu werden, aber auch ohne
selbst zu sehen, um beim plötzlichen Auftauchen der Gefahr
ebenso plötzlich abzustreichen. Werden sie aber, ohne des
Jägers früher gewahr geworden zu sein, auf einmal von diesem
überrascht, dann zeigen sie sich meist so confus, dass sie, ängstlich

2

glucksend, hin und her trippelnd, darauf vergessen, Gebrauch von ihren Schwingen zu machen. Solange die Jungen noch nicht flugbar sind, kommt es oft vor, dass Henne und Hahn sich mit ihnen drücken. Ruhig liegend, scheinen sie so mit dem Gestein verwachsen, dass nur eine unvorsichtige Bewegung eines oder des anderen ihre Anwesenheit zu verrathen vermag. Aufgestossen streicht dann der Hahn ab, während die Henne in treuer Mutterliebe bei den Küchlein verharrt. Wenn beim Anpürschen des Jägers dieser sich vielleicht durch Ausspähen hinter einer Deckung den Hühnern verrieth, diese aber, da sie nur den Kopf erblickten, über den Gegenstand der Gefahr nicht in's Klare kommen, so ergreifen sie laufend die Flucht, voran die Alten. In solchen Fällen, und besonders wenn der Jäger hinter einer guten Deckung plötzlich auftaucht, kommt es vor, dass er selbst mehrere Schüsse anbringen kann, ohne dadurch die Vögel zum Aufstehen zu bewegen, falls nicht durch das Flügelschlagen eines Verendenden der Anlass dazu gegeben wird. Ich schoss einmal auf einen alten Hahn, die Kugel schlug kurz unter ihm ein, und obgleich die abgesprengten Steinstückchen ihn trafen und er gleich einem Gummiball in die Höhe sprang, so vermochte dies ihn doch nicht zum Abstreichen zu veranlassen. Haben aber die Hühner auf weite Entfernung den Jäger und hiemit die ihnen drohende Gefahr völlig erkannt, dann ist dem Pürschenden jede Möglichkeit genommen, dem hierauf äusserst scheuen und sorgsam Wache haltenden Wilde sich zu nähern, und er wird besser thun, die Verfolgung dieser Kette aufzugeben.

Die einzelnen Glieder des Volkes zerstreuen sich nie weit. Sei es, dass sie Äsung aufnehmen, oder sich gedrückt haben, sei es in dem Augenblicke der Gefahr, wo sie fliegend oder laufend sich flüchten: immer findet man sie in inniger Gemeinschaft.

Haltung und Bewegung des Königshuhnes verdienen gleichfalls unsere Beachtung. Steht dasselbe ruhig, so erinnert es in seiner Haltung sehr an einen blockenden Geier. Der Hals ist hierbei stark eingezogen, der Rücken gewölbt, der ganze Körper erscheint wie in sich eingesunken.

Die Bewegungen dieses schönen Wildes sind ruhig, und wenn auch der Zierlichkeit entbehrend, nicht plump. Beim Gehen wiegt sich der ganze Körper, der Kopf nickt bei jedem

Schritte, die Backenfedern heben sich weit ab, wenn der Verfolger ihm auf den Fersen, und der etwas emporgerichtete Stoss, welcher die unteren weissen Decken hervorschimmern lässt, wippt in gleichem Takte dazu. Selbst der eilige Lauf ist nie hastend, aber ausgiebig. Ab und zu wird etwas Halt gemacht — Umschau gehalten — und dann geht es wieder den Felsen zu.

Gleich den anderen Hühnerarten läuft es lieber auf-, als abwärts; letzteres nur in den seltensten Fällen und am allerwenigsten dann, wenn es verfolgt wird, da es nicht hier, sondern oben im unzugänglichen Felsgewirre Sicherheit und Bergung findet. Beim Abwärtslaufen oder Springen, besonders charakteristisch bei letzterem, bedient es sich der Beihülfe der Flügel, welche halb gelüftet werden und berufen zu sein scheinen, die Körperschwere zu mildern. Aufwärts vermag es bis meterhohe Stufen zu erspringen, ohne, oder doch kaum merkbar, von den Schwingen Gebrauch zu machen. Von Felsblock zu Felsblock immer höher steigend, äugt es, den Körper völlig freigebend, nach der verdächtigen Seite. Sehr gerne bewegt sich unser Huhn auf der Schneide eines Grates, doch sieht man da gewöhnlich nur einzelne, während die anderen hinter Felsen und Steinen sich gedrückt haben.

Küchlein, die von der Mutter getrennt werden, verkriechen sich gerne in Ritzen und Spalten, unter hohl liegenden Steinplatten und den ausgehöhlten Rändern der Schneefelder. Dass aber alte Vögel solche Stellen zu ihrem Schutze aufsuchen sollten, ist mir nicht bekannt geworden; diese wählen vielmehr solche Plätze, die frei liegen. Übersicht und daher Schutz vor annähernder Gefahr gewähren, und wenn sie sich drücken, so wissen sie wohl, dass sie in ihrem unscheinbaren Kleide zwischen dem Gesteine nahezu unsichtbar sind. Ebensowenig graben sie sich, wie es das Birkhuhn zur Winterszeit thut, in den Schnee ein; ja man könnte fast sagen, dass sie, falls nicht gerade genöthigt, ihn zu überschreiten vermeiden.

Die geringe Flügellänge unseres Huhnes steht in einem sehr ungünstigen Verhältnisse zur Schwere und Gedrungenheit des Körpers. Die Entfernung der Flügelspitzen von dem Ende des nicht allzulangen Stosses beträgt bis 20 cm., woraus sich schon der Schluss ziehen lässt, dass das Königshuhn kein

2*

ausdauernder Flieger sein kann. Die in einem Fluge durch-
messene Strecke dürfte in gerader Linie nicht oft 3 – 400 m
übersteigen. Die Schnelligkeit des Fluges, besonders im vollen
Zuge, lässt dagegen nichts zu wünschen übrig, wenn er auch
eher wuchtig erscheint. Das Huhn „zieht", d. h. sofort nach
dem Abfallen von seinem erhöhten Fusspunkte oder nach den
ersten Flügelschlägen breitet es die Schwingen voll aus, ohne
sie bis zum Einfallspunkte auch nur ein einzigesmal zu bewegen.
Die Schwingenenden werden im Fluge ausgespannt so tief
gehalten, dass sich Flügel und Rücken zu einem förmlichen
Kreissegmente wölben. Die weissen Flügelbinden sind dabei
weithin sichtbar. Nur in Ausnahmsfällen streift es, ohne seinen
Ruf auszustossen, ab. Ein ausgeprägtes Fluggeräusch während
des Streichens ist nicht wahrnehmbar. Im Fluge senkt sich
der Vogel anfangs immer erst abwärts, um nach einem, meist
tiefen Bogen, sich wieder aufwärts zu heben. Da das Königshuhn vor dem Abstreichen auf einem höheren Punkte zu stehen
pflegt, ist das sehr gut möglich, und man sieht es auf die an-
gegebene Art stets einen Graben oder eine Schlucht über-
fliegen. Hat es auf seinem Wege eine Kuppe oder sonst ein
Hindernis zu übersteigen, so streicht es knapp am Boden hin,
um so die kürzeste Distanz zu erringen. Ein Knicken des
Fluges kommt selten vor. Scharfe Wendungen während des
Fliegens werden nur bei Verfolgung durch einen Raubvogel
ausgeführt, wenn es eilig Schutz sucht; zumeist sind es weite
Curven in horizontaler und vertikaler Projection, die es in
schnellem Fluge durchmisst. Wie schon erwähnt, stehen die
Hühner mit Vorliebe auf den Schneiden steiler, kahler Felsgrate. Ist die Kette gesprengt, so drücken sich die einzelnen
Stücke gerne hinter dem Gestein. Hat nun der Jäger eines
oder das andere vor dem Verbergen erblickt und birscht sich
an selbes oft auf mühsamen Wildpfaden an, so findet er gar
oft den Platz leer und das Huhn ist spurlos verschwunden. In
diesem Falle ist es lautlos thalab gestrichen und hat sich auf
der gegenüberliegenden Seite eingestellt.

Das Abstreichen des geordneten Volkes erfolgt immer
à tempo, und ebenso erfolgt der Einfall. Einen Augenblick
sichern die einzelnen Individuen und gehen darauf an die
Äsung.

Das Königshuhn meidet jederzeit streng den Wald und
weicht, wie ich mich an gefangen gehaltenen überzeugen konnte,
solchen Fusspunkten aus, wo es, wie auf Ästen, seine Ständer
nicht platt auszuspannen vermag.

Lebensweise nach den Jahreszeiten.

Einförmig, wie die Zone, welche es bewohnt, spinnt sich
auch der Lebensgang des Königshuhnes ab. Graue Felsgrate,
todter Stein, wenig Grasnarbe mit Schneefeldern wechselnd,
darüber sich der weite Himmel spannt, das ist seine Welt,
die es mit dem kaukasischen Steinbocke und der Gemse theilt.

Nachdem der erwachende Lenz die bis dahin so festen
Bande der Völker gesprengt und sich die Vereinigung beider
Geschlechter vollzogen, sieht man das Königshuhn nur mehr
in Paaren beisammen. Der Beginn der Balz fällt in den
Anfang April. Dass dieser Zeitpunkt jedoch grossen Schwankungen unterworfen ist, liegt in der Natur der Sache. Die
Witterungsumschläge in solchen Höhen sind so intensiv, dass
ein Schnee wirbelnder Nordwind den kaum begonnenen Frühling in kürzester Zeit in Winter verwandelt, was selbstverständlich auch auf die Balzstimmung einen gewichtigen Einfluss
ausüben muss.

Da das männliche Geschlecht immer stärker vertreten zu
sein pflegt, so bleiben unfreiwillige Junggesellen als Einsiedler
zurück, die jedoch nicht immer junge Hähne sind, sondern,
wie ich mich in einigen Fällen überzeugte, auch alte.

Die Balz ist weder an eine bestimmte Tageszeit gebunden,
noch findet sie an einem bestimmten Orte statt. Von früh
bis in die sinkende Nacht treibt das Paar auf dem schnee-
freiem Gelände sowohl, wie auch in den Felscoulissen und auf
den inselartig über der Grasnarbe aufragenden Steinnasen,
sein liebendes Getändel. Der Hahn verfolgt die Henne uner-
müdlich; bergauf, bergab geht der tolle Reigen; bald rechts,
bald links sucht sie ihm laufend — nur kleine Strecken fliegend
zurücklegend, zu entkommen. Beide lassen dabei den Nebenruf — ein helles „Tju, tju" unausgesetzt vernehmen, der
Hahn noch öfter den Hauptruf. Ergibt sich ihm endlich die
Henne, dann fächert er voll den breiten Stoss, dass dessen
untere Decken weithin leuchten, zieht den Hals tief ein, lässt

die Flügel in der höchsten Extase bis an die Erde schleifen, sträubt das ganze Gefieder, trippelt rings um die Henne, der Nebenruf geht in ein dumpfes Rollen über, worauf sich der nur wenige Secunden währende Begattungsakt vollzieht und das frühere Treiben sich erneuert. Da das Terrain, auf dem sich das Liebesspiel abspielt, zumeist offen und auf weite Entfernungen gut sichtig ist, so kann man — günstige Witterung vorausgesetzt — verhältnismässig oft in die Lage kommen, derartige Scenen zu belauschen.

Ab und zu erscheint ein zweiter Hahn als Störenfried des jungen Glückes auf dem Platze. Dann stossen wohl die beiden Rivalen zusammen, kämpfend um der Liebe Preis; doch dies trifft nur selten zu und planmässige Kämpfe werden nie geliefert. Die einzelnen Paare wachen auch gegenseitig eifrig über ihr Hausrecht, und man hört zur Balzzeit den Hauptruf des Hahnes aus einer Spalte erklingen, dem bald ein zweiter antwortet, beide Hähne in Begleitung ihrer Hennen. Das Bedürfnis des Meldens scheint sich in dieser Zeit besonders zu verstärken, doch bleibt es merkwürdig, dass dann, soweit ich bemerken konnte, nur die Hähne mit dem Hauptrufe meldeten und niemals die Hennen, von denen man nur ihren Nebenruf, der übrigens jetzt auch vom Hahne gerufen wird — ein mehr oder minder scharfes Glucksen — vernehmen konnte. Von steilen Felsklüften, aus jeder Schlucht tönt dann der charakteristische Ruf und es herrscht ein tolles Treiben, wenn gegen Ende April die Balz ihren Höhepunkt erreicht hat. Milde, sonnige Tage begünstigen selbe, nasskaltes nebliges oder Schneewetter lässt die Hühner schnell verstummen und vermindert ihre Rührigkeit. Die Henne stellt sich ganz unter das Prinzipat des Hahnes, der über ihre Treue und ihrer beiden Sicherheit wacht. Noch nie fand ich das Königshuhn so scheu, wie zur Zeit der Balz. Die Liebe macht hier ausnahmsweise den Hahn nicht dumm, sondern vielmehr sehr vorsichtig. Durch die erhöhte Regsamkeit, das fortwährende Wechseln des Ortes erhält es gerade mehr Gelegenheit, das Terrain zu recognoscieren und seinen Verfolger zu eräugen. Ist die ihn von diesem trennende Entfernung eine bedeutende, so sucht das Paar sein Heil in nicht allzu raschem, aber ausgiebigem, öfters durch Sichern unterbrochenem Laufe und flüchtet dem

schützenden Felsgemäuer zu; ist sie eine nahe, dann stieben
beide — der Hahn voran — blitzschnell ab. Die Balzperiode
dauert ca. 5 Wochen. Nach ihr ist der Hahn völlig abge-
magert, und auch die Henne zeigt keine Spur mehr von Feist,
wenn sie das Brutgeschäft beendet hat.

Haben die Liebesfreuden ihren Abschluss gefunden, so
geht die Henne daran, unter vorspringenden Felszacken, in
sonst ganz offenem Terrain, ihr primitives Nest anzulegen, das
nur mit wenigem Gras ausgelegt wird. Es ist geradezu wunderbar, dass ein solches, so vielen Fährlichkeiten ausgesetztes
Gelege überhaupt aufkommen kann. G. Radde (Orn. cauc.
p. 341) berichtet, dass nach ihm gewordenen Mittheilungen
das Königshuhn bis 20 Eier legen soll. Merkwürdigerweise
fanden wir nie mehr als 8—10 Stück oder, was öfters der
Fall war, wir konnten nie über 7—9 Küchlein zählen. „Das Ei*)
ist," nach G. Radde (Orn. cauc. p. 340), „verhältnismässig klein;
ich messe an einem 69 mm Höhenaxe und 46 mm grössten
Querdurchmesser, die Dimensionen variiren um ein weniges,
wie auch die Grundfarbe des Eies. Es gibt auch gedrungene,
breite Eier. Ich messe z. B. 67 mm Höhenaxe auf 56 mm
Breite und andere schmale von 68 mm Höhe und 44 mm Breite.
Das Ei ist stumpfspitzig, wenig verjüngt, doch keineswegs
annähernd elliptisch im Längenschnitte. Der Fond ist gelb-
grau oder bläulichgrau, schwach in's Grünliche ziehend, und
die überall stehenden Tupfflecken, meistens rund und am stumpfen
Ende nur spärlich stehend, besitzen eine lichtbraune Farbe."
Genaue Daten über das Brutgeschäft vermag ich nicht zu
erbringen; die Schwierigkeiten, mit denen jeder in diesen Gebieten
zu kämpfen hat, machen eine derartige Beobachtung geradezu
zur Unmöglichkeit. Meinen Wahrnehmungen nach zu schliessen,
dürfte, wie auch G. Radde (l. c. p. 340) annimmt, die Brütezeit nicht unter drei Wochen in Anspruch nehmen; auch
dürften die Jungen Tag um Tag auskriechen, da man — wohl
infolge dessen — in einem Gesperre schon ganz flugbare und

---

*) Die von M. Noska für mich gesammelten Eier dieser Art, wie auch
solche des kaukas. Birkhuhnes, deren bevorstehende Absendung mir schon
angezeigt war, verschwanden nach dem Tode Noska's auf ganz unerklärliche
Weise, sodass ich mich ausser Stande fühle, eine eigene Beschreibung derselben zu geben.

Der Herausgeber.

wieder kaum dem Ei entschlüpfte Küchlein findet. Die Zeit
des Ausfallens fällt in die letzten Tage des Mai und die des
Anfangs Juni. Dass aber, wie bei allen diesen Daten grosse
Differenzen bestehen, bezeugt der Fall, dass ich, um nur ein
Beispiel anzuführen, schon am 1./13. Juni ein aus 7 Küchlein
bestehendes, bereits gut beflogenes Gesperre fand, während
ein Gehecke am 9, 21. Juni noch nicht als flugbar angesprochen
werden konnte. Die Jungen folgen der Henne sofort in's
Terrain und suchen sich ihre Äsung, junge zarte Gräser, unter
Anleitung ihrer Erzeugerin. Nach ca. 20 Tagen sind sie bereits
beflogen. Bewunderungswürdig erscheint uns auch hier die
todesverachtende Liebe der Mutter. Sind die Jungen noch
nicht flügge und Gefahr im Verzuge, dann eilt die Henne
voraus, die Schwingen halb gelüftet, taumelt halb fliegend,
halb laufend über das grobe Felsgetrümmer, ängstlich glucksend,
während die Küchlein laut piepsen, springt dann weiter von
Felsblock zu Felsblock, um immer wieder ängstlich sichernd
und glucksend oder den Hauptruf pfeifend, zu warten,
bis die Kleinen nachgefolgt sind. Dann eilt sie wieder hin und
her, um diesem oder jenem behilflich im Fortkommen zu sein,
es zur Flucht aufzumuntern und alle in Sicherheit zu bringen.
Sobald die Jungen einigermassen im Stande sind, die Schwingen
zu gebrauchen, geht die Flucht schneller von statten und halb
flatternd, halb laufend suchen Henne und Junge dem ihnen
drohenden Unheile zu entrinnen. Ereilt sie die Gefahr plötzlich,
dann zerstiebt die junge Schar wie Spreu im Winde und im
Handumdrehen sind sie alle verschwunden, verkrochen unter
dem Gestein, in Ritzen und Spalten oder unter den Rändern
der unten aufgethauten Schneefelder. Sie verbergen sich geradezu
unter den Augen, ja unter der Hand ihres Verfolgers, und man
müht sich vergeblich ab, eines solchen sich gut drückenden
Küchleins habhaft zu werden. Erst nach längerer Zeit, wenn
die Gefahr vorbei und das Gefühl der Sicherheit sich wieder
eingestellt hat, kehren Hahn und Henne zu den Jungen zurück.

Der Hahn steht zumeist bei der Familie, obzwar das
während der Mauserzeit, die nach Ende der Balz beginnt, oft
Ausnahmen erleidet und er da gerne sich absentiert. Trifft
ersteres zu, dann verhält er sich passiv und streicht in ähnlichen
Fällen schnell ab, um unweit einzufallen, der Henne die Obsorge

über die Jungen überlassend. Einmal geschah es, dass behufs
Untersuchung eine Henne von den Jungen abgeschossen wurde,
und obgleich wir zwei Jäger sogleich an Ort und Stelle eilten,
um uns dieser zu bemächtigen, gelang uns dies doch nicht.
Drei schon flügge, strichen in die Steinfelder, die vier anderen
drückten sich, und alles Suchen und Warten blieb erfolglos. Als
wir am zweiten Tage wieder dahin kamen, hörten wir von
weitem das Piepsen der vier verlassenen Waisen, die vom
Hunger getrieben, ihre Schlupfwinkel verlassen hatten und sich
leicht greifen liessen. Der Hahn, der auch am Vortage nicht
sichtbar war, hatte sich ihrer nicht angenommen.

Zuweilen kommt es vor, dass einige Hennen mit ihren
Küchlein auf einem ganz kleinen Flächenraume - ca. ¼ ha.
— vertheilt, sich zusammenhalten. Mit dem Heranwachsen der
Jungen scheint die aufopfernde Sorgfalt der Henne für dieselben nachzulassen, denn sie verlässt oft mit dem grösseren
Theile ihrer Schar die wenigen, durch das noch ungewohnte
Fliegen rasch ermattenden Schwächlinge ihrer Brut, wenngleich
zögernd, um in nicht allzu grosser Entfernung den Ausgang
abzuwarten. Nicht selten gelingt es, solche nicht flügge oder
halb flügge Junge mit Händen zu greifen. Natürlich zeigen
sie sich ziemlich ungestüm, doch weniger ängstlich und nehmen
gewöhnlich auch bald die ihnen vorgesetzte Nahrung, gehen
aber im Verlaufe von 2—3 Tagen meist zugrunde.

Allmählich wachsen die Jungen heran und der alte Hahn,
welcher Ende Juli den Federwechsel beendet hat, tritt umso
gewichtiger als Führer und Warner des Volkes in seine Rechte
und Pflichten. Bis Anfang September ist auch das Kleid der
Jungen ausgebildet. Sie unterscheiden sich jetzt von den Alten
nur mehr durch ihre schwächeren Formen. Das Volk hält
nun fest zusammen und kann nur mit Gewalt gesprengt werden.

Gleich den anderen Hühnerarten zeigt auch das Königshuhn eine grosse Liebe für Sandbäder. Die kleinen grobsan-
digen, kieseligen, fast horizontalen Flächen zwischen den grossen
Felsblöcken eignen sich trefflich dazu. Sie scharren sich hier
wannenförmige Vertiefungen, in denen man oft ausgefallene
Federn finden kann.

Für den Jäger wird es zu einem der schönsten Genüsse,

die dieses Gebiet bietet, stiller Beobachter des lebendigen,
ewig wechselnden Treibens eines Volkes Königshühner zu sein.
Eine Thatsache, die jedem, der das kaukasische Gebirge
jagend durchstreift, auffallen muss, ist der innige Anschluss des
Königshuhnes an den kaukasischen Steinbock oder Tur
(Aegoceros pallasii). Auch G. Radde (l. c. p. 342) thut
dessen Erwähnung und bemerkt, dass das ganz einfach durch
die Gemeinsamkeit der Äsung erklärbar sei, welcher Ansicht
ich mich vollkommen anschliesse. Der genannte Forscher
berichtet weiters die im Kreise der Jäger des Kasbek circu-
lierende Fabel, nach welcher das Königshuhn die Losung des
Steinbockes verzehren und selben bei Gefahr durch einen ganz
besonderen Pfiff warnen soll. Das Amt eines Warners übt
unser Huhn allerdings aus, aber nur in indirekter Weise, wie
es z. B. Amsel und Eichelheher im Walde thun, die dem pürschenden Jäger nicht selten eine schon sicher gemeinte Beute
im letzten Augenblicke vergrämen. Man kann behaupten,
dass nicht allemal dort, wo Königshühner liegen, auch Stein-
böcke stehen, aber fast immer findet das umgekehrte statt.
Das so nachbarliche Zusammenleben dieser beiden Wildarten
bedingt selbstverständlich ein gegenseitiges Vertrautsein. Das
Königshuhn nimmt meist eine weiter sichtige Stellung ein und
vermag daher eher eine nahende Gefahr wahrzunehmen. Zeigt
sich eine solche, dann gellt der Warnungsruf des Hahnes durch
das Felsgeklüfte, macht das ganze Volk rege und mit diesem
auch den Tur.

Allgemach erlahmt die Kraft der Sonnenstrahlen und
nach einem zumeist südlich schönem Herbste zieht die böse
Winterszeit heran. In solchen Höhen fällt schon Mitte oder
Ende September Schnee und deckt die welken Fluren mit
glitzernder Decke. Nur ein überreicher Schneefall kann für
das Königshuhn gefährlich werden; aber, wie schon in einem
früheren Capitel erwähnt, fegen die Stürme die Bergrücken
bald wieder an ihren exponierten Lehnen von den Schneemassen
frei, die sich dann in umso grösserer Mächtigkeit in den Ein-
schnitten lagern. Rund um die Steingrate und Felsnasen treiben
sich nun die Völker herum und finden da und dort geschützte
Stellen, wohin die Schneestürme nicht zu dringen vermögen
und sie die ihnen nöthige Äsung finden. Die Waldregion betreten

sie auch zu dieser Zeit niemals; sie bleiben ihrem Wohngebiete selbst im strengsten Winter getreu. Nie graben sie auch Gänge in den Schnee, sei es um Äsung zu suchen, sei es um unter dessen wärmender Decke sich eine Höhlung auszuscharren. Über die ganze Winterszeit bleibt das Volk beisammen, Erst der sich regende Paarungstrieb löst die gesellschaftlichen Bande.

S t i m m e.

Sehr charakteristisch und interessant erschien mir jederzeit der Ruf dieses Vogels. Wir können denselben zu seiner genaueren Charakteristik in einen Haupt- und einen Nebenruf eintheilen, und auch einen, wenngleich weniger eigenartigen Balzruf unterscheiden. Dieser Hauptruf lässt sich nicht unschwer in Noten wiedergeben. Er besteht, wenn voll vorgetragen, aus vier in einandergezogenen Tönen, die in zwei Terzen ansteigen, während die letzte Note überkippt und sich hinausziehend fistelartig ausklingt. Der Ton hat eine frappante Ähnlichkeit mit dem gänzlich verstimmten gellen Pfiff sogenannter „Schwegelpfeifen", einer Art von Flöten, die noch heute häufig in den Alpenländern bei Schützenfesten etc. im Gebrauche stehen. Ich bin überzeugt, dass man mit einem solchen Instrumente den Ruf täuschend nachzuahmen und die Hühner damit anzulocken vermöchte.

In Noten gesetzt würde er beiläufig folgendermassen lauten, doch müsste jeder Ton, um dem Originale näher zu kommen, genügend falsch genommen werden. Dieser Ruf wird als Warnung sowohl vom Hahn, als auch von der Henne ausgestossen; er gilt als Kampfruf zur Zeit der Balz, wie nicht weniger zum Zusammenlocken der zerstreuten Küchlein; er erklingt in gewissen Modulationen vor und während des Fluges und nebstdem ganz spontan, ohne augenscheinliche Ursache.

Die Haltung des Körpers dabei ist nicht weniger charakteristisch und bemerkenswert. Wenn das Huhn pfeift und den ersten Ton einsetzt, richtet es sich mit fest zusammengelegten Schwingen stramm in die Höhe. Mit dem höher steigenden Tone steigt auch der ganze Körper; der Hals wird lang, der Leib schmal, der Schnabel nach oben gerichtet und weit geöffnet. ohne dass sich dabei die Seher schliessen und mit dem höchsten Tone kehrt der Vogel wieder in seine normale Stellung zurück. Der Ruf wiederholt sich in längeren. unregelmässigen Intervallen. Gilt er als Warnungsruf, dann folgen zuletzt die Töne schneller auf einander, bis sie schliesslich in einen Triller übergehen. Dann streicht das Volk ab und alle setzen zugleich in den Triller ein. um, sobald sie eingefallen. den Nebenruf anzustimmen. Der Hauptruf aber wird nicht immer voll gesungen. häufig erklingt er nur rudimentär; es fällt dann der unterste Ton fort und klingen nur die obersten Noten aus. Wie schon bemerkt. wird der Hauptruf immer vor dem Abstreichen angestimmt. In Wegfall kommt er jedoch. wenn das Volk von einem Adler aufgestossen wird und in seiner Angst nach allen Richtungen zerstiebt. wenn es gesprengt worden ist und einzelne aufgegangene zum Abstreichen veranlasst werden oder wenn solche sich davonstehlen.

Der Nebenruf besteht aus einem zarten, melodisch weich klingenden „*Djü, djü,*“ ganz ähnlich dem Rufe des gewöhnlichen Truthuhnes. Mit diesem lockt die Henne ihre Küchlein zusammen, ebenso benützen ihn die einzelnen Glieder der Kette untereinander, um sich zu sammeln oder man hört ihn — von beiden Geschlechtern — gleichsam als Ausdruck des Erstaunens. wenn die Neugierde die Angst überwiegt. Härter. schneidiger mit mehr metallischem Beiklang melden sie. wenn das Volk eingefallen oder Furcht. Streitsucht oder eine andere Erregtheit sich des Vogels bemächtigt. In diesem Falle lautet der Ruf wie „*Tju, tju*“. Übrigens erfährt derselbe. je nach dem Umstande. dem er Ausdruck geben soll. verschiedenartige Modulationen. Dieses „Melden“. wie es am besten genannt werden kann. lässt sich in seiner Verschiedenartigkeit durch Silben folgendermassen ausdrücken Im ersteren Falle: „*Dju—dju—dju—dju, dju, dju, dju, dju—dju, dju u. s. w. oder dju -dju -dju.*“

Beim Einfallen: „*Tju—tju—tju—tju, . . . tjui.*“

Zumeist werden Haupt- und Nebenruf mit einander verbunden und zwar erklingt jener meist zuerst. dem sich dann dieser in einer seiner Modulationen anschliesst.

Der Balzruf ist eigentlich nichts weiter als eine Variation des Nebenrufes, nur klingt er in einem gedämpften Rollen aus und lautet etwa so: „*Dju—dju—dju—dju, dju, dju, dju—rrrr..*“

Die Küchlein piepsen ganz ähnlich den Jungen des gewöhnlichen Truthuhns.

Nahrung.

Der streng eingehaltene Standort ober der Holzgrenze
bedingt eine gewisse, wenigstens relative Einförmigkeit in der
Äsung. Dieselbe besteht einzig und allein in grünen Kräutern,
von denen sie sehr bedeutende Mengen aufzunehmen vermögen,
weniger in deren Knospen. Wie G. Radde (Orn. cauc. p. 340)
berichtet, wählt sich unser Huhn am liebsten solche Aufenthaltsorte, wo noch allerlei hochalpine Kräuter wachsen, so
*Saxifraga muscoides, S. exarata, Potentilla gelida, Arenaria
lychnidea, Alchemilla sericea, Sibbaldia procumbens, Androsace
villosa etc.*, mithin diese wohl das Hauptcontingent zu seiner
Ernährung stellen dürften. Nach demselben Forscher bilden
zur Sommerszeit *Potentilla-* und *Sibaldia-Knospen* seine Lieb-
lingsäsung. Es ist durchwegs Vegetarianer, verschmäht jedes
Insect, weshalb es auch nicht in der Erde scharrt.

Infolge seiner bedeutenden Consumptionsfähigkeit setzt
sich bei unserem Huhn im Verlaufe des Sommers eine erstaun-
liche Menge Feist an, das während des Winters, wo starke
Schneefälle die Äsung oft sehr spärlich gestalten mögen, all-
mählig schwindet. Dieser Feist liegt im Herbst noch mehr als
fingerdick unter der Haut und umgibt den ganzen Körper.
Aus der Masstabelle, der am Schlusse das Gewicht der Vögel
beigefügt ist, wird man ersehen haben, welch' gewaltige Ge-
wichtsdifferenzen zwischen im Herbst und im Frühjahr erlegten
Exemplaren herrschen, die bis zu 3 Pfund und wohl noch
mehr betragen können, was also die Hälfte des sonstigen Eigenge-
wichtes übersteigt.

In seiner Äsung an keine Tageszeit gebunden, ist es tags-
über fast immer in Thätigkeit.

G. Radde (l. c. 342) bemerkt, dass er am 9./21. Juni 1877
bei Besteigung des Kasbek in einer Höhe von ca. 10000' ü.
M. unter dem Karniese eines grossen Felsens, geschützt vor
Regen und Schnee, allerlei zarte Pflanzen abgepflückt und zu
einem kleinen Häufchen vereinigt, gefunden habe, von dem die
Führer, Jäger des Hochgebirges behaupteten, dass es vom
Königshuhn herrühre, welches sich solche Vorräthe für den
Winter anlege. Es bedarf wohl nicht erst einer eingehenden

Begründung, diese Aussage der Führer in das Reich der Fabel
zu verweisen. Auf der Nordseite des Kaukasus ist den Jägern
ähnliches völlig unbekannt. Das Königshuhn bedarf keiner
Wintervorräthe, da es an den durch überhängende Felsen ge-
schützten, an von Stürmen freigefegten Stellen immer soviel
findet, als es zum Leben bedarf. Wie alle Hühnerarten verschluckt auch dieses reichliche
Mengen Kiesel. Dieselben findet es mehr als genügend in dem
quarzreichen Sande, der sich als Verwitterungsprodukt des Ur-
gesteins in den Klüften ablagert und kleine Sandfelder bildet.

Die Losung ist walzenförmig, von der Stärke eines
Bleistiftes, immer gekrümmt, von fast olivengrüner Färbung
und sperriger, trockener Consistenz. Innerhalb seines Aufent-
haltsortes findet man sie, da sie sehr dauerhaft ist, fast auf
jedem Steine, jedem Felsblocke unregelmässig zerstreut in bedeutender Menge, und das bezeugt dem Jäger das vielfache
Vorkommen des Vogels, auch wenn er diesen nicht zu Gesicht
bekommen haben sollte.

Jagd.

Die Einförmigkeit der einzelnen Lebensperioden unseres
Huhnes bringt es mit sich, dass bestimmte, auf besondere
Lebensgewohnheiten basierte Jagdmethoden hier keine Anwen-
dung finden können, und selbst die Balzzeit ändert nichts
Wesentliches an dieser Thatsache. Würde auch die Balz dem
Jäger den meisten Reiz gewähren, so stellen sich einem solchen
Unternehmen zu dieser Zeit in der Regel ganz unüberwindbare
Hindernisse in den Weg, die den Jagdbetrieb in jenen noch
im Banne des Winters liegenden Höhen zur Unmöglichkeit
machen.

Vom weidmännischen Standpunkte — eine geregelte Jagd
und zielbewusste Hege vorausgesetzt — scheint es überdies
nicht angezeigt, zur Balzzeit das Königshuhn zu jagen, da es
nicht immer leicht ist, die Henne, besonders, wenn sie
nicht nahe neben dem Hahne steht, als solche sicher
zu erkennen. Man wählt daher besser den Spätsommer
oder den Beginn des Herbstes, indem dann die jungen Vögel
bereits ausgewachsen sind, auch weniger Scheu zeigen, sich
daher leichter beschleichen lassen, als einzelne alte Exemplare.

Das neue Jagdgesetz vom Jahre 1891 beschränkt den Abschuss des Königshuhns auf die Monate October und November, was einem gänzlichen Abschussverbote sehr nahe kommt, da bereits im October das Gebirge wieder unpassierbar wird. Wie überhaupt bei jedem Jagdzuge in dieses unwirtliche Gebirge, ist auch hier die Ausrüstung einer kleinen Expedition nothwendig, die aus einer Anzahl von Reit- und Lastpferden und einem oder mehreren der Örtlichkeit kundigen und mit den Einständen des Königshuhns vertrauten Führern bestehen muss. Ohne Lastpferde kann die für einen längeren Aufenthalt in den Bergen unumgänglich nöthige Bagage nicht transportiert werden. Auch ein leichtes für den Aufenthalt an der oberen Waldgrenze berechnetes Zelt ist sehr zu empfehlen, will der Jäger nicht schutzlos den Elementen preisgegeben sein. Die Höhen welche unser Huhn bewohnt, liegen in ca. 7—10000' Meereshöhe. Dies erfordert selbstredend einen ausdauernden Bergsteiger, und soll die Jagd von gutem Erfolge begleitet sein einen schwindelfreien Kopf bei den unerlässlichen Klettereien in dem Chaos der Felsen und Mauern.

Die Jagdmethode, auf welche der Weidmann angewiesen ist, ist einzig die Pürsche. Ein Vorstehhund wird, wenige Fälle ausgenommen, weder zur Suche, noch zum Apportieren verwendet werden können, da er in dem zerklüfteten Terrain, wie ich aus Erfahrung weiss, sehr ängstlich wird und über steile Stellen auch getragen werden müsste, was denn doch die Vortheile, die er ab und zu bieten würde, illusorisch macht. Das Königshuhn meldet sehr häufig und der Jäger vermag, gedeckt durch Felsblöcke und bei Vermeidung jeden Geräusches, zumeist recht gut anzukommen. Vorsicht darf dabei jedoch nie ausser Acht gelassen werden. Die Königshühner lieben es hinter Felsgraten, über gewöhnlich unzugänglichen Abgründen einzustehen. Durchstreift man also solches gerifftes Terrain, dann heisst es wohl aufpassen, das Wild früher zu erspähen; denn hat es einmal die Gefahr von weitem erkannt, so stellt es sich auf exponierte Punkte und an ein Anpürschen ist dann nicht mehr zu denken. Öfters zeigt dieses Wild eine geradezu frappierende Vertrautheit, die seiner angeborenen Scheuheit vollkommen widerspricht; doch dürfte selbe auf das so seltene Zusammentreffen mit Menschen zurückzuführen sein. Darauf zu rechnen, wäre aber sehr unklug, und man wird besser thun, auf den weniger günstigen Fall vorbereitet zu sein. In sichtigem Terrain zählt ein schussmässiges Ankommen zu den Seltenheiten. Gelingt es dem Jäger die Kette zu sprengen, die Jungen der erfahrenen Führung der Alten zu berauben, dann hat er gewöhnlich leichtes Spiel, falls das Terrain nicht zu unwegsam und die Hühner sich nicht in schwer zugängliche Felspartien stecken, was freilich leider die Regel ist. Von einer Kette mehr als 2—3 Hühner abzuschiessen, kann nur unter besonders günstigen Umständen erfolgen und zwar dann, wenn die Hühner mehrere Schüsse, ohne abzustreichen, aushalten. Das selten gut sichtige Terrain lässt aber selbst dann meist nur ein oder das andere Stück dem Jäger zu Gesicht kommen, und bevor es diesem gelingt, seine Stellung zu verändern und Ausblick zu erhalten, haben in der Regel die Hühner laufend einen solchen Vorsprung erlangt, dass an ein Schiessen nicht mehr zu denken ist oder sie sind ganz abgestrichen. Sie laufen auch niemals so gedrängt, wie es die Schneehühner thun, so dass ein Schuss im glücklichen Falle nicht mehrere Hühner liefert. Da es wohl gelingt, im Verlaufe des Tages 2—3, ja vielleicht noch mehrere Ketten aufzustossen, aber nicht immer schussmässig an selbe anzukommen, so wird die Stückzahl der Tagesbeute bei günstigem Jagderfolge der Zahl der angetroffenen Ketten ungefähr gleichkommen.

Das steile Terrain, in welchem die Jagd auf das Königshuhn ausgeübt wird, birgt aber einen weiteren Übelstand. Ist ein Huhn glücklich erlegt und bleibt es nicht sofort auf dem Platze, sondern kollert thalab und kann nicht von dem zumeist unten stehenden Jäger aufgefangen werden, so stürzt es unaufhaltsam bis zum Fusse der betreffenden Lehne oder Sohle des tiefen Grabens oder der Schlucht, von wo es dann, will man nicht auf die seltene Beute Verzicht leisten, nach oft stundenlanger Mühe heraufgeholt werden muss, falls dies überhaupt möglich ist. Es ist daher bei Abgabe eines Schusses auch darauf zu achten, dass das Wild getroffen, in möglichst erlangbarem Bereiche fällt, besonders für den, der seine Beute als Präparat conservieren will, da durch das Abstürzen das Objekt fast immer so beschädigt wird, dass es für den angeführten Zweck unbrauchbar wird.

Bei der Jagd zur Balzzeit sei noch bemerkt, dass, wenn im Fluge geschossen wird — beim plötzlichen Erblicken des Wildes und ebenso schnellen Abstieben desselben — und an eine Unterscheidung des Hahnes von der Henne nicht gedacht werden kann, es immer räthlich ist, auf das zuerst und voranstreichende Huhn das Korn zu richten, da dies gewöhnlich der Hahn sein wird. Sobald die jungen Vögel ausgewachsen sind, also zu allen anderen Perioden des Jahres — kann der Hahn von der Henne nicht mehr unterschieden werden.

Wer einmal die Freuden dieser Jagd gekostet, dem werden sie zeitlebens im Gedächtnisse haften, und jeder Bruch — und der gebührt diesem edlen Wild - wird zum Merksteine werden, der den glücklichen Jäger an schöne Stunden edlen Weidmannsvergnügens und an die stolzen Schroffen des schneereichen kaukasischen Hochlandes erinnert, das soviel des Herrlichen dem Jäger bietet.

Wildbret.

Das Wildbret des Königshuhns und zwar sowohl junger, als alter Hühner, ist ungemein fein und mürbe, in der Farbe theilweise fast rosa-lachsfarben, theilweise dunkler im Ton, von ganz eigenthümlichem, stark wahrnehmbaren Wildgeschmacke und gibt einen zarten, sehr wohlschmeckenden Braten, der jedoch — wie ähnliches Wild — nicht zu oft genossen werden darf, soll er nicht dem Gaumen widerstehen. Wegen der dicken citronengelben, sehr öhligen Feistschichte zur Herbstzeit muss es vor der Bereitung erst abgefettet werden, da dieses Feist etwas thranig schmeckt. Als Wildbret hat das Huhn hier zu Lande so gut wie gar keinen Wert.

Feinde.

Nur zu häufig findet man im Gebirge Reste gerissener Königshühner, zumeist in Schwung- spärlichen Brust- und Stossfedern bestehend. Ihre ärgsten Feinde besitzen sie in den grossen Raubvögeln. Das Erscheinen eines Adlers bewirkt einen panischen Schrecken. Das ist dann ein Melden und Glucksen, ein Hin- und Herrennen, bis das Volk endlich lautlos abstiebt, nach allen Richtungen sich zerstreuend und Schutz im Felsgemäuer suchend. Haben sich die einzelnen Glieder gedrückt, so sind sie gewöhnlich durch ihr dem Terrain sich so innig anschmiegendes Kleid vor den Fängen des Raubvogels gesichert.

3

Durch den jagenden Tscherkessen und Russen erfahren sie kaum einen nennenswerten Abbruch, da beide nur Kugelgewehre führen und ihr Jagdobjekt der Steinbock und die Gemse sind, sie sich daher durch einen auf ein für sie so minderwertiges Wild abgegebenen Schuss leicht die Aussicht auf die Erbeutung eines jener rauben würden.

Störung erfährt es hauptsächlich durch die Hirten, die mit ihren Schafherden unter gellendem Pfeifen und Rufen bis zu den höchsten Kuppen hinaufschweifen. Doch findet der Auftrieb in solche Örtlichkeiten, wo das Königshuhn steht, nicht vor Mitte und Ende Juni statt, und zu dieser Zeit sind die Gesperre bereits beflogen.

Witterungseinflüsse, in erster Linie der hier so häufige ausgiebige Hagelschlag und lange anhaltende Regen, mögen, besonders zur Brütezeit, manchen Schaden verursachen.

Acclimatisationsfähigkeit.

Dass sich dieses herrliche Wild, welches nebst Steinbock und Gemse eine Zierde des kaukasischen Hochlandes bildet, auch in den Alpen acclimatisieren liesse, bezweifle ich nicht im Geringsten. Die stillen Höhen der Alpen mit ihren grünen Triften, den felsigen, steinreichen Wüsten, der an den verschiedensten Kräutern reichen Alpenflora, das dem Nordhange des Kaukasus ähnliche Klima; dies alles müsste zusammenwirken, diesem Wilde herrliche und nach allen Richtungen hin wünschenswerte Einstände zu bieten, in denen es nichts von dem vermissen dürfte, was die kaukasische Heimat ihm gewährt. Dazu kommt noch als günstiges Moment, dass es bei der heute fast schon aller Orten durchgeführten strengen Hege und dem zielbewussten Abschusse allen Raubwildes einer grossen Zahl seiner Feinde entledigt wäre, was zu einer raschen Vermehrung dieses ohnehin produktiven Wildes führen müsste.

Welchen Genuss die glückliche Einbürgerung dieses prächtigen Huhnes in unseren heimatlichen Bergen gewähren würde, vermag nur jener zu ermessen, der die weiten kirchenstillen Öden dieser Bergwelt kennt und selbe sich nun mit diesem herrlichen Federwilde bevölkert denkt, dessen Jagd zwar nicht geringe Anforderungen an den Jäger stellt, die ihm aber reichlichen Genuss bieten würde.

Die Beschaffung der zum Aussetzen nothwendigen Exemplare würde freilich auf keine geringen, aber immerhin auf nicht unüberwindliche Hindernisse stossen, da das Königshuhn durchaus nicht sporadisch verbreitet ist und durch geschickte Fallensteller gefangen werden könnte.

Bei dem lebhaften Interesse, welches heutzutage grosse Jagdbesitzer der Einbürgerung fremden Wildes zuwenden, wäre der Versuch, ein so prächtiges Jagdobjekt der hochalpinen Wildbahn zu gewinnen, wohl der Mühe wert.

Flamingos und Zwergtrappe in Mähren.

V. Čapek.

1. Im Jahre 1895 wurde die Ornis Mährens um eine neue Art bereichert, nämlich um den F l a m i n g o, *Phoenicopterus roseus Pall.*

Zu den sehr mangelhaften Zeitungsnotizen über das vorjährige Vorkommen von Flamingos in Mähren ist es mir durch die Gefälligkeit des Herrn W. Spitzner, Professor an der böhm. Realschule in Prossnitz, gelungen, von einem Augenzeugen recht interessante Einzelheiten über diese Vögel zu erfahren, die ich hiemit der Öffentlichkeit übergebe.

Kurz vor Mittag am 29. Juli erblickten die Beobachter eine Schar von 11 Flamingos, die von Süden herankamen. Langsam senkten sich die Vögel auf den Stichowitzer Teich (zwischen Prossnitz und Plumenau), berührten fast wie Schwalben dessen Oberfläche, erhoben sich wieder, um sich endlich im seichten Wasser am Nordrande des Teiches niederzulassen. Zufällig kam Herr A. Frendl, Forstadjunkt aus Plumenau, dazu, der sich den seltenen Gästen etwa auf 60 Schritte näherte und zwei Schüsse auf dieselben abfeuerte. Drei Stücke waren seine Beute, aber auch die übrigen blieben merkwürdigerweise am Platze, verwundert umherblickend. Erst als sich die Beobachter auf 15 Schritte (!) genähert hatten, erhoben sich die unerfahrenen Südländer, kreisten etwa eine halbe Stunde über dem Teiche, worauf sie in der Richtung gegen Olmütz zu verschwanden. Ein Individuum trennte sich jedoch — wahrscheinlich angeschossen — von den übrigen ab und blieb am Teiche, wo es abends erlegt wurde.

3*

Alle vier Exemplare wurden ausgestopft und kamen in verschiedene Schulen*). Ein Stück steht in der Schule zu Mostkowitz (bei Plumenau), das zweite in Hrubčitz, das dritte in der Mädchenschule zu Strassnitz und das vierte endlich in der böhm. Realschule in Prossnitz.

Alle Individuen waren im Jugendkleide. Alte Vögel verfliegen sich selten so weit aus ihrer mediterranen Heimat und hätten gewiss als kluge und scheue Thiere den ganzen Schwarm vor dem harten Schicksale, dem er verfiel, gerettet; denn ich glaube, dass auch die übrigen in Mähren und Schlesien erbeuteten Flamingos dieser Gesellschaft angehörten.

Ein Stück — wahrscheinlich bei Stichowitz verwundet — wurde bei Hodolein nächst Olmütz im Felde gefangen und gieng im Stadtparke zu Olmütz bald ein. Die übrigen (alle 6?) wandten sich dem Osten zu, denn schon am 30. Juli und in den ersten Augusttagen wurde je ein Stück auf den gräflich Larisch'schen Teichen bei Reichwaldau, n.-ö. von Ostrau, erlegt.

2. Eine Seltenheit der mährischen Vogelfauna ist auch die Zwergtrappe, *Otis tetrax L.* Am 19. December 1895, als die Gegend bereits 5 Tage unter Schnee lag, erblickte ein Bauer aus Budkowitz, zwischen Eibenschitz und Kromau, einen grösseren Vogel knapp neben der Strasse. Er schlug mit der Peitsche nach demselben, und der Vogel strich weiter ins Feld. Nun holte der Bauer sein Gewehr und erlegte ohne Mühe den Vogel, der in die Sammlung des Herrn W. Ziegler in Eibenschitz gelangte und von mir als eine Zwergtrappe (δ) erkannt wurde.

Der Vogel war ganz gut genährt und war nichts Abnormes an ihm zu bemerken. Man hat ja auch in Deutschland, wo die Art stellenweise nistet, dieselbe auch im Winter angetroffen.

Vom Jahre 1858 bis 1895 wurden meines Wissens 9 Stücke in Mähren erbeutet. Wahrscheinlich ziehen die Brutvögel aus Pr.-Schlesien durch Mähren, denn wirklich wurden alle Stücke in der Marchniederung oder in Ostmähren geschossen. Das hiesige Exemplar ist das westlichste von allen.

Oslawan, im Januar 1896.

---

*) Es wäre wohl am Platze gewesen, wenn das Museum von Brünn ein Exemplar acquiriert hätte. Für eine Volksschule haben solche Vögel wenig Bedeutung.   Der Verf.

Die Kolbenente (Fuligula rufina (Pall.) in Nieder-Österreich erlegt.

Wie mir Herr L. Siegel, k. k. Controlor in Lundenburg, mittheilt, befindet sich daselbst im Privatbesitze ein ausgestopftes ♂ der Kolbenente, welches vom Förster Krejči auf einer Entenjagd auf der fürstl. Liechtensteinischen Herrschaft Rabensburg 1885 erlegt wurde.   v. Tschusi zu Schmidhoffen.

Literatur.

Berichte und Anzeigen.

Bar. L. d'Hamonville. Les Oiseaux de la Loraine (Extr. d.: „Mem. Soc. Zool. France." VIII. 1895, p. 187—287).

Vorliegende Schrift umfasst die Vogelwelt Lothringens in seiner alten Umgrenzung (Meuse, Meurthe, Moselle und Vosges). Sie basiert auf des Verfassers eigenen reichen Beobachtungen während eines Zeitraums von über 45 Jahren, auf der einschlägigen Literatur, auf den dem Autor zugekommenen Beiträgen und auf den in den Localsammlungen aufbewahrten Belegen

Von den für das Gebiet nachgewiesenen 302 Arten sind 62 Stand-, 80 Sommervögel, 84 regelmässige und 30 irreguläre Passanten, 18 überwinternde nordische und 28 zufällige Erscheinungen. Faunistische und biologische Bemerkungen sind jeder Art beigefugt. In der Systematik und Nomenclatur folgt die Schrift Degland und Gerbe's, Traité d'Ornith. europ.

Neu für das Gebiet ist *Anthus obscurus*, von dem ein ♂ (Mus. d'Hamonv.) im März 1894 bei Toul erlegt wurde. *Budytes rayi* und *B. cinereocapilla* (vielleicht eher *B. borealis Sundev.* D. Herausg.), welche Verf. als Rassen von *B. flava* betrachtet, nicht von dieser trennt, werden zur Zugzeit ab und zu erbeutet. Schade, dass über deren Vorkommen Details fehlen! Dasselbe gilt auch von den beiden Blaukelchenformen, von denen bemerkt wird, dass solche mit mehr oder weniger Roth*) im weissen Stern gefunden werden. — Unter *Linaria canescens* Gould (Sizerin blanchâtre) ist wohl *Linaria exilipis* Cous (= *sibirica* Sew.) gemeint! — *Porzana bailloni* Vieill. ist im Gebiete sehr häufig. — Von bereits aus der Literatur bekannten Seltenheiten heben wir hervor: *Turdus sibiricus*, *T. aureus*, *Oidemia perspicillata* u. a.   T.

A. Suchetet. Les oiseaux hybrides rencontrés a l'état sauvage. V. Partie. Additions & Corrections. — Lille, 1895. Lex 8, p. 473—873.

Wir hatten bereits früher**) Gelegenheit, auf dieses höchst verdienstvolle,

*) Vergl. Orn. Jahrb. VI. 1895. p. 260.
**) Vergl. d. Journ. III. 1892, p. 261.

von einem wahren Bienenfleisse zeugende umfangreiche Werk aufmerksam zu
machen, das sich die Schilderung der im Zustande der Freiheit erzeugten Ba-
starde der gesammten Vogel welt zur Aufgabe gestellt hat. Mit dem kürzlich
erschienenen V. Theile hat selbes seinen vorläufigen Abschluss gefunden.
Derselbe enthält Zusätze und Correcturen und ein sehr sorgfältig ausgearbeitetes
tetes Tableau recapitulatif, das eine schnelle Orientierung über die angeführten
und beschriebenen Bastardbildungen gewährt.

     Bisher hatte es an einer derartigen umfassenden Arbeit gefehlt, und wir
beglückwünschen den Autor zur Beendigung seines Werkes, das ihm den Dank
jedes Ornithologen sichert. Acht Jahre war der Verfasser bemüht, das in seinem
Buche niedergelegte Material zu sammeln und nach Möglichkeit zu prüfen,
wobei ihm die Unterstützung, man kann sagen der Ornithologen der ganzen
Erde zutheil wurde. Nur dadurch war es möglich geworden, eine annähernde
Vollständigkeit zu erreichen, die auch ferner zu erhalten, der Verfasser durch
Herausgabe jährlich erscheinender Supplemente beabsichtigt.   **T.**

     E. **H a r t e r t**. Über die nordafrikanischen *Garrulus*-Arten. (Sep. a.:
„Orn. Monatsbericht" 1895, 8. 4 pp.

     J. Verreaux' *Garrulus minor* aus Algier, in Rev. & Mag. Zool. 1857,
p. 439 beschrieben, auf pl. 14 abgebildet, bildete bisher eine grosse Seltenheit in den Museen, indem allem Anscheine nach nur zwei Exemplare bekannt
waren. Dies war auch die Veranlassung, dass die Ansichten der Forscher,
welche sich eingehender mit der Gattung *Garrulus* beschäftigten, in Bezug
auf ihn sehr auseinander giengen. So erblickte H. E. Dresser in ihm einen
Garrulus glandarius, B. Sharpe betrachtet ihn als eine eigene Art und O.
Kleinschmidt wieder als Subspecies jenes. Da seit Loche, der den Vogel
nur im Süden Algier's antraf und als viel seltener als *G. cervicalis* bezeichnet,
keiner der neueren Forscher des nördlichen West-Afrika's seiner Erwähnung
thut, veranlasste dies W. v. Rothschild, sich eine grössere Reihe Heher aus
diesem Gebiete zu beschaffen, worunter sich vier Exemplare befinden, welche
E. Hartert für *G minor* hält und die mit dem von B. Sharpe beschriebenen
Vogel übereinstimmen. Sie stammen sämmtlich aus Tanger und unterscheiden
sich von *G cervicalis*, dem sie und nicht *G glandarius* zunächst stehen,
dadurch, dass die schwarzen Haubenfedern mehr oder minder auffallend weisslich und die hinteren weinröthlich gesäumt sind, dass der Nacken wein-
röthlich-braun ist, die Rückenfarbe ein reineres, weniger röthlich über-
hauchtes Grau aufweist, auch sind Flanken und Unterflügeldecken heller. In der
Grösse dagegen ist kein nennenswerter Unterschied und der Flügel nur 3—4 mm
kürzer. Als seine Heimat ist Marokko, wo *G. cervicalis* zu fehlen scheint, und
wahrscheinlich der Süden oder Südwesten von Algier anzusehen.

     In *G. cervicalis* erblickt Hartert nicht wie Kleinschmidt einen Subspecies
des *G. melanocephalus*, sondern eine Species, die sich von diesem durch kür-
zere Haube wie durch Verschiedenheit in der Nacken- und Rückenfärbung
wesentlich unterscheiden.   **T.**

H. Schalow. Über eine Vogelsammlung aus West-Grönland. (Sep. a.:
„I f. O." XLIII. 1895, p. 457—481).

Dr. Vanhoffen, welcher die von der Gesellschaft für Erdkunde zu Berlin
1892 ausgesandte Expedition nach West-Grönland als Naturforscher begleitet
hatte, brachte auch eine kleine Collection von Vogelbälgen mit, die dem
kgl. zool. Museum in Berlin vorliegt. H. Schalow hat mit gewohnter Sorgfalt
das ihm vorgelegene Material, welches aus 17 Species und einer Anzahl Eier
bestand, bearbeitet und hierbei auch aus Grönland stammende Eier der v.
Krüger-Velthusen'schen Sammlung einbezogen.

Nach einer kurzen Übersicht der neueren Publicationen über die grön-
ländische Ornis und unter Hervorhebung der darin zuerst als neu für das
Gebiet nachgewiesenen Arten — bis jetzt sind aus Grönland 145 Species bekannt — wendet sich Verfasser dem Untersuchungs-Materiale zu. Die gesammelten Objecte werden angeführt, vielfach kritische Bemerkungen selben beigefügt, die genauen Eiermasse gegeben, woran sich Dr. Vanhoffen's Schilde-
rungen aus seiner früher publicierten Arbeit, Frühlingsleben in N.-Grönland,
anschliessen. Von *Tadorna cornuta* wird der erste Nachweis ihres Vorkommens
erbracht.   T.

H. Baron Loudon. Die Brutvögel der Ostseeprovinzen. (Sep. a.:
„Korrespondenzbl. Naturf.-Ver." Riga' XXXVIII. 1895, 8. 10 pp.

202 Arten werden für das Gebiet als Brutvögel nachgewiesen, davon
von dem Verfasser zum erstenmal *Fringilla montifringilla*, *Turdus torquatus*,
Regulus ignicapillus, *Ortygometra minuta*, wovon sich die Belege in des Autors
oolog. Sammlung befinden. Der Kukuk legt mit Vorliebe sein Ei in das
Nest von *Turdus pilaris*. Einmal wurden bei dieser Art auch zwei Eier jenes
gefunden. Unter *Lusciola suecica* ist wohl die weisssternige Form gemeint!
Nucifraga caryocatactes nistet besonders häufig auf Ösel.   T.

P. Leverkühn. Vogelschutz in England. (Sep. a.: „Orn. Monatsschr."
1894. — Halle a/S. gr. 8. 71 pp. 1 Taf.)

1891 wurde von einem Birminghamer Handelsconsortium eine Expedition
zur Ausbeutung der vogelreichen Shetlands-Inseln an Eiern geplant, durch
das rasche und energische Einschreiten der britischen Tagespresse und des
Parlaments aber im Keime erstickt. Dies gab dem Verfasser Veranlassung,
nachdem er des interessantesten Vertreters der Vogelwelt jener Inseln, des
Stercorarius catarrhactes (L.). gedacht und bezüglich seines früheren und
jetzigen Vorkommens daselbst und des demselben zutheil gewordenen Schutzes
berichtet, die englischen Vogelschutzgesetze in eingehendster Weise zu schildern. Es werden die diesbezüglichen seit 1869 in Kraft getretenen 5 Parla-
mentsakte in wörtlicher Übersetzung zum Abdruck gebracht, denen sich das
neue englische Gesetz zum Schutze der Eier und verschiedene andere Schutz-
Vorschläge anreihen.

Verfasser selbst plädiert für den Schutz der prächtigen kaspischen See-

schwalbe *(Sterna caspia* Pall.) auf ihrem einzigen Brüteplatze in Deutschland,
dem Nordende von Sylt, und verzeichnet die Zahl der Brutpaare, welche
verschiedene Ornithologen bei ihrem Besuche jener Colonie fanden, die 1892
kaum über ein Dutzend Nester aufwies.

Die Schilderung eines nordischen Brüteplatzes auf den Shetlands-Inseln
von Dr. Benguerel (aus „Daheim") mit Tafel ist am Schlusse beigefügt.

T.

K ö p e r t. Die Bestrebungen des Hofrathes Prof. Dr. Liebe für den
Vogelschutz. Vortrag. — Gera (1895). E. M. Koehlers Verlag. 8. (7 pp.)

In höchst anziehender und pietätvoller Weise schildert uns Verfasser
Liebe's Thätigkeit auf dem Gebiete des Vogelschutzes, für welchen derselbe
wie kein zweiter erfolgreich wirkte. Ausgestattet mit einer seltenen Kenntnis
des Freilebens der deutschen Vögel, die er durch die Pflege zahlreicher Arten
in der Gefangenschaft ergänzte, trat er durch Wort und Schrift in überzeugen-
der Weise für den berechtigten Vogelschutz ein, liess es aber gleichzeitig an
für weite Kreise bestimmten, in tausenden von Exemplaren verbreiteten Bro-
churen über die Hege der nützlichen Arten nicht fehlen, ohne die der Schutz
der Vögel illusorisch wird. Ein Verzeichnis von Liebe's ornithologischen
Schriften schliesst die kleine lesenswerte Brochure.

T.

An den Herausgeber eingelangte Druckschriften.

J. K n o t e k. Die Verbreitung des Fasans auf der Balkanhalbinsel. (Sep. a.:
„Österr. Forst- und Jagdz." 1895. 8. 8 pp.) Vom Verf.

R. B l a s i u s. Die Vögel des Herzogthums Braunschweig (Vortr. Sep. a.:
„X. Jahresber. Ver. f. Naturw." Braunschweig. II. Sitzungsber. p. 30—35.)

Nachrichten.

Am 26. November v. J. verstarb zu South Kensington
im 64. Lebensjahre:

H e n r y   S e e b o h m.

Verantw. Redacteur, Herausgeber und Verleger : Victor Ritter von Tschusi zu Schmidhoffen, Hallein.
Druck von Ignaz Hartwig, Freudenthal, Kirchenplatz 13.

Ornithologisches Jahrbuch.

ORGAN

für das

palaearktische Faunengebiet.

| Jahrgang VII. | März-April 1896. | Heft 2. |

Beiträge zur Fortpflanzungsgeschichte des Kuckucks.

Von **V. Čapek.**

Vorwort.

In den letzten Jahren wurde die Aufmerksamkeit der Ornithologen wiederholt auf die Fortpflanzungsgeschichte des einzigen europäischen Brutparasiten, des Kuckucks, gelenkt.

Abgesehen von verschiedenen Arbeiten in den Fachblättern, sowie der fachmännischen, meist auf A d. W a l t e r's Beobachtungen beruhenden Behandlung dieses Gegenstandes in F r i d e r i c h's „N a t u r g e s c h i c h t e der d e u t s c h e n V ö g e l" (Stuttgart. 1891), war es vor allen der greise Nestor der deutschen Oologen. Pastor D r. E d. B a l d a m u s, der in seinem Buche „D a s L e b e n der e u r o p ä i s c h e n K u c k u c k e" (Berlin. 1892) die bisherigen, durch seine eigenen Erfahrungen wesentlich bereicherten Kenntnisse und Anschauungen sozusagen zu einem organischen Ganzen zusammenfasste.

Doch gleich darauf erschien die Arbeit von D r. E u g e n R e y : „A l t e s u n d n e u e s a u s d e m H a u s h a l t e d e s K u c k u c k s" (Leipzig, 1892), welche auf Grund eines sehr reichhaltigen und meist nach eigener Methode gründlich bearbeiteten Materials in mancher Hinsicht ganz neue und überraschende Resultate brachte.

Kein Vogel kann sich einer so reichen Literatur rühmen wie unser Kuckuck; es steht jedoch fest, dass erst durch die erwähnten Publicationen helleres Licht in die geheimnisvolle Biologie dieses Vogels gebracht wurde, und dass wir uns in diesem Punkte um ein gutes Stück der Wahrheit genähert haben. Es gibt aber noch jetzt recht viele dunkle Punkte und ungelöste Fragen in derselben, die nur fortgesetzte eifrige Beobachtungen gewissenhafter Forscher zu klären vermögen.

Aus diesem Grunde sollte jeder wissenschaftliche Beobachter bestrebt sein, durch Mittheilung seiner diesbezüglichen Erfahrungen zur Aufklärung der interessanten Fortpflanzung des Kuckucks beizutragen.

Diesen Zweck beabsichtigt auch die vorliegende Arbeit. Man suche in derselben jedoch keine neuen Entdeckungen und Theorien; sie hat bloss das bescheidene Ziel, sorgfältig gesammeltes und brauchbares Material zum weiteren Aufbaue zu liefern, ganz im Sinne des von Dr. Rey (l. c. p. 68) ausgesprochenen Wunsches.

In mancher Hinsicht bin ich der Methode Dr. Rey's gefolgt, in der Überzeugung, dass auf den von diesem Forscher gebahnten Wegen die Wahrheit zu suchen ist. Auch die praktische Einrichtung seines Kataloges habe ich im grossen und ganzen beibehalten.

Es ist mir eine angenehme Pflicht, an dieser Stelle allen denjenigen meinen verbindlichsten Dank auszusprechen, die mich bei meiner Arbeit freundschaftlich unterstützten. Es ist dies vor allen Herr Oberförster und Gutsverwalter Karl Weber in Oslawan, welcher mir mit seltener Bereitwilligkeit freies Beobachten und Sammeln in den herrschaftlichen Revieren gestattete; dann die unter meiner Anleitung beobachtenden Herren: mein eifriger Mitarbeiter Herr W. Ziegler, Präparator in Eibenschitz, Herr F. Klima, daselbst, Herr F. Linder, Unterförster in Neudorf, und Herr F. Skyva, Unterförster in Padochau, denen ich einen Theil meines Materials, sowie manche gute Beobachtung verdanke.

Oslawan in Mähren, im November 1895.

Kapitel I.

Verzeichnis der gefundenen Kuckuckseier.

Erläuterungen zur Tabelle.

1. Die erste Rubrik enthält die laufende Nummer. Die Reihenfolge wurde a) nach den Brutpflegern, b) nach den Kuckucksweibchen, c) nach dem Datum geordnet.

2. Die Nummer in der zweiten Rubrik bezeichnet das bestimmte Kuckucksweibchen, welches die betreffenden Eier gelegt hatte. Wo keine Nummer eingetragen ist, liegt vom betreffenden Weibchen nur dieses einzige Ei vor.

3. In der dritten Rubrik ist der Fundort des Eies, resp. das Revier mit einem Buchstaben bezeichnet.

Oslawan liegt in einer hügeligen Gegend im Thale des Oslawaflusses (222 m ü. M.). Unmittelbar im Westen, dann etwa 5 km im Osten meines Beobachtungsgebietes zieht sich je ein ausgedehnter Waldgürtel hin, beide in der Richtung von Süden gegen Norden und von einander durch einen etwa eine Wegstunde breiten, bebauten Streifen getrennt. Zum westlichen Gürtel gehören (von S. angefangen) die Reviere A, B C, D, E, Fa. A bedeutet das Neudorfer Revier, welches ich nur dann und wann besuchte. B umfasst das „Teichelrevier" mit einem Streifen des anliegenden Čučitzer-Revieres und das „Schmied'swald'l". C ist das „Kreuzelrevier" und die bewaldeten Lehnen längs des Ketkowitzer Baches. B und C sind meine wichtigsten Fundstätten. D hängt mit C unmittelbar zusammen und umfasst die Abtheilungen „Boučí" und „Březová". E ist wieder mit D im Zusammenhange und bedeutet das Zbeschauer Revier mit dem bewaldeten „Balinythale". Fa sind die Lehnen des „Wehrbachthales" zwischen Oslawan und Padochau. Fb bezeichnet die Obstbaumanlagen „Brnénky" und „Novosady" mit zahlreichen bebuschten Rainen. Fc bedeutet endlich die Flussniederung zwischen Oslawan und Eibenschitz. G umfasst das Padochauer Revier, welches die einzige Querverbindung zwischen den beiden erwähnten Waldgürteln, und zwar zwischen E und H bildet. Alle bis jetzt angeführten Wälder gehören zum Grossgute Oslawan.

Zum östlichen Waldgürtel rechne ich, wieder von S beginnend, die ausgedehnten und zusammenhängenden Reviere J, H, K. J umschliesst die Eibenschitzer Wälder am „Rainberge" mit anliegenden Partien der Budkowitzer und Branitzer Wälder. H sind die Wälder zwischen Eibenschitz, Hlína und Neslowitz. K bedeutet die grossen Bučiner Waldungen mit dem ornithologisch interessanten Obrawathale nächst der Station Střelitz; leider konnte ich diese entlegenen Wälder nur ab und zu besuchen.

Im östlichen Gürtel sind meist Laubwälder, im westlichen jedoch auch Nadelwälder und gemischte Bestände zu sehen. Im ganzen sind unsere Wälder von verschiedenen Singvögeln recht belebt, wodurch auch dem Kuckuck reichlich Gelegenheit zur Eierablage geboten wird.

4. In dieser Doppelrubrik ist das Datum des Fundes eingetragen.

5. Der Name des Singvogels, in dessen Nest der Kuckuck sein Ei untergebracht hat.

6. Die sechste Spalte gibt die Zahl der Eier des Brutpflegers an, die sein Nest neben dem Kuckucksei enthielt. Folgt noch eine Zahl mit dem Minuszeichen, so gibt die erste Zahl an, wieviel Eier vor der Ablage des fremden Eies im Neste lagen, während die zweite Zahl die der Eier bedeutet, welche das Kuckucksweibchen bei der Ablage aus dem Neste entfernt hat Ist noch eine mit einem Pluszeichen versehene Zahl vorhanden, so gibt diese die Zahl der von dem Ziehvogel nachgelegten Eier an. J bedeutet Junge: + C bedeutet, dass noch ein zweites Kuckucksei im Neste sich befand.

7. und 8. Die grösste Länge und Breite der Kuckuckseier in Millimeter.

9. Das Gewicht des entleerten Eies ist in Milligramm angegeben.

10. Diese Rubrik enthält den von Dr. Rey eingeführten „Quotienten", einen Wert, der sozusagen Mass und Gewicht durch eine Zahl ausdrückt, und den man erhält, wenn man beide Masse mit einander multipliciert und das Product durch das Gewicht dividiert.

11. Der hier angeführte „Index" ist ein von mir nach dem Muster der Craniometrie bestimmter Wert, welchen man aus der Division der grössten Länge durch die grösste Breite erhält, und der in einer Zahl das gegenseitige Verhältnis der Längen- und Querachse, also die mehr längliche oder rundliche Gestalt des Eies veranschaulicht. Besonders bei Suiten ist selber recht wichtig. Die beiden Ziffern des Index sind die beiden ersten Decimalstellen; 1· ist seiner Stabilität halber weggelassen worden.

12. Die letzte Spalte gibt uns den Typus der Kuckuckseier an, d. h. welchem Singvogelei das betreffende Kuckucksei in Zeichnung und Färbung am ähnlichsten ist. „M. T." bedeutet „Mischtypus", dass nämlich das Kuckucksei die Charaktere von 2 Arten von Vogeleiern zeigt. „S. T." bedeutet endlich „selbständiger Typus", wenn das Ei keinem europäischen Singvogelei ähnlich ist.

Im ganzen weist meine Tabelle 245 Kuckuckseier auf. 204 Stücke fand ich selbst, die übrigen wurden mir mit ganz verlässlichen Angaben von den eingangs genannten Herren übergeben; in den meisten Fällen habe ich fremde Funde sogleich an Ort und Stelle controliert. Etwa 10 Funde mit recht interessanten Eiern, die mir von Leuten gebracht wurden, deren Aussagen ich nicht prüfen konnte, nahm ich in die Tabelle nicht auf. Fünf Eier fand ich bei Brünn, alle übrigen stammen aus dem geschilderten Gebiete.

Vom Jahre 1880 bis 1891 enthielt mein Katalog 73 Kuckuckseier.

Im Jahre 1892 wurden gesammelt . 39   ,,

,,   ,,   1893   ,,   ,,   . 29   ,,

,,   ,,   1894   ,,   ,,   . 39   ,,

,,   ,,   1895   ,,   ,,   . 65   ,,

Katalog der Kuckuckseier.

Katalog Nr.	♂	Revier	Datum	Nestvogel	Anzahl der Nesteier	Masse Länge	Masse Breite	Gewicht	Quotient	Index	Typus
1	1	B	10·6 ' 87	Erith. rubec.	2	20·5	16	—	—	28	Syl. atricap., roth.
2	"	"	11·5 ' 90	S. atricap.	2—2·6	21	16	—	—	31	"
3	"	"	7·6 ' 76	Erith. rubec.	0	21	16·3	184	1·81	31	"
4	"	"	7·5 ' 92	"	2+0	20·5	16·5	203	1·71	26	"
5	"	"	11·5 ' 92	"	6	21	—	—	—	27	"
6	"	"	12·5 ' 92	"	2	—	—	—	—	—	"
7	"	"	14·5 ' 92	"	6	21	16·5	207	1·67	27	"
8	"	"	14·5 ' 92	S. atric.	6—1	20·7	17	194	1·77	22	"
9	"	"	18·5 ' 92	Phyll. sibil.	5—2	21·5	16·3	210	1·67	32	"
10	"	"	22·6 ' 92	Erith. rubec.	3	21·5	16·5	219	1·62	30	"
11	"	"	14·5 ' 93	"	3—3	21·5	16·5	225	1·58	30	"
12	"	"	27·4 ' 94	"	2—4	20·7	16·7	190	1·82	24	"
13	"	"	1·5 ' 94	Rut. phoenic.	6	21·3	16·5	215	1·63	25	"
14	"	"	7·5 ' 95	"	6—5	21	16·3	195	1·75	29	"
15	"	"	15·5 ' 95	"	5—1+1	21·5	16·3	204	1·71	32	"
16	"	"									"
17	2	B	4·6 ' 92	Erith. rubec.	0	22·3	16	212	1·68	39	Sylvna cinerea.
18	"	"	23·5 ' 93	Phyll. troch.	2—2	23·3	16	210	1·77	46	"
19	"	"	2·6 ' 93	Anthus-Erith.	1—1	23·3	16·3	228	1·66	43	"
20	"	"	10·6 ' 93	Ph. sibil.-Erith.	1—1	23	16	—	—	44	"
21	"	"	3·5 ' 94	Erith. rubec.	5	23·7	16·3	219	1·76	45	"
22	"	"	3·5 ' 94	"	1—1	23	16·3	213	1·76	41	"
23	"	"	20·5 ' 94	"	1—1	23·5	16·5	222	1·74	42	"
24	"	"	22·5 ' 95	"	1	23	16	207	1·77	44	"
25	"	"	10·5 ' 95	"	5—1+1	23·3	16	215	1·73	44	"
26	"	"	18·5 ' 95	"	2—2	23·5	16	229	1·64	46	"
27	"	"	18·5 ' 95	"	3	22·5	16	210	1·71	40	"

Katalog-Nr.	»)	Revier	Datum	Nestvögel	Anzahl der Nester	Länge	Breite	Gewicht	Quotient	Index	Typus
28	3	G.	7·5 92	Erith. rubec.	2 , (	23·5	16·7	227	1·73	42	M. T. Syl. Erithacus (Mus. gris.)
29			22·5 93	„	3	24	17·3	239	1·73	34	
30			2·0 93	„	5 1	23	17	217	1·80	35	
31	4	E.	8·5 92	Erith. rubec.	5	22·3	16·5	203	1·81	35	M. T. Syl. hort.-curruca.
32			15·5 93	„	3	22·5	17	207	1·84	32	
33			10·6 95	„	1—1, (	22·5	16·5	204	1·78	37	
34	5	D.	10·5 94	Motac. melan. Erith. rubec.	0	23·7	16·7	244	1·62	42	Sylvia cinerea.
35			7·5 95	Erith. rubec.	6 2	23·5	17	254	1·57	38	
36			12·5 95	„	6—2	23·5	16·7	244	1·61	42	
37	6	J.	28·4 91	Lusc. minor.	1—1 4	24·5	18	258	1·71	36	S. T. ?
38			22·5 92	Erith. rubec.	4	23·7	18·3	256	1·69	29	
39			22·5 95	Erith. rubec.	5 1	24	16·5	212	1·70	39	Lanius collurio.
40			25·5 95	Phyll. sibil.	5	23·7	16·5	210	1·87	45	
41			3·5 95	Eri'h rubec.	2·3	23	16·5	216	1·81	43	
42			9·7 95	„	1—1	23·7	16·7	215	1·78	43	
43		B.	30·5 93	Erith. rubec.	1+2	21·5	16·3	198	1·72	39	Syl. atricap. var.
44			14·5 94	„	2—2	21	16·3	210	1·67	32	
45			10·5 95	„	4	21·5	16·3	180	1·94	32	
46		C.	10·5 92	Erith. rubec.	0	22	16·7	230	1·70	35	M. T., lerchenartig.
47			10·5 93	Motac. melan.	5—2	23	17	206	1·78	35	
48			22·5 93	Erith. rubec.	2—2·, (	23	17	227	1·72	35	
49			12·0 93	Erith. rubec.	2—2	22	16·5	237	1·63	35	
50	10	B.	5·5 95	Erith. rubec.	0 1	23	16·5	212	1·79	39	M. T. Sylv. hort.-curruca.
51			29·5 95	„	1	22·7	16·7	243	1·58	33	
52			Mai 93	„	1+(	22·3	17	205	1·81	33	
53	11	J.	Mai 93	Erith. rubec.	1+(	23	16·7	226	1·70	38	Sylvia cinerea.
54			26·5 92	„	5	23·5	16	192	1·95	47	
55			21·5 95	„	6+1	24	16	226	1·70	50	

Katalog-Nr.	()	Revier	Datum	Nestvogel	Anzahl der Nesteier	Länge	Breite	Gewicht	Quotient	Index	Typus
56	11	J	24·5 95	Phyll. sibil.	5—1	23·5	16·5	219	1·77	42	Sylvia cinerea
57			Mai 92	Erith. rubec.	3·5·C	24	16	226	1·70	50	M. T. Erithacus (Mus. gris.)
58	12	J	Mai 92	Erth. rubec.	3—4·C	21·5	16	210	1·63	34	M. T. Syl. hort.-cinerea.
59			Mai 92	Sylv. atric.	3	21·5	16	215	1·60	34	„
60	13	J	14·5 95	Erith. rubec.	2—4	22·5	17	240	1·57	32	M. T. Sylv. hort.-cinerea.
61			20·6 95	Erith. rubec.	0	22·7	17·3	255	1·52	30	„
62	14	J	14·6 90	Erith. rubec.	2 [—1]	23	17	240		33	„
63			29·6 90	„	1—1	24	16·5		1·58	39	„
64			12·5 91	Phyll. sibil.	6	23	16·5	225	1·68	45	„
65			14·5 91	„ troch	3	22·7	16·5	230	1·64	39	„
66			18·5 92	Anthus arb.	1	23·3	16·7	246	1·61	36	„
67			2·6 92	Erith. rubec.	4	23	17	215	1·71	37	„
68	15	J	7·5 91	„	5	23·5	16	243	1·55	44	M. T. Syl. hort. curruca
69	16	G	19·5 95	Erith. rubec.	0·5	22·3	16	210	1·75	47	S. T. 2.
70	17	J	26·6 95	Phyll. sibil.	5	23	16·5	246	1·56	35	„
71			20·5 95	Phyll. sibil.	2	24·3	16·7	258	1·66	38	Sylvia atricap. roth
72			4·6 95	Phyll. rubec.	0	24	17·3	259	1·64	40	„
73			20·5 95	Erith. rubec.	6	23·3	17·7	245	1·61	35	Erithacus rubec.
74	18		23·5 93	„	3—1	22	17	220		37	M. T. Syl. hort.-cinerea.
75		A	9·6 86	„	4	24	16	233	1·70	33	Anthus arboreus.
76		B	9·5 95	„	3·5	22·5	18	206	1·61	34	Sylv. cinerea.
77		C	30·4 95	„	4	22·5	16·7	249	1·89	35	M. T. Sylvia.
78		D	16·5 95	„	0	23	16·7		1·68	30	„
79			24·5 95	„	4—3	23·3	17	235		23	„
80		E	9·6 87	„	5	21	18	273	1·50	37	„
81			12·5 92	„	1	22	17		1·52	35	„
82			10·6 95	„	1—1·C	23·7	17·5				„
83											

Katalog-Nr.	*)	Revier	Datum		Nestvögel	Anzahl der Nesteier	Länge	Breite	Gewicht	Quotient	Index	Typus
84	=	G	30.4	94	Erith. rubec.	5+1	22.7	17.5	233	1.70	30	Sylvia cinerea.
85	=	=	6.5	94	"	3+1+4	22.3	16.5	220	1.67	35	Lanius collurio.
86	=	=	16.5	93	"	0+2	22.3	16.7	215	1.68	30	Sylvia hortensis.
87	=	H	23.5	95	"	4+C	21.7	16.7	260	1.64	40	Sylvia cinerea.
88	=	=	23.5	92	"	4+C	24.5	17.5	243	1.65	31	M. T. Erithac. (Mus. gris.)
89	=	=	2.6	92	"	0+1	23	17.5	265	1.73	39	Ember. citrinella var.
90	=	=	6.5	95	"	0—2	25	18	260	1.73	33	Sylvia cinerea.
91	=	J	16.5	95	"	0+1	21.3	16	215	1.58	33	Sylvia cinerea.
92	37	=	Mai	91	"	3	22.5	17	236	1.77	32	M.T.Syl.hort.—curruca.
93	37	=	26.4	94	"	2+3	22	17.3	225	1.61	27	Ember. citrinella var.
94	=	=	17.5	95	"	7—1	22.3	16.3	230	1.61	37	M.T.Lanius—Syl.ciner.
95	=	=	24.6	95	"	4	21.5	15.5	213	1.75	31	Sylvia cinerea.
96	=	K	23.6	92	"	6	23	17.5	258	1.56	39	Sylvia (insoria).
97	18	B	7.6	88	Rutic. phoenic.	5	22.5	16.5	255	1.56	36	Emberiza miliaria.
98	=	=	17.5	89	Phyll. sibil.	5	23	16.5	255	1.49	39	S. T. 3.
99	=	=	26.5	89	Rutic. phoenic.	5	23.5	17	—	—	38	"
100	=	=	15.6	89	"	4+1	22.5	16.5	—	—	36	"
101	=	=	31.5	90	"	5—1	23	16.7	—	—	38	"
102	=	=	10.6	90	"	5	23.5	17	—	—	38	"
103	=	=	6.6	90	"	3	22.5	16.5	240	1.58	34	"
104	=	=	14.5	91	"	4	23	16.5	260	1.58	39	"
105	=	=	18.5	92	Phyll. troch.	2+3	23.5	16.5	249	1.49	42	"
106	=	=	29.5	92	Rut. phoenic.	4	24	16.3	249	1.57	42	"
107	=	=	12.6	92	Rut. phoen. (Erith.)	2—1—2	23	16.5	246	1.61	47	"
108	=	=	14.5	93	Phyll. troch.	2—1—2	24	16.5	—	—	45	"
109	=	=	16.5	93	Rut. phoen. (Erith.)	4+2	22.5	16.5	234	1.56	36	"
110	=	=	2.6	93	Rutic. troch.	2—2	22.5	16.3	230	1.63	38	"
111	=	=	1.5	94	Rutic. phoenic.	2+2	23	16.3	235	1.59	41	"
112	=	=	7.5	94	"	4	23	16.3	235	1.59	41	"

Katalog-Nr.	(+)	Revier	Datum	Nestvogel	Anzahl der Nesteier	Länge	Breite	Gewicht	Quotient	Index	Typus
113	18	B	94	Rutic. phoenic.	5—1	23·5	16·3	240	1·59	44	S. T. 3. / Rutic. phoenicura
114			94		6—1	23·3	16·5	243	1·54	41	
115			94		1	22·3	16·5	238	1·54	35	
116			94		4—2+2	23·7	16·3	252	1·53	45	
117			94		0	23·7	16·5	244	1·60	43	
118			94		0	23·7	16·7	246	1·60	42	
119	19	B	91	Phyll. sibil. / Rutic. phoenic.	1	24·5	17·5	248	1·72	40	
120			02		7—1—2	24·5	17	246	1·66	41	
121			02		1	24·5	17·5	262	1·63	40	
122			02		5+2	24·3	17·5	275	1·54	39	
123			92		4	24	17·3	255	1·62	38	
124			93		6	23·5	17·3	242	1·68	36	
125			93		0	23·5	17			38	
126			93		5—2	23·5	17·5	256	1·56	38	
127			94		0+6+0	24·3	17·5	246	1·67	34	
128			94		1—5-2-1	24·5	17·7	248	1·71	39	
129			94		1+5	24·5	17·5	249	1·74	40	
130			94		1—3—2	24·5	17·5	248	1·72	40	
131	20	B	91	Phyll. sibil. / Rutic. phoenic.	3	23	16	247	1·49	44	Ruticilla phoenicura
132		A	91		6	23·5	15·5			51	
133		B	91		6	22·7	15·5			44	
134		X	92		2+5	22·5	15·3	228	1·53	45	
135			93		0	22·5	15·7			45	
136			93		4	22·7	15·5	230	1·55	44	
137			93		1	23	15·7	220	1·62	48	
138			94		1—1+4	22·7	16	236	1·59	44	
139			94		3+1	23·5				47	
140			91		5—1	23·5	16·3	236	1·62	44	

Katalog-Nr.	ʹ)	Revier	Datum	Nestvogel	Anzahl der Nesteier	Masse Länge	Breite	Gewicht	Quotient	Index	Typus
141	21	D	24·5. 95	Rutic. phoenic.	5	20·5	17	250	1·59	38	Rutic. phoenic.
142		E	10·6. 95	„		22·5	17	245	1·56	32	„
143		D	1·7. 95			23·7	17	263	1·53	39	„
144	22	D	4·5. 95	Rutic. phoenic.	4	23·7	17	290	1·54	30	Rutic. phoenic.
145			18·3. 84		5—2	24	16·5				45	„
146	23		24·5. 95	Rutic. phoenic.	2—0	22·5	16·5	241	1·52	36	Rutic. phoenic.
147			5·6. 95	„	1—1	22·3	16·5	248	1·48	35	„
148	24	—	21·5. 91	Rutic. phoenic.	2—3	23·3	16·3			43	Rutic. phoenic.
149			6·5. 95	„	3—1	23	17	231	1·49	30	„
150			20·0. 95	„	5—1	22·3	17	260	1·45	31	„
151	25	G	20·5. 94	Rutic. phoenic.	4—0	22	16	222	1·58	37	Rutic. phoenic.
152			29·5. 94	„	4—0	22	16·3	208	1·57	39	„
153			1·6. 95		2—0	22·3	16·2	200	1·59	35	„
154			17·6. 95		2—1·0	22·3	16·3	213	1·70	37	„
155			17·6. 95		2—1·0	22·5	16·3	210	1·74	38	„
156	26	G	30·5. 94	Rutic. phoenic.	1	24·3	17·3	256	1·56	40	Rutic. phoenic.
157			14·6. 95	„	4+0	21·5	17	237	1·68	38	„
158			22·6. 95		4+0	23	17	230	1·70	35	„
159			22·6. 95		4+0	23					
160	27	J	28·5. 91	Rutic. phoenic.	4	22·5	16·5			30	Rutic. phoenic.
161			9·6. 91	„	2	23	17·5	255	1·57	31	„
162			9·6. 91			22	16	240	1·46	37	„
163			26·6. 95				—				
164	28	J	91	Rut. phoenic.	4	22·5	16·5	250	1·43	36	M. T. Lanus — Syl. cinerea
165			91		5	22	16·5	263		33	„
166			12·6. 91		5	24·5	17	263	1·56	44	„
167			12·6. 91		4	23·7	17·3	263	1·56	37	„
168			92		3+j·C	23·3	17	264	1·50	37	„

Katalog-Nr.	(+)	Revier	Datum	Nestvogel	Anzahl der Nesteier	Masse Länge	Masse Breite	Gewicht	Quotient	Index	Typus
169	29	C	14.5|91	Rut. phoenic.	5	22	16.7			31	Rut. phoenic.
170	"	"	14.5|91	"	5	22.3	16.7			33	
171		B	16.5|92	Rutic. phoenic.	3+2	22	16	200	1.76	37	S. T. 3.
172		C	19.5|94	"	0	20.7	16.3	201	1.67	27	M. T. Anthus arborens. Alauda arvensis. Ruticilla phoenic.
173		H	2.6|92	"	2+0	24.7	16.7	255	1.61	48	
174		E	4.7|81	"	2+0						
175		B	7.5|85	"	4	21.5	17			26	Sylvia cinerea
176	30	Fb	6.6|87	Lan. collurio	6	23	17			35	"
177		"	28.5|88	"	5	22	16			37	"
178		"	1.6|88	"	5	23	17			35	"
179		"	23.5|89	"	7	22.5	16.5	226		36	"
180		"	23.5|89	"	5						
181		"	27.5|89	"	1						
182		"	27.5|90	"	0	22	16			37	"
183		"	3.6|90	"	5	22	16	235	1.55	37	"
184		"	15.5|90	"	2	22.3	16			39	"
185		"	18.5|90	"	2	22.5	16			40	"
186		"	29.5|90	"	2	22	10			37	"
187		"	18.6|91	"	4	22	16.5	230	1.52	33	"
188		"	24.5|91	"	3-1		16.5		1.57	17	"
189		"	30.5|91	"						33	"
190		"	8.6|91	"	2	20.5	17.5	255	1.42	24	
191		"	15.6|91	"	3-2		16.5	257	1.31	32	
192	31	C	7.6|88	Lan. collurio	4-1	20.5	17.5	255	1.42	17	Sylvia cinerea
193	"	"	16.5|91	"	2-1+3	22	16.5	257	1.31	33	"
194		"	21.5|91	"	1-1	20.5	16.5			24	
195	32	A-B	3.6|93	Lan. collurio	5-1	21.5	16.3	187	1.87	32	Lanius collurio
196		"	7.6|93	"	3-1						"

Katalog-Nr.	♂	Revier	Datum	Nestvogel	Anzahl der Nesteier	Länge	Breite	Gewicht	Quotient	Index	Typus
197	32	A-B	18·5	Lan. collurio	1·2	22	16	184	1·91	37	Lamius collurio
198			20·5	"	"	21·3	16	179	1·90	33	"
199			22·5	"	"	22	16	186	1·89	37	"
200			23·5	"	"	21·5	16	182	1·89	34	"
201			27·5	"	"	22	16	176	2·00	37	"
202			20·5	"	"	22·5	15·7	180	1·96	43	"
203			2·6	"	"	21	15·7	170	1·94	33	"
204			2·6	"	3—1·2	20·7	16·3	184	1·83	37	"
205			2·6	"	"	22	16·3	189	1·90	35	"
206			2·6	"	5—4	21·5	16·3	185	1·89	35	"
207			4·6	"	5—4	22	16	190	1·88	35	"
208			8·6	"	2	21·5	16	183	1·88	34	"
209			17·6	Lan. collurio	0	20·7	15·7	161	2·01	32	"
210		Brünn	Juni	4	1·2	23·5	17	237	1·60	38	Sylvia cinerea.
211		(	14·5	"	"	21·6	16	—	—	34	M. T. Syl. hort.-curruca.
212		Fc	25·5	"	"	22	17	—	—	29	M. T. Syl. hort.-curruca.
213		G	9·0	"	"	23·5	17	250	—	38	Sylvia cinerea.
214		(	18·5	"	"	22	16·5	250	1·51	39	M. T. (Coccothraustes).
215		K	23·6	"	"	25	18	297	1·51	39	M.T. Lanius-Coccothraustes
216		E	24·5	Motac. alba	6—2	20·7	17·7	250	1·62	30	M. T. Mot. alba-Syl. cinerea
217		Fa	25·5	"	6	23	17·7	250	1·62	30	"
218		(	27·5	"	3	23	17·7	—	—	30	"
219		G	26·5	Motac. alba	4	24	17·5	230	1·73	37	Sylvia cinerea.
220		34	14·5	"	2	23·5	17	—	—	38	"
221		Brünn	10·5	Motac. alba	3	21	16·5	245	1·41	27	M. T. Mot. alba-Syl. cinerea
222		Fc	26·5	"	4	22	16·5	225	1·61	33	M. T. lerchenartig.
223		"	2·6	"	3	21·5	17	233	1·56	20	Motac. alba.

Katalog-Nr.	♀	Revier	Datum	Nestvogel	Anzahl der Nesteier	Masse Länge	Masse Breite	Gewicht	Quotient	Index	Typus
224		Fc	10·4 94	Motac. alba	0	23	17·5	250	1·61	31	Sylvia cinerea.
225		"	4·6 95	"	4	23·5	17·3	266	1·53	36	Sylvia ciner. var.
226	35	G	17·6 95	Phyll. sibil.	5	22·5	16·5	254	1·46	36	M. T. Sylvia.
227	"	"	22·6 95	"	4	23·5	16·3	230	1·66	44	"
228	"	"	22·6 95	"	4	23·3	16·3	248	1·53	43	"
229	"	"	22·6 95	"		22·5	16·3	230	1·59	38	"
230	36	B	9·5 84	Phyll. sibil.	2	20·5	15·5	215		32	M. T. Sylvia.
231	"	"	19·6 84	"	3	21	16		1·56	31	"
232		J Brünn	16·5 87	Phyll. sibil.	6	23	18	237	1·67	27	M. T. Sylvia.
233		"	15·6 81	"	5	21	15	224	1·48	40	"
234		G	1·6 95	Sylv. atric.	1	23·7	16·7	217	1·68	42	Sylvia cinerea.
235		J	15·6 91	Sylv. curruca	4	21·5	15·5			39	M. T. Syl. cin-curruca.
236		Fa	2·6 92	Sylv. nis.	5-3	21·5	17	225	1·63	26	Syl. atric. var
237	38	J	2·6 89	"	1+4]	22	16·5	205	1·71	33	M. T. Syl. hort.-curruca.
238		Fb	19·5 92	Sylv. hort.	0+5	22·3	16·5			35	M. T. Mot. alba-S. ciner.
239		B	20·5 95	Emb. citrin.	4-1	72	16			37	M. T. Syl. ciner.-hort.
240		B	31·5 90	Motac. mel.	4	22	17	220	1·74	35	M. T. Sylvia.
241	37	J	23·5 95	Phyll. troch.	0	22·5	17	230	1·61	32	M. T. Lanius-Sylvia.
242		C	22·5 93	Par. maior	2 ?(	22·5	16·5			36	M. T. Lanius-S. ciner.
243		Brünn	25·5 81	Mcr. vulg.	5	22	16			37	S. T.
244		A	7·6 90		6	25	16			56	M. T. Sylvia.
245		D	18·5 48		0	22	16			37	M. T. Sylvia.

Bemerkungen zu dem Kataloge.

Diese Bemerkungen enthalten die Beschreibung der Kuckuckseier, sowie die verschiedenen Umstände der Funde und sind nach den einzelnen Weibchen und Katalognummern geordnet.

A. Erithacus rubeculus als Hauptziehvogel.

Weibchen **Nr** 1. Vom Jahre 1887 bis 1895, also durch neun Jahre, unterbrachte dieses Weibchen seine Eier auf einem engen Raume des Teichelwaldes, so dass ich während dieser Zeit 16 Eier und 5 Junge von ihm entdeckte. Im Jahre 1891 fand ich wenigstens Schalenfragmente eines Eies, und nur aus dem Jahre 1889, wo ich weniger nachforschte, liegt kein Belegstück vor.

Typus: *Sylvia atricapilla*, rothe Varietät, jedoch etwas blasser, nicht so stark gefleckt, also dadurch den *Erithacus*-Eiern recht sympathisch. Auf dem weissröthlichen Grunde stehen matte aschgraue Schalenflecke, darauf verwaschene Flecke von braunrother Farbe, endlich einige dunkle Punkte, seltener Schnörkel. Im frischen Zustande ist die rostrothe Färbung intensiver. Um den Pol herum ist die Fleckung etwas dichter angehäuft.

Kat. Nr. 1. Gehört mit Nr. 4 unter die kürzesten Stücke überhaupt. Das Nest war schon mehrere Tage verlassen und etwas in Unordnung. — Nr. 2. Am 10. Mai lag im Neste das erste Nestei, tagsdarauf das Kuckucksei allein, nach dessen Wegnahme das Rothkehlchen 6 Eier nachlegte. — Nr. 3. Der eingetrocknete Inhalt und die an einer Stelle gesprungene Schale bewiesen, dass das Ei ein vorjähriges war. — Nr. 4 lag zusammen mit dem Kuckucksei Nr. 28, also ein Doppelfund; alles frisch, aber wenige Tage verlassen. (Siehe darüber meinen Artikel: „Zwei Kuckuckseier im Neste". Orn. Jahrb. 1892. p. 248.) Nr. 5. Fast frisch, aber die Nesteier zu einem Drittel bebrütet; das ♀ sass fest. — Nr. 6. Alles fast frisch. — Nr. 7. Nicht zur Hälfte bebrütet, das Kuckucksei kaum bemerkbar stärker. — Nr. 8. Alles ganz schwach bebrütet; ein Nestei wurde weggetragen. — Nr. 9. Frisch, die Nesteier ganz schwach bebrütet; das vom Kuckuck hinausgeworfene Nestei lag unversehrt 20 cm vor dem Neste. — Nr. 10. Zwei Tage bebrütet.

Dieses Pärchen Plattmönche hat schon das zweite Jahr einen merkwürdigen Niststand gewählt. Das Nest befand sich nämlich im dichten Gewirre von Wurzeln unter einem überhängenden Ufer. Abends um 6 Uhr sass noch das ♀ auf den Eiern. — Nr. 11. Alles unbebrütet und verlassen. Das Kuckucksei wurde (nach der Legezeit der *Ph. sibilator)* etwa um den 20. Mai gelegt, obzwar es ein frisches Aussehen hatte; in den Nesteiern war der Dotter schon theilweise gesetzt. Der Laubvogel brütete in der Nähe zum zweitenmal. — Nr. 12. Die drei Nesteier waren schon früher verlassen; am Fundtage war nur etwas frische Eiflüssigkeit im Neste und das intacte Kuckucksei lag 10 cm vor demselben. Später war dieses Weibchen wie verschwunden.   Nr. 13. Ein sehr frühes Ei, wie überhaupt der Kuckuck im Jahre 1894 sehr zeitlich zu legen begann. - - Nr. 14. Alles frisch, aber durchnässt und verlassen. - Nr. 15. Recht tief in einer Spalte zwischen heruntergestürzten Lehmklumpen fand ich am 4. Mai ein *Ruticilla-*Nest mit 6 frischen Eiern; am 7. lagen die Eier draussen zertrümmert, und im Neste befand sich ein einziges Nestei mit dem des Kuckucks. — Nr. 16. Das Nest stand unter einem überhängenden Ufer in einer Waldschlucht. Die Eier waren frisch, ein Nestei wurde ganz weggetragen, und nach einem heftigen Regen fand ich das Nest verschüttet. Die beiden letzten Funde sind äusserst interessant; das rothe Kuckucksei macht bei den blauen Nesteiern durch den auffallenden Contrast einen ungewöhnlichen Eindruck. Es sind auch die einzigen mir vorgekommenen Fälle, wo ein Kuckucksweibchen, dessen Ziehvogel das Rothkehlchen ist, seine zwei Eier bei *Rutic phoenicura* unterbrachte. — Auch in diesem Jahre war nachher von diesem Weibchen kein Ei mehr zu finden.

Weibchen **Nr. 2.** Genau dieselben Localitäten, auch in derselben Ausdehnung wie das Weibchen Nr. 1. hat dieses zweite Weibchen vom Jahre 1892 bis 1895, also 4 Jahre hindurch, zur Ablage seiner Eier benützt, wovon ich 11 Stück entdeckte. Nach der Bemerkung bei dem Ei Nr. 27 ist dieses Weibchen r o t h und wenigstens 4 J a h r e alt.

Typus: *Sylvia cinerea* mit grünlichweisser Grundfarbe und schwacher feiner Fleckung.

Kat. Nr. 17. Wurde in ein verlassenes leeres Nest gelegt.

— Nr. 18. Der Kuckuck legte sein Ei zu zwei verlassenen
Nesteiern und entfernte beide. — Nr. 19. In ein verlassenes
Nest von *Anthus arboreus* legte ich ein *Erithacus*-Ei als Lock-
mittel; nach einigen Tagen lag das Kuckucksei an dessen
Stelle. - Nr. 20. Ich gab in ein *Ph. sibilator*-Nest vom Vor
jahre, das ich ausgebessert hatte, ein *Erithacus*-Ei; erst nach
längerer Zeit verschwand dieses und ein Kuckucksei lag im
Neste. Nr. 21. Alles frisch, das ♀ brütete. - Nr. 22. Das
Nest war schon am 1. Mai mit einem Nestei verlassen. —
Nr. 23. Ein verlassenes Nestei wurde weggetragen. — Nr. 24.
Ein vorjähriges Ei, konnte jedoch gut präpariert werden; an
der Seite hatte es ein kleines Loch, und der Inhalt war ein
grünlicher Brei. Das Nestei war zertrümmert. — Nr. 25. Von
den 5 Nesteiern war eines spurlos verschwunden. Siehe Nr. 39.
- Nr. 26. Wurde zu 2 schon länger verlassenen Eiern gelegt,
die dann am Abhange unter dem Neste zertrümmert lagen.
— Nr. 27. Alles frisch, jedoch verlassen; unmittelbar bei dem
Neste lagen 2 rothe Rückenfedern des Kuckucks, die demselben vom Nesteigenthümer herausgerissen worden waren.

Weibchen **Nr. 3**. Beschreibung: M. T., der meist an
Erithacus und *Mus. grisola* erinnert, nämlich auf dem trüb-
gelblichen, kaum merklich in's Grüne spielenden Grunde mit
den matten violettgrauen Schalenflecken und mit rostbräun-
lichen Zeichnungsflecken von verschiedener Grösse und schwacher Intensität besetzt; schwarze Punkte sind nicht vorhanden.
Kat. Nr. 28. Ein Doppelfund mit Nr. 4. Nr. 30. Etwa
50 Schritte von Nr. 29 entfernt. Vor dem Neste lagen Fragmente eines Eies. Aus demselben Neste nahm ich vor drei
Tagen das Ei Nr. 43.

Weibchen **Nr. 4**. In den Jahren 1892, 1893 und 1895 fand
ich von diesem ♀ je ein Ei in derselben Waldschlucht. Auch
dieses Weibchen ist roth. — Beschreibung: M. T. *Syl. hort.* —
curruca mit trübweisser Grundfarbe und recht dunkler Zeichnung, besonders um die Basis herum. Kat. Nr. 31. Das
Kuckucksweibchen beobachtete ich in der Nähe. — Nr. 32.
Etwa 60 Schritte von Nr. 31. Die Nesteier etwa ein Viertel
bebrütet, aber verlassen. Das unbebrütete Kuckucksei
lag eine Spanne vor dem Neste. Nr. 33. Dieses frische Ei
lag allein im verlassenen Neste, und unten am Abhange fand ich

Schalenstücke eines Nesteies und das unversehrte Kuckucksei
Nr. 83.

Weibchen **Nr. 5.** Typus: *Sylvia cinerea*, hell, matt gefleckt, schwarze Punkte kaum wahrzunehmen. — Kat. Nr. 34.
Das frische Ei lag allein in einem länger verlassenen Neste.
— Nr. 35. Zwei Nesteier wurden vom Kuckucksweibchen ganz
entfernt. Nach Wegnahme des Kuckuckseies brütete das Roth-
kelchen weiter; nach einigen Tagen gieng jedoch das Gelege
verloren, und den 16. Mai lag im Neste das Kuckucksei Nr. 79.
— Nr. 36. Alles frisch; unter dem Neste zwei zerschlagene
Nesteier. Nachdem ich das Kuckucksei genommen, brütete das
♀ weiter und am 24. Mai lag im Neste das Ei Nr. 80 mit
einem einzigen Nestei; die übrigen waren verschwunden und
das Nest verlassen.

Weibchen **Nr. 6.** Beschreibung: S. T. 1. Den Eiern des
Weibchens Nr. 3 etwas ähnlich. Die kleinen schwärzlichen Punkte
fehlen. — Nr. 38 ist das breiteste Ei meiner Sammlung. —
Kat. Nr. 37. Ein sehr frühes Datum! Der Bahnwächter Klíma
bemerkte um 5 Uhr nachmittags, dass in einem ganz nahen
Gebüsche ein Kuckuck von einem Nachtigallenpärchen eifrig
verfolgt wurde. Der kecke Schmarotzer liess sich jedoch nicht
vertreiben, und nach einer Weile fand der verlässliche Beobachter in dem Busche das Nest mit dem noch warmen Kuckucksei, welches er fortnahm. Der Besitzer legte noch vier Eier; da
er hier jedoch fast ausnahmslos 5 Eier zu legen pflegt, so hatte
der Kuckuck gewiss eines derselben sogleich beseitigt. Die
Brut kam gut aus. Dies ist bei mir der einzige Fall, wo das
Nest einer Nachtigall mit einem Kuckucksei bedacht wurde.
— Nr. 38. Frisch, aber verlassen, etwa 200 Schritte von Nr. 37
entfernt.

Weibchen **Nr. 7.** Typus: *Lanius collurio*. Gelblichweisse
Grundfarbe mit sparsam aufgetragener bräunlicher Zeichnung
und feiner schwarzbrauner Punktierung; Kranzbildung recht
deutlich und zwar ganz nahe um das stumpfe Ende herum. —
Kat. Nr. 39. Dieses Ei, welches am 17. Mai gelegt wurde, befand
sich in demselben Neste, welchem ich das Ei Nr. 25 entnahm,
so dass die Nesteier bereits 7 Tage bebrütet waren; ein Ei
wurde vom Kuckuck weggetragen. Kurz darauf raubte ein
Eichelheher das ganze Gelege. — Nr. 40. Unbebrütet, aber

bereits 3—4 Tage verlassen. — Nr. 41. Ganz frisch, 100 Schritte von Nr. 40. — Nr. 42. Lag in demselben Neste wie Nr. 25 und später Nr. 39. In das vom Eichelheher ausgeplünderte Nest gab ich ein *Erithacus*-Ei, welches darin lange liegen blieb. Seit 10. Juni kam ich nicht zu dem Neste bis am 9. Juli, wo ich durch dieses neue Ei überrascht wurde; dasselbe lag offenbar schon lange darin. Also z w e i Eier (39 und 42) von einem Weibchen in demselben Neste; das erste am 17. Mai, das zweite etwa Mitte Juni gelegt.

Weibchen **Nr. 8.** In den Jahren 1893—1895 durch je ein einziges Ei bekannt und doch habe ich z. B. im Jahre 1895 in der Nähe des Eies Nr. 45 nicht weniger als 7 *Erithacus*-Nester revidiert; es scheint, dass dieses Weibchen weit herumvagierte. — Typus: *Syl. atricapilla* mit blass grünlich grauem Grunde; die Zeichnung dunkel, theilweise schnörkelartig. — Kat. Nr. 43. Nach drei Tagen fand ich bei demselben Gelege das Ei Nr. 30. — Nr. 44. Im Neste lagen schon früher 2 verlassene Eier, die jetzt verschwunden waren. — Nr. 45. Die Nesteier waren bereits 7 Tage bebrütet, das Kuckucksei frisch.

Weibchen **Nr. 9.** Die Grundfarbe ist schmutzig grünlich-grau mit dichter Zeichnung aus allen drei Arten von Flecken bestehend. — Kat. Nr. 46. Das Nest war neu, aber schon früher einige Tage verlassen und leer. — Nr. 47. Alles ganz schwach bebrütet; am Abhange Schalenstücke von 2 Nesteiern und nach einer Woche lag bei demselben Gelege das Ei Nr. 75. Die übrigen Eier dieses Weibchens fand ich alle im Reviere C. etwa 2 Klm. vom isolierten Funde Nr. 47 entfernt. — Nr. 48. Im Neste lagen schon mehrere Tage zwei verlassene Eier der Bachstelze. Am 25. Mai waren selbe fort, in der etwas zerzausten Nestmulde lag das frische Ei Nr. 48. und 15 cm unterhalb des Nestes gewahrte ich das Ei Nr. 242, welches also vom zweiten Kuckucks? hinausgeworfen wurde. — Nr. 49. Zwei Eier waren spurlos verschwunden.

Weibchen **Nr. 10.** M. T. *Syl. hort.* — *curruca,* ähnlich dem ♀ Nr. 4. etwas lichter, die Zeichnung um den Pol nicht so angehäuft. Kat. Nr. 50. Das Nest befand sich 20 cm tief im Loche der fast senkrechten Lehmwand eines Hohlweges im Walde, so dass ich früher *Rut. phoenic.* darin vermuthet hätte. — Nr. 51. Aus diesem Neste flogen 10 Tage vorher Junge aus und es blieb darin ein faules Ei. bei dem nun das Kuckucksei lag. Acht Schritte davon befand sich ein neues Rothkehlchennest mit 3 Eiern; hier hatte sich das Kuckucks? gewiss geirrt. — Nr. 52. Das Nest enthielt noch das Kuckucksei Nr. 53. Weibchen **Nr. 11.** Es ist bei mir das einzige ♀. welches in zwei Doppelfunden vertreten ist. Typus: *Sylvia cinerea*, ganz wie bei Weibchen Nr. 2. kaum um einen Ton gelblicher. Auch einen rundlichen dunkelbraunen Fleck nahe an der Spitze haben einige Stücke beider Suiten gemeinsam; eine Familenangehörigkeit beider Weibchen erscheint mehr als wahrscheinlich. — Kat. Nr. 53. Doppelfund; siehe Nr. 52. — Nr. 54. Auf dem stark bebrüteten Kuckucksei lagen im Neste 5 junge, etwa 6 Tage alte Nestvögel. Was wäre denn in diesem Falle geschehen! — Nr. 56. Frisch, die Nesteier etwa 6 Tage bebrütet. und dennoch wurde das Nest von dem heikeligen Eigenthümer verlassen. — Nr. 57. Ein Doppelfund; im Neste befand sich nämlich noch das Ei Nr. 58. Alles frisch.

Weibchen **Nr. 12.** M. T., durch die grünliche Grundfarbe und trüb rostbräunliche Zeichnung an *Mus. grisola* oder an grobgefleckte *Erithacus*-Eier erinnernd. — Kat. Nr. 58. Siehe Nr. 57. — Nr. 59. Nahe bei dem vorigen; dieses Weibchen war (wie so manches) später nicht zu finden.

Weibchen **Nr. 13.** M. T. *Syl. hort.* — *cinerea*, grünlich, die Zeichnung sehr matt und sparsam aufgetragen. — Kat. Nr. 60. Auf einer Seite war das Kuckucksei von Koth beschmutzt, ein Beweis, dass es zuerst auf den Boden gelegt worden. — Nr. 61. Das Nest war leer und schon früher verlassen.

Weibchen **Nr. 14.** Die sämmtlichen Stücke fand Herr Ziegler nahe bei einander in einer Waldschlucht bei Eibenschitz. Nach dem Jahre 1892 erschien dieses ♀ nicht mehr. — Kat. Nr. 62. Der Inhalt des Nestes war etwas zu bunt; es befanden sich darin: ein junger Nestvogel im Alter von acht Tagen, ein faules Nestei. ein zweites in die Nestwand hineingedrücktes, Schalenfragmente eines dritten und das etwa zehn Tage bebrütete Kuckucksei. — Nr. 63. Wurde zu einem längere Zeit verlassenen Ei gelegt, welches der Kuckuck entfernte. Nach Wegnahme des Kuckuckseies wurde das Nest am 3. Tage innen ganz zerzaust vorgefunden. — Nr. 65. Alles frisch; unbestimmt, ob verlassen. — Nr. 66. Wurde zu einem frischen

Nestei gelegt.   Nr. 67. Es ist das einzige Ei. welches hier
bei *Anthus arboreus* entdeckt wurde. Alles frisch. Die Nesteier
braunroth gefleckt.

Weibchen **Nr. 16.** S. T. 2. theilweise einer Varietät der
Anthus arboreus-Eier ähnlich. Der Grund ist röthlichgrau.
dunkler als bei *Miliiaria*; die Flecke violettgrau und braun,
jedoch recht vereinzelt und um den Pol etwas verdichtet. —
Kat. Nr. 70. Wurde in ein neues. aber noch leeres Nest gelegt.
da das Rothkehlchen erst nach 2 Tagen zu legen begann. Am
16. Mai fand ich in demselben Neste das Ei Nr. 86. — Nr. 71.
Etwa 400 Schritte vom vorigen entfernt. Alles unbebrütet.
aber schon längere Zeit verlassen; der Waldlaubvogel nistete
in der Nähe zum zweitenmal.

Weibchen **Nr. 17.** Typus: *Sylvia atricapilla*, roth. jedoch
blasser und nicht so stark gefleckt.   Kat. Nr. 72. Alles
frisch, jedoch. wie gewöhnlich bei diesem Nestvogel, verlassen.
— Nr. 73. Das Ei lag in einem leeren. schon früher aus-
geraubten Neste.

Einzelne Eier bei *Erithacus rubeculus.*

Nr. 74. Typus: Grob gefleckten *Erithacus*-Eiern am
nächsten, von schwarzen Punkten keine Spur. Es ist der einzige Fall. wo ich den Kuckuck unmittelbar bei dem Legen seines
Eies beobachtete. In der Lehne des Neudorfer Waldes sah ich
um 5 Uhr nachmittags. wie ein *Erithacus*-Pärchen mit ängst-
lichem Geschrei ein rothes Kuckucksweibchen verfolgte. Auch
dieses liess bei den Angriffen der beiden Vögelchen ein Quicken
hören. aber nur undeutlich und gedämpft, denn es hatte bereits sein Ei im Rachen. Der Kuckuck flog beständig um eine
Stelle herum. liess sich zweimal auf dem Boden nieder. während die Vögel ihm fortwährend folgten; nur wenn er sich
abseits auf einen Baum setzte. schwiegen auch die besorgten
Rothkehlchen. Dieses Herumjagen dauerte etwa 4 Minuten.
Endlich flog der Kuckuck direct auf eine Stelle am Boden
und verweilte dort drei Secunden. Ein *Erithacus* stiess bis auf
ihn herunter, worauf der Eindringling davonzog. Ich eilte nun
sogleich hin und entdeckte unter einem moosbedeckten Steine
das Nest mit 6 frischen Nesteiern, bei welchen im Vorder-
grunde der Nestmulde das warme Kuckucksei lag. Gleich

daneben erblickte ich 2 Rückenfedern des Kuckucks, die demselben vom *Erithacus* herausgerissen worden waren. Während des Tumultes näherte sich ganz still ein Eichelheher, beobachtete einige Augenblicke, und die Folgen blieben nicht aus: nach 2 Tagen war das Nest ausgeplündert.

Nr. 75. Hieher gehört noch das Ei Nr. 239, welche beide vom ♀ Nr. 38 nahe bei einander gelegt worden waren. Die bräunliche Zeichnung ist mit der Grundfarbe verschwommen, feine dunkle Punkte vorhanden. Dieses Ei fand ich 7 Tage nach Nr. 47 in demselben Neste.

Nr. 76. Ein grosses Ei. Typus: *Anthus arboreus* mit sehr dichter graubrauner Fleckung. Die Nesteier waren bebrütet, das Kuckucksei rein. lag jedoch eine Spanne weit vor dem Neste.

Nr. 80. Die Zeichnung ist sehr spärlich, dafür auf einer Seite ein grosser graubrauner Fleck. Wurde in demselben Neste gefunden wie Nr. 36. Siehe dort.

Nr. 82. Das Ei war faul und lag allein im Neste; aber 20 cm unter demselben lag ein todter junger Nestvogel. 3—4 Tage alt. Wer hat nun den jungen Vogel hinausgeworfen?

Nr. 84. Typus: *Sylvia cinerea* mit feiner und dichter Zeichnung. Siehe bei Nr. 94. Das Kuckucksweibchen wurde am Fundtage um 5 Uhr nachmittags von Vieh weidenden Knaben bei dem Neste angetroffen; ein Ei wurde entfernt.

Nr. 85. Typus: *Lanius*. Der Grund weisslich, die schüttere Zeichnung bräunlich. mit deutlicher Kranzbildung ganz nahe um den Pol herum. Am 3. Mai wurde schon das erste Ei gelegt; bei dem Kuckucksei lag aber nur ein Ei, zwei andere fand ich unverletzt neben dem Neste, das vierte Stück war fort. Das ♀ legte dann zu seinem einzigen Ei noch 4 Stücke nach.

Nr. 86. Typus: *Sylvia hortensis*; schwarze Punkte fehlen gänzlich. Ein Nestei war angehackt. das ganze verlassen.

Nr. 87. Typus: *Sylvia cinerea*, ganz wie Nr. 84 und 94, aber grösser. Nahe Verwandschaft dieser Weibchen ist nicht zu übersehen. Ein Doppelfund mit dem folgenden Stücke.

Nr. 88. M. T. ganz wie die Eier des ♀ Nr. 12. aber grösser und der Grund um einen Ton lichter. Auch hier ist ein Verwandschaftsgrad der beiden Weibchen höchst wahrscheinlich.

Nr. 89. Gehört unter die zwei grössten Eier meiner Sammlung. Typus: *Emberiza citrinella*, und zwar die rostbräunliche Varietät, ohne schwarze Schnörkel. Die dunklen Punkte treten wenig hervor. Alles unbebrütet, aber längst erkaltet.

Nr. 90. Ich entdeckte dieses Nest durch Beobachtung des ♂, welches dem brütenden Weibchen Futter brachte. Alles frisch, ein Nestei lag unterhalb des Nestes in Trümmern. Die Nestvögel wurden glücklich ausgebrütet; als sie jedoch etwa 5 Tage alt waren, fand ich sie alle todt unterhalb des Nestes hinausgeworfen und drei von ihnen hatten kleine Risswunden am Kopf oder Hals. Wer war nun der Thäter? Ein Raub- oder Nagethier hätte doch seine Beute weggeschleppt!

Nr. 91. Die Zeichnung ist nicht sehr dicht, aber einige braunschwarze Flecke treten stark hervor.

Nr. 92. M. T. Grundfarbe grauröthlich, über und über mit mattbräunlicher zerrissener, schnörkelartiger Zeichnung, die fast wie Marmorierung aussieht, bedeckt. Runde schwarze Punkte sind recht z a h l r e i c h und d e u t l i c h. Von diesen abgesehen, ist das Ei einer Varietät von *Emberiza citrinella* ähnlich. Das Gelege war verlassen.

Nr. 93. M. T. *Lanius — Syl. cinerea*, auf deutlich grüner Grundfarbe mit mattgrauer und verwaschener bräunlicher Zeichnung. Die schwarzen Punkte sind recht zahlreich. Hieher gehört auch das Ei Nr. 242, obzwar es etwa 9 Km vom andern, in einem nicht zusammenhängenden Reviere gelegt wurde. Das Datum dieses Fundes ist wahrscheinlich das früheste in Mitteleuropa.

Nr. 94. Das Nest stand in der Eisenbahnböschung in einem alten Kaninchenbaue versteckt. Ein Ei hatte der Kuckuck weggetragen.

Nr. 95. Typus: *Svlvia*, erinnert meist an *Syl. nisoria*. Die sehr undeutliche Zeichnung sticht kaum von dem matt grünlichgrauem Grunde ab; die schwarzen Punkte fehlen.

Nr. 96. Typus: *Emberiza miliaria*, die Grundfarbe jedoch gelblicher und die Flecke nur spärlich vorhanden. Unbebrütet und lange verlassen; die Nesteier waren nicht mehr zur Präparation tauglich, während das Kuckucksei ganz gut ausgeblasen werden konnte.

B. R u t i c i l l a   p h o e n i c u r a   a l s   H a u p t z i e h v o g e l.
Weibchen **Nr. 18.** Durch 7 Jahre ohne Unterbrechung

fand ich die merkwürdigen Eier dieses Weibchens auf einem recht beschränkten Gebiete des „Teichelwaldes". Im Jahre 1895 erschien dieses ♀ nicht mehr. Im ganzen fand ich von demselben 22 Eier und ein Junges. Beschreibung. S. T. 3. Grund chocoladegrau, so dass die violetten Grundflecke fast ganz verschwinden. Über die Oberfläche sind zerrissene bräunliche Wölkchen von ungleicher Nuancierung gleichmässig, wenn auch sparsam vertheilt. Bei einigen Stücken ist hie und da auch ein schwärzlicher Fleck zu sehen.

Nr. 98. Unbebrütet und verlassen. — Nr. 99. Alles frisch; ein Nestei mit Erithrismus. — Nr. 100. Das Nest in einer Eiche, unter derselben ein zerschlagenes Nestei. Das Kuckucksei war etwas stärker bebrütet als die Nesteier. — Nr. 101. Zu einem Drittel bebrütet; wieder ein Ei unten zertrümmert. - Nr. 103. Die frischen Nesteier in einer Eiche 2 m hoch; das Kuckucksei lag jedoch unter derselben im Grase ganz unversehrt. — Nr. 106. Frisch; von Nr. 105 nur 40 Schritte entfernt. — Nr. 108. In ein verlassenes *Ruticilla*-Nest legte ich zum Experimente 2 *Erithacus*-Eier; nach drei Tagen waren diese verschwunden, und im Neste lag das Kuckucksei. — Nr. 109. Ich nahm das Gelege sammt dem Neste, und das *Ph. trochilus*-♀ legte in die Nestgrube auf den nackten Boden noch 2 Eier. — Nr. 110. Hier geschah dasselbe wie bei 108; also Beweis, dass das Kuckucks-♀ bei der Wahl des Nestes mehr die Bauart desselben als die Eier berücksichtigt. Von einem *Erithacus*-Ei waren vor dem Neste Bruchstücke zu sehen, das zweite war verschwunden. Nr. 111. Frisch; siehe bei Nr. 127. Am 27. April nahm ich aus diesem Neste ein frisches blaues Kuckucksei, welches darin allein lag; also ein möglicher Doppelfund. Das Nest befand sich in demselben Uferloche wie Nr. 105. Nr. 112. Das Nest war in einem Erdloche versteckt; das ♀ brütete. Das Kuckucksei lag 30 cm vor dem Neste und hatte bereits einige Blutadern. - Nr. 113. Alles frisch; unter dem Baume ein zerschlagenes Nestei. Am 7. Mai waren nur 3 Eier im Neste. — Nr. 114. Alles etwa zur Hälfte bebrütet. -- Nr. 115. Frisch; gegen Abend sass das ♀ an dem Neste, welches nach Wegnahme des Kuckuckseies verlassen wurde. — Nr. 116. Am 23. Mai nachmittags lagen im Neste bloss 2 Nesteier. —

Nr. 117. Das Nest war sehr nachlässig gebaut; am 5. wurde mit
dem Bauen begonnen und am 9. lag schon das Kuckucksei
in demselben. Die Eier Nr. 100, 102, 103, 107, 113 und 117
wurden alle in dem g l e i c h e n B a u m l o c h e g e f u n d e n,
folglich hat dieses ♀ durch 5 Jahre dieselbe Höhlung aufgesucht, im Jahre 1895 sogar zweimal! — Nr. 118. Das Ei muss
etwa 25 Tage im verlassenen Neste gelegen sein.
Weibchen **Nr. 19.** Die Rayons dieses und des vorangehenden Weibchens berührten sich. Weibchen Nr. 19 ist ebenfalls im Jahre 1895 nicht mehr gekommen. Ich fand von ihm
12 Eier und ein Junges. Es war ein sehr nachlässiges Weibchen, welches bei dem Unterbringen seiner Eier ganz sorglos
vorgieng, denn von den 12 gefundenen Eiern lagen 6 Stücke
nicht i m. sondern n e b e n dem Pflegerneste; ausserdem wurden
2 Eier in leere Nester gelegt.
Typus: *Rut. phoenicura*, d. i. einfarbig blassblau, und
zwar unausgeblasen merklich heller als blaue Kuckuckseier
von anderen Weibchen. Durch das Ausblasen tritt die schöne
blaue Farbe mehr hervor, etwa von dem Ton der *Muscicapa
collaris*-Eier. Später bleichen diese Eier natürlich aus, sind
bläulichweiss wie ältere Eier von *Mus. collaris* oder *Saxicola
oenanthe*, aber immer lichter als ausgebleichte Eier von *Rut
phoenicura*. Nur durch das Bohrloch gegen Licht betrachtet,
erscheint das Blau intensiver, etwas grünlichblau. Diese Bemerkungen haben natürlich auch für andere blaue Kuckuckseier ihre Giltigkeit.) Alle Eier dieses Weibchens zeigen auf
der Spitze kleine Erhabenheiten der Schale in Form von Körnchen.
Kat. Nr. 119. Frisch und verlassen. Ein blaues Kuckucksei
bei einem anderen Ziehvogel als bei *Rut. phoenicura* gehört
unter die seltensten Funde. Nr. 120. Frisch, verlassen.
— Nr. 121. Das Nest befand sich 30 cm tief in einer Baumhöhle; das Kuckucksei lag jedoch (mit einem Nestei) n e b e n
dem Neste; alles frisch. Später verschwanden 2 Eier, das ♀
brütete jedoch weiter. — Nr. 122. Das Nest war in einer Eiche,
knapp über dem Boden gebaut; der Eingang war jedoch so
eng, dass der Kuckuck nur Kopf und Hals durchziehen konnte.
Infolge dessen lag sein Ei 8 cm v o r der Nestmulde, da das
Nest tief im Innern stand. Das Weibchen legte noch 2 Eier,
worauf ich das Gelege nahm. Nr. 123. Hier geschah dasselbe

wie bei Nr. 122; der Eingang war aber noch enger. In diesen beiden Fällen hätte der junge Parasit — wäre er ausgebrütet geworden. — nicht hinaus zu kommen vermocht. Das Gelege wurde schon durch zwei Tage bebrütet und gehörte dem Pärchen von Nr. 122 an; es war etwa 30 Schritte vom ersten Neste entfernt. — Nr. 124. In demselben Baumloche wie Nr. 120. — Nr. 125. Das Nest befand sich in einer weiten Baumhöhle, und das Kuckucksei lag bei der Wand derselben, 8 cm von der Nestmulde. Natürlich war es rein, die Nesteier 2 Tage bebrütet. — Nr. 127. Ein sehr frühes Datum! Das Ei lag allein in einem neuen Neste, unter demselben nichts vorgefunden. Das Rothschwänzchen legte dann weiter, und nach vier Tagen lag bei diesem Gelege das Ei Nr. 111.   Nr. 128. Am 5. Mai war das in einem Baumstocke befindliche Nest leer, und am 7. lag darin ein Nestei mit dem eben gelegten Kuckucksei. Der Brutpfleger legte dann 5 weitere Eier nach; aber am 18. waren nur 4 davon im Neste, die übrigen zwei lagen vor demselben, und eines davon war an der Seite eingedrückt. Das Weibchen sass ruhig weiter, doch gleich darauf verschwand wieder ein Ei und der Vogel verliess sein Gelege, welches noch lange im Neste lag. — Nr. 129. Ganz wie bei Nr. 122 und 123. Das Rothschwänzchen war am 7. Mai mit dem Neste fertig; am 9. war darin ein Nestei, aber das Kuckucksei lag bloss am Nestrande. - Nr. 130. Das Nest, welches unter einem überhängenden Ufer gebaut war, enthielt ein Nestei und neben dem Neste lag das Kuckucksei. Was mochte dazu die Veranlassung gewesen sein, da hier der Kuckuck bequem Zutritt hatte! Am 18. waren statt 4. nur 2 Eier im Neste, aber das Weibchen sass darauf. Später giengen die Eier verloren.

Weibchen **Nr. 20.** Die sämmtlichen Stücke zeigen kaum bemerkbare Spuren von gelblichen Fleckchen. 3 — 10 auf einem Ei; die Schale sieht auf den betreffenden Stellen unter der Lupe wie abgerieben und glanzlos aus. Diese Suite weist sehr schmale Eier auf; ihre Form ist länglich (Index 44 bis 51), schwach walzenförmig, an *Cypselus*-Eier erinnernd.

Kat. Nr. 131. Das Nest war, wie gewöhnlich bei diesem Vogel, sehr versteckt angelegt. Alles frisch und verlassen. — Nr. 132. Das Nest stand unter einer kleinen Kiefer im Grase versteckt; das Kuckucksei ganz schwach bebrütet. — Nr. 133.

5

Nur 30 Schritte vom vorigen in einem alten Kaninchenloche;
alles etwa 1 Tage bebrütet.   Nr. 135. Der Kuckuck konnte
nur mit dem Kopfe durch die enge Öffnung einer Baumhöhle;
infolge dessen lag sein Ei nur am Nestrande und war am
dicken Pol schwach eingedrückt. Verlassen.   Nr. 138. Das
Nest in einem wilden Birnbaume, unter demselben ein zerschlagenes Nestei.   Die Eier dieses Brutpfleger-Paares sind mit
rostrothen Fleckchen gezeichnet.   Nr. 139. Alles frisch; in
der Nähe fand ich noch zwei vom Kuckuck nicht benützte
Ruticilla-Nester. Nr. 110. Wieder in der Akazie von Nr. 134
und 136; folglich wurde drei Jahre nacheinander dieselbe Höhle
von dem Weibchen benützt. Alles frisch; unter dem Baume
ein zerschlagenes Nestei. (Durch ihren Erithrismus erwiesen
sich diese Nesteier als dem Pärchen von Nr. 138 gehörig;
auch im Jahre 1895 brütete derselbe Vogel in dem bekannten
Birnbaume, nur der Kuckuck blieb aus.

   Weibchen **Nr. 21**. Auch diese Eier zeigen unter der Lupe
ähnliche Spuren von Flecken wie bei Nr. 20, aber noch schwächer.
— Kat. Nr. 141. Das Nest war 30 cm tief in einem Uferloche
gebaut; alles frisch. Am 19. Juni flog die junge Brut glücklich
aus. — Nr. 142. Das Nest war ganz zerzaust und verlassen,
beide Eier unbebrütet. — Nr. 143. Im Neste sassen 4 junge
Nestvögel im Alter von 4 Tagen; das unbebrütete Kuckucksei
lag neben dem Neste in der recht weiten Baumhöhle.

   Weibchen **Nr. 22**. Kat. Nr. 144. Ein Doppelfund; im Neste
lag nämlich noch das Kuckucksei Nr. 174. Dieses war zum
Auskriechen, das erste nur schwach bebrütet. — Nr. 145. Alles
bebrütet, das Kuckucksei stärker. Im Neste Spuren von
trockenem Dotter.

   Weibchen **Nr. 23**. Diese Eier sind dadurch sehr interessant,
dass sie die bei Nr. 20 erwähnten Fleckchen am deut-
lichsten zeigen. Auf jedem Ei stehen über 20 kleine verwaschene
Fleckchen in unregelmässiger Vertheilung. — Kat. Nr. 146.
Das Nest in einer Eisenbahnböschung im Walde. — Nr. 117.
Im Felsen, hart bei dem Geleise, nahe bei Nr. 146. — *Ruticilla*-Nester gab es in der Nähe mehrere, und doch konnte von
diesem Weibchen kein Ei mehr ausfindig gemacht werden.

   Weibchen **Nr. 24**. — Nr. 149. Alles frisch, aber verlassen und das Nest zerzaust; einen Schritt vor demselben ein zerschlagenes Nestei. - Nr. 150. Nahe bei dem vorigen, bebrütet. Weibchen **Nr. 25**. Diese Suite ist äusserst wichtig, denn alles spricht dafür, dass diese 5 Eier wirklich von einem und demselben Weibchen, also z w e i m a l z u z w e i i n d a s - s e l b e N e s t gelegt wurden. Es wird deshalb bei den „Doppelfunden" speciell darüber berichtet werden. — Kat.-Nr. 151 und 152. Das Nest befand sich in einem alten Kaninchenbaue. Alles frisch, nur Nr. 151 zeigte ganz feine Blutadern. — Nr. 153. Das Nest stand (recht abnormal) hart bei einem Baumstamme am Boden, durch einen kleinen Busch etwas gedeckt, sonst aber offen. Die Eier waren unbebrütet und verlassen. — Nr. 154 und 155. Durch diesen Doppelfund erhält auch der erste eine grössere Wichtigkeit. Das Nest war im Meterholze versteckt, etwa 200 Schritte vom ersten Fundorte entfernt. Alle Eier waren bebrütet, das eine Kuckucksei etwa 8, das zweite 4 Tage. Nach Wegnahme der beiden brütete das ♀ weiter, und am 22,6 schlüpfte ein Junges aus; das zweite Ei enthielt einen todten Embryo.

Weibchen **Nr. 26**. Dieses Weibchen hatte sein Revier unmittelbar neben dem des vorangehenden. Auch diese Eier tragen sehr undeutliche Spuren von gelblichen Fleckchen. — Kat.-Nr. 156. Nach 1½ Jahren ist dieses Ei fast weiss geworden. — Nr. 157. Das Nest war in einem Haufen von Bundholz versteckt, leer und in Unordnung; vor demselben lagen zwischen Zweigen die beiden Eier. - Nr. 158 und 159. Ein Doppelfund;· ich bin geneigt, die beiden Eier e i n e m Weibchen zuzuschreiben.

Weibchen **Nr. 28**. M. T. *Lanius-Syl. cinerea*! Auf lichtgrünlichem Grunde dunkelgraue Flecke in Kranzform, darauf matt olivenbraune, zerrissene Wölkchen, endlich zu oberst etliche feine schwarze Punkte. Der Kranz ist nicht scharf abgesetzt. Nr. 168 hat um die Mitte herum einen bläulichen Ring. — Kat. Nr. 164. Das Nest stand in einem Eisenbahntunnel (im Walde), und zwar in einer schmalen Nische der Seitenwand gebaut. — Nr. 165. Der Neststand wie bei dem vorigen Funde, nur im zweiten Tunnel, 300 m weiter. — Nr. 166. Zwischen 164 und 165 im Gemäuer einer alten Waldhütte. — Nr. 167. Hinter dem zweiten Tunnel in einer Mauernische.

5*

— Nr. 168. Im Neste, welches sich in einer niedrigen Mauer beim ersten Tunnel befand. sass ein junger Kuckuck im Alter von 8 Tagen; das Kuckucksei lag mit 3 Nesteiern neben dem Neste. Also eigentlich ein Doppelfund!

Weibchen Nr. 29. Kat. Nr. 169 und 170. Beide Nester fand ich unter überhängenden Ufern an einem Waldbache, 150 Schritte von einander. Beide Gelege waren frisch. nur hatten die Kuckuckseier kaum wahrnehmbare Blutadern; sie wurden also knapp nacheinander gelegt.

Einzelne Eier bei Rut. phoenicura.

Kat. Nr. 171. S. T. 3. fast den Eiern des ♀ Nr. 18 gleich. nur ist die Grundfarbe etwas lichter und die Wölkchen schwach rostbraun; auch ist das Ei etwas kleiner und mehr zugespitzt. Ich habe es als ein Unicum im Rayon des oben erwähnten Weibchens gefunden und glaube, dass es von einer Tochter desselben gelegt wurde. die dann vielleicht von der Mutter fortgetrieben wurde. Die Ähnlichkeit mit jener Suite ist unverkennbar, aber ein abnormales Stück aus derselben ist dieses Ei nicht.

Nr. 172. M. T.. der theilweise an eine Varietät der *Anthus arboreus*-Eier erinnert. theilweise aber dem S. T. 3 ähnlich ist, so dass ich auch dieses Ei einer Tochter des ♀ Nr. 18 zuschreiben möchte. Die Form ist sehr kurz. Ich nahm das ganze Gelege, sammt dem Neste. welches unter einem überhängenden Ufer gut versteckt war; aber das Rothschwänzchen legte auf die armselige zurückgebliebene Unterlage desselben noch zwei Eier und fieng an zu brüten. Ich nahm noch ein Ei, um den armen Vogel zur zweiten Brut zu zwingen aber umsonst! Der hyperconservative Vogel sass eifrig auf dem einzigen Ei. welches auch am 5. Juni ausgebrütet wurde.

Nr. 173. Typus: *Alauda arvensis*. Der Kranz ist angedeutet. feine dunkle Punkte sind bemerkbar. Unter dem überhängenden Ufer eines Waldbaches stand ein zerzaustes *Ruticilla*-Nest. in dem das Ei lag.

Nr. 174. Ein Doppelfund mit Nr. 144. Siehe dort!

Nr. 175. Das einzige Kuckucksei, welches so gesättigt blau war wie die Nesteier; Form kurz. rundlich.

C. Lanius collurio als Brutpfleger.

Weibchen Nr. 30. Durch 5 Jahre ohne Unterbrechung

waren die Anlagen „Brněnky" der Sommeraufenthaltsort dieses
Kuckucks-Weibchens. Die hier zahlreich nistenden *L.*-Paare
boten im Überfluss Gelegenheit zur Ablage seiner Eier. Im
ganzen fand ich 13 Stücke bei der braunen, 3 bei der rothen
Eiervarietät, die hier freilich seltener ist.

Typus: *Sylvia cinerea*, ohne grünlichen Ton in der Grundfarbe, über und über mit matter Zeichnung bedeckt; feine
schwarze Punkte sind nur sparsam vorhanden. Selbst ein
Fachmann erklärte ein solches Ei für ein Riesenei der genannten
Grasmücke.

Kat. Nr. 176. Alles etwa 5 Tage bebrütet. — Nr. 177
und 178. Frisch. — Nr. 179. Frisch; es wurde gewiss nachgelegt. Nachdem ich das Gelege für meine Sammlung genommen,
bauten die Dorndreher 40 Schritte weiter zum zweitenmal und
hatten schon am 3. Juni, also nach 11 Tagen, wieder ein
frisches Gelege von 5 Eiern, bei dem wieder ein Kuckucksei
(Nr. 183) lag. — Nr. 180 und 181. Alles frisch in beiden Fällen.
— Nr. 182 lag in einem verlassenen Neste, dem ich am 23. Mai
das Gelege entnahm. — Nr. 183. Siehe bei Nr. 179. — Nr. 184.
Frisch. — Nr. 185. Schon am 12. lag im Neste das erste Ei,
ganz schwach bebrütet. — Nr. 186. Alles 5 Tage bebrütet,
das Kuckucksei entwickelter. — Nr. 187. Alles 7 Tage bebrütet; am Boden Fragmente von zwei Nesteiern. — Nr. 188.
Frisch; am Boden ein unversehrtes Nestei. — Nr. 189. Alles
4 Tage bebrütet; natürlich müssen einige Eier entfernt worden
sein. — Nr. 190. Stark, das Kuckucksei fast zum Auskriechen
bebrütet. Nr. 190. Am 11. Juni waren im Neste 3 frische Eier.
Das Nestei war 2 Tage bebrütet, das Kuckucksei frisch.

Weibchen **Nr. 31.** M. T. *Sylvia hort.-curruca* mit grünlicher Grundfarbe; der Kranz ist besonders durch dunkelasch-
graue, runde Schalenflecke markiert. Die Eier sind auffallend
kurz, kugelig; Nr. 192 hat den kleinsten Index überhaupt. Da
die Eier jedoch verhältnismässig schwer sind, finden wir da
die kleinsten Quotienten, so bei Nr. 194 sogar 1·31! Wo dieses
Weibchen sonst seine Eier untergebracht hat, ist mir ein
Räthsel. — Kat. Nr. 192. Das Nest stand auf einer Fichte,
3 m hoch; die Eier waren frisch, am Boden lag ein etwas
eingedrücktes Nestei. — Nr. 193. Frisch; ein Ei wurde weg-

getragen, drei Stücke nachgelegt. — Nr. 194. Verlassen, am
Boden ein zerschlagenes Nestei. 100 Schritte von Nr. 193.
Weibchen **Nr. 32.** Durch 3 Jahre habe ich dieses aus
mehreren Gründen wichtige Weibchen aufmerksam controliert
und 15 Eier von demselben gesammelt.

Typus: *Lanius*, in einigen Fällen den Nesteiern „zum
Verwechseln" ähnlich. Die Zeichnung weist alle drei gewöhnliche Elemente der Flecke auf: Grundfarbe gelblichweiss, der
Kranz recht scharf abgesetzt, die übrige Eifläche nur sparsam
gefleckt.

Die Eier dieses Weibchens gehören unter die kleinsten
Stücke meiner Sammlung und fast immer waren sie kleiner
als die dazu gehörenden Nesteier. Dazu sind sie verhältnismässig s e h r   l e i c h t, weshalb bei dieser Suite auch die
g r ö s s t e n   Q u o t i e n t e n zu finden sind, nämlich von 1·83
bis 2·01! Es ist nothwendig, diese Suite ausführlicher zu be-
handeln. Nr. 196. Im Neste befand sich ein ganzes und ein eingedrücktes Nestei, an welchem schon eine Schnecke sog. Unten
am Boden lag das frisch zerschlagene Kuckucksei und ein
ebensolches Nestei. — Nr. 197. Am 15. lag im Neste das erste
Ei. Das Kuckucksei war frisch. Am 22. nahm ich drei Eier
aus dem Neste, worauf es die Eigenthümer verliessen. In den
folgenden Tagen fand ich das Nest zweimal innen ganz zerzaust, obzwar ich es wieder in Ordnung gebracht hatte; die
zwei letzten Eier lagen noch immer darin. Wer war nun der
Thäter? — Nr. 198. Auf dem schiefen Aste eines Haselnuss-
strauches, etwa 2 m hoch, stand das Nest mit 4 frischen Eiern
und das Würgerweibchen sass darauf. Das Kuckucksei lag
jedoch unverletzt am Boden, direct unter dem Neste. Es ist
sicherlich nicht herunter geworfen worden, da es unmöglich ganz geblieben wäre. (Ich liess nur 2 Eier im Neste, welches
die Alten sogleich verliessen. Sie bauten 20 Schritte davon
zum zweitenmal, und hatten schon am 25. Mai, also am 5. Tage,
das erste Ei; eine solche Eile beobachtete ich in der-
gleichen Fällen mehrmals.) — Nr. 199. Alles frisch. Am
20. nachmittags befand sich in diesem Neste das erste
Ei; am 24. nahm ich noch 2 Eier, um das Pärchen zur
zweiten Brut zu zwingen. Es geschah auch, und am 26.

fand ich das Innere des ersten Nestes ganz zerzaust, obzwar die zwei zurückgelassenen Eier darin lagen. — Nr. 200. Um 5 Uhr nachmittags sass das Würger-♂ auf dem Neste, welches das Kuckucksei neben einem Ei enthielt. Das einzige Ei wurde nach Wegnahme des Kuckuckscies verlassen und nach 4 Tagen fand ich das Innere des Nestes wieder zerzaust und das Ei war fort. — Nr. 201. Am 25. 5. abends sass das ♀ auf 5 Eiern; am 27. war das Nest verlassen und enthielt neben dem Kuckucksei drei ganze und ein zerschlagenes Nestei, während das fünfte Stück verschwunden war. — Nr. 202. Alles frisch, ein Ei unten zerschlagen; am 31. lagen statt 4 nur 2 Eier im Neste, die übrigen zwei auf dem Boden zertrümmert. — Nr. 203. In ein längere Zeit verlassenes Nest legte ich am 31. Mai ein *Lanius*-Ei. Am 2. Juni lag dieses zerschlagen auf dem Boden und in der etwas zerzausten Nestmulde befand sich das Kuckucksei. — Nr. 204. Am 25. waren im Neste 4 frische Eier, am Fundtage nur zwei mit dem Kuckucksei, die übrigen waren spurlos verschwunden. Unbebrütet und verlassen. — Nr. 205. Alles etwa 6 Tage bebrütet, die Nesteier etwas weniger entwickelt; folglich wurde das Kuckucksei zu dem noch unvollständigen Gelege am 27. oder 28. gelegt. 1—2 Nesteier wurden entfernt, worauf das ♀ noch 1—2 nachlegte. — Nr. 206. Am 25. wurde das erste Ei gelegt, die Zahl 5 wurde also am 29. erreicht und die Eier folglich 4 Tage bebrütet. Da sich auch das Kuckucksei in diesem Bebrütungsstadium befand, so musste es am 29. oder 30. gelegt worden sein, wobei der Kuckuck drei Eier entfernte; von diesen fand ich eins unten zerschlagen. Hätte der Kuckuck früher gelegt, wären sicherlich mehr Eier im Neste gewesen, da der Eigenthümer gewiss nachgelegt haben würde. — Nach Wegnahme des Kuckuckscies verliess der Vogel sein Nest. Diese letzten drei Nester lagen 70 und 50 Schritte von einander entfernt. — Nr. 207. Am 31. Mai lag im Neste das erste Ei, so dass am 4. Juni die Zahl 5 erreicht werden sollte. Das Nest, auf dem ich das Würgerweibchen antraf, enthielt jedoch nur ein einziges Ei neben einem ganz frischen Kuckucksei; 3—4 Eier mussten also entfernt worden sein, aber nur ein unversehrtes Stück fand ich am Boden vor. Das Kuckucksei wurde also zur vollen Zahl, etwa am 4. Juni gelegt. — Nr. 208. Am 5. Juni war dieses Nest leer, das *Lanius*-♀ sass jedoch

nachmittags auf demselben; am 8. lag nur das Kuckucksei
im Neste und war verlassen und unter dem Neste fand ich nichts.
Nr. 209. Das Kuckucksei war etwa 2 Tage, die Nesteier
länger bebrütet.

Einzelne Eier bei *Lanius collurio.*

Kat. Nr. 211. Das Nest stand in einem Gartenzaune. 80
Schritte hinter den Häusern.

Nr. 214. M. T., der an *Coccothraustes* erinnert, aber keine
schwarzen Schnörkel zeigt. Im Neste war schon mehrere Tage
ein Ei gelegen; dieses war nun weg, und in der zerzausten
Nestmulde lag das Kuckucksei.

Nr. 215. M. T., etwa *Lanius* und *Coccothraustes*. Ein grosses
Ei und das schwerste Stück meiner Collection. Alles frisch,
der Pfleger auf dem Neste. Die Nesteier roth gefleckt.

D. *Motacilla alba* als Ziehvogel.

Weibchen **Nr. 33.** Dieses Weibchen ist mir bereits zehn
Jahre bekannt; die Pause vom Jahre 1886 bis 1894 ist ganz
zufällig. Ausser dem wurde im Jahre 1890 ein Junges von
diesem ♀ gefunden. — M. T. *Motac. alba* — *Syl. cinerea.* Die
feinen schwarzen Punkte sind recht zahlreich, scharf begrenzt
und deutlich. — Kat. Nr. 216. Im Neste, welches sich in einer
Lehmwand befand, lagen 4 unbebrütete Nesteier, zwei andere
hiengen draussen am Nistmaterial angeklebt, das Kuckucksei
lag jedoch zerschlagen unten auf dem Boden. — Nr. 218. Das Nest
in einem Holzstosse; alles frisch. Am 23. Juni flogen die Jungen
glücklich aus. Ich mache auf die ganz gleichen Masse und
Gewichte der beiden letzten Eier aufmerksam.

Einzelne Eier bei *Motacilla alba.*

Kat. Nr. 221. M. T. *Mot. alba* — *Syl. cinerea* mit graubrauner dichter Zeichnung, aber vollständig fehlenden schwarzen
Punkten.

Nr. 222. M. T., lerchenartig; die schwarzen Punkte fehlen
gleichfalls.

Nr. 223. Typus: *Mot. alba,* sehr ausgesprochen; die
Fleckung ist etwas gröber.

(Fortsetzung folgt.)

Ornithologisches aus dem Narenta-Thale

von

R. Hänisch.

II.*)

Uferschwalben (Clivicola riparia) und Bienenfresser (Merops apiaster).

Ähnlich wie vorstehende Überschrift die Namen der beiden hier zu schildernden Vogelarten vereinigt, fand ich, dass diese beachtenswerten Kerbthierjäger auch in ihrem Freileben als gute Nachbarn sich bewähren.

Sie besuchten und verliessen das Narenta-Thal alljährlich fast zu gleicher Zeit, indem sie regelmässig um Mitte April eintrafen und in der zweiten Hälfte August, längstens bis 23. oder 24., wieder abflogen. Beide wohnten nach Troglodytenart in den lettigen Bruchufern der Narenta, wo erstere zum Nisten dicht nebeneinander sich ansiedelten, letztere aber in zerstreut situierten Schlupfwinkeln ihr Hauswesen besorgten.

Als Naturfreund nahm ich gern Anlass, die besondere Geschicklichkeit und Ausdauer der mit kräftigen Tarsen und Zehen ausgerüsteten, unter emsigem Scharren und Schaffen ihre Brutstollen bis auf circa 1 Meter in's Ufergelände fast wagrecht eintreibenden Schwälblein, sowie die Regelmässigkeit solcher Anlagen in mehreren - ich beobachtete blos 3 — horizontalen Reihen zu bewundern.

In meiner Amtseigenschaft als „Flussregulierer" musste ich jedoch solchen Massenangriffen „unberufener" Sappeure* auf die höchsten und steilsten Ufertracte der Flussuferpartien entschieden feind sein, weil bei jedem stärkeren Hochwasser an derart unterminierten Lehmbodenwänden erhebliche Abrutschungen stattfanden. Ich gelangte da auch zur Überzeugung, dass die Schuld an so mancher sanierungsbedürftig gewordenen Flussbetterbreiterung diesen — ansonst ganz harmlosen — winzigsten unserer Hirundiden auf's Kerbholz zu schneiden sei.

Zwischen Fort Opus und Metkovič bestanden zu Anfang der achtziger Jahre zwei solcher Brutstätten; die eine war von 50 bis 60, die andere von 120 bis 140 Paaren besiedelt.

---

*) Vgl. „Orn. Jahrb." III. 1892, p. 55.

Durch Aufdämmungen und Uferschutzbauten wurden aber die so gefährlichen Gesellen schliesslich vollkommen aus dem regulierten Fahrwassergebiete verdrängt und können höchstens in abgebauten Flussarmen eine neue Colonie gründen, wenn's ihnen convenirt.

Die Spinte, als Wohnungsnachbarn, traf natürlicher Weise dasselbe Los, wenn sie auch in bedeutend geringerer Anzahl — zu 20 bis 25 nistenden Paaren — dort ansässig waren und durch das Ausgraben ihrer bis 1½ Meter langen Brutstätten, die aber weit von einander abstanden, keine nennenswerte Uferbeschädigung verursachen konnten.

Von schlanker, schwalbenähnlicher Figur, die ein in prachtvollen Farbentönen erglänzendes Federkleid schmückt, gehören sie zu den elegantesten Erscheinungen der austro-hungarischen Vogelwelt.

Wenn sie bei hellem Sonnenscheine nach Kerbthieren jagend oder munteren Liebeständeleien sich hingebend, in mässiger Höhe ober dem Terrain die Flusstrace durchquerten, längs der Ufer dahinschwirrten oder in den Lüften falkenartig rüttelten, bildeten sie eine an tropische Typen gemahnende liebliche Staffage der an üppigem Pflanzenwuchse reichen Sommerlandschaft.

Ganz besonders gefiel mir aber das Familienbild, wenn die junge Nachkommenschaft eben an's Tageslicht gerückt war und in nächster Umgebung der Behausung auf dürren, aus den Uferrändern hervorragenden Wurzeln Platz genommen hatte, um, von den Eltern umgaukelt und geatzt, gemüthlich sich zu sonnen, dabei ab und zu im Gefieder nestelnd oder gar schon kurze Flugversuche unternehmend, falls das Kraftbewusstsein hiezu in einzelnen Individuen schon wach geworden war.

Der Mensch wurde ihnen nur dann gefährlich, wenn er als „sammelnder Ornithologe" seine Thätigkeit entfaltete. Im Frühjahre 1884 hatte ich das Vergnügen, mit einem solchen Herrn, der auch von einem routinierten Präparator begleitet war, eine Serie naturwissenschaftlicher Excursionen durchzumachen und so wurde eines Tages auch ein Jagen auf Meropiden inscenirt.

Mittelst kleiner Dampfbarcasse fuhren wir von Opus aus stromaufwärts zum nächsten Nestplatze. Dort stiegen meine

Begleiter an's Land, um entlang der beiderseitigen Ufer zu streifen, während ich im Boote langsam folgte, die einzelnen Nester aufsuchend.

Nach den ersten Schüssen auf einzelne herumstreichende Spinte wurde die Flucht der Stolleninsassen alsbald eine allgemeine, bei deren Ab- und Zufliegen wir dann 18 Stück erlegten und damit waren die Sammler befriedigt.

Damals lernte ich diese „Zierpüppchen" als sehr lebenskräftige Geschöpfe kennen, denn mehrere derselben waren mit Schrot Nr. 12 quer durch die Brust geschossen, fortgeflogen, als ob sie glatt gefehlt worden wären, hielten aber nach einigen Secunden im Fluge inne, zogen die Flügel an und fielen todt zu Boden oder in's Wasser, ähnlich, wie man das beim Beschiessen von Wildtauben häufig erfährt.

Stark mit Blut beschmutzte Spintbälge konnte man im Wasser ganz abwaschen, ohne dass sie hierauf nach dem Trocknen und Auflockern des Gefieders irgendwelche Einbusse an Farbenreinheit und Glanz erlitten.

Ich schliesse diese Mittheilungen, indem ich noch bemerke, dass in jener Frühjahrsepoche die Ausbeute an Objecten des Pflanzen- und Thierreiches eine sehr lohnende war, so dass die fleissigen Forscher von ihrem dreiwöchentlichen Ausfluge an die untere Narenta unter anderen auch eine Collection von 83 ausgestopften Vögeln nach Hause bringen konnten.

Aquila pomarina Br. am Brutplatze.

Von A. Szielasko.

Im Anschlusse an den Artikel, welcher im 3. Hefte des vorigen Jahrganges des „Ornithologischen Jahrbuches" hierüber veröffentlicht ist, möchte ich noch Folgendes mittheilen, was ich während meiner diesjährigen Sammelreise in der Rominter Heide in Ostpreussen aus eigener Anschauung über diesen Vogel erfahren habe.

Des bis zur Mitte April anhaltenden Winters wegen schritten sämmtliche Vögel in diesem Jahre später zur Brut als gewöhnlich. Ich traf daher noch rechtzeitig in den ersten

Tagen des Mai in der Heide ein, um diesen Vogel bei seinem Brutgeschäfte von Anfang an beobachten zu können.

In den ersten Tagen dieses Monates hatte ich oft Gelegenheit, die Schreiadler an den verschiedensten Orten des Waldes in der Luft ihre Kreise ziehen zu sehen, besonders bevorzugten sie hierbei die Waldblössen, welche von Gräben oder kleinen Flüsschen durchzogen waren. Wenn der Schreiadler im Sitzen auch unschön aussieht, zeigt er sich doch im Fluge als echter Adler.

Mir ist es ganz besonders aufgefallen, dass die Vögel sich in der Luft in jedem Falle durch einen hellen Kopf auszeichneten, dessen Farbe deutlich von der übrigen des Körpers abstach. Sehr deutlich war dieses bei klarem Sonnenschein zu bemerken. Es wäre mir interessant zu erfahren, was wohl der Grund zu dieser Farbenspiegelung gewesen sein könnte. Übrigens will ich noch bemerken, dass bei geschossenen Exemplaren stets ein dunkler Kopf constatiert werden konnte.

Vom 7. Mai ab liessen sich die Adler seltener in der Luft sehen, was für mich ein Zeichen war, dass sie sich zur Beziehung und Ausbesserung ihrer Horste anschickten. Am 12. Mai unternahm ich mit Herrn Wels einen Ausflug in den Forst, um die ihm bekannten Schreiadlerhorste zu besuchen. Obgleich dieselben 7 Jahre hintereinander abwechselnd besetzt gewesen waren, fanden wir in diesem Jahre sämmtliche Horste unbewohnt. Trotzdem können die Adler die Gegend nicht verlassen haben, weil sie hier stets beobachtet wurden. Leider war es mir infolge eines erlittenen Unfalles augenblicklich unmöglich, die neuen Horste aufzusuchen.

Jedoch sollte ich schon nach einigen Tagen an einer anderen Stelle in der Rominter Heide meine Mühe belohnt finden.

Am 16. Mai erbot sich Herr Förster Zeidler, der mich ebenfalls in jeder Beziehung unterstützte, mir einen Horst in der Nähe einer kleinen Waldwiese zu zeigen. Wir waren an dem bewussten Platze angekommen, konnten aber nicht sogleich den Horst finden. Trotz unseres behutsamen Vorgehens mussten uns die Adler bemerkt haben; denn plötzlich kreiste der eine über uns dicht über den Baumkronen. Auf meine Bitte verhielten wir uns ganz ruhig, damit mir Gelegenheit gegeben wurde, den Adler zu beobachten. Nach geraumer Zeit entschwand er unseren Augen und liess aus der Nähe von einem Baume herab seinen Lockruf ertönen.

Als wir weiter nach dem Horst suchten, ertönte plötzlich ein durchdringender Ruf des zweiten Adlers vom Horste herab. Dieses helle, kurze, schnell hintereinander ausgestossene „Jef-jef" — gegen 7—8 mal wiederholt — wurde von dem anderen Adler immer nur durch ein einziges langgezogenes „Jääf" beantwortet.

Der Horst stand auf einer Fichte *(Abies excelsa)*, welchen Baum der Schreiadler in der Rominter Heide entschieden bevorzugt. Innen und auf dem Rande war der Bau mit grünen Kiefern- und Fichtenzweigen ausgelegt. Als Curiosum kann noch die Thatsache angesehen werden, dass das Innere des Horstes von grossen schwarzen Ameisen *(Formica herculeana)* wimmelte. Trotz dieser Peiniger muss es aber den Adlern in ihrem Heim doch gut gefallen haben.

Herr Zeidler versicherte mir, dass dieser Horst schon mehrere Jahre hintereinander bewohnt gewesen wäre.

Am 19. Mai führte mich Herr Kories an einen andern Horst, welcher aber in diesem Jahre neu angelegt war, während der, den der Adler mehrere Jahre vorher innehatte, ungefähr 25 Schritte von dem diesjährigen entfernt war. Der Horst stand ebenfalls auf einer Fichte. Der Rand desselben, und zwar nur auf der vom Baumstamme abgewandten Seite, war ebenfalls mit grünen Fichtenzweigen belegt.

Jeder Horst enthielt zwei Eier. Von dem einen Gelege war jedoch ein Ei unbefruchtet und faul, bei dem zweiten Gelege enthielt das eine Ei einen wohl entwickelten Embryo, während der Inhalt des anderen Eies zwar gering bebrütet, aber dann abgestorben war.

Dieses dürfte wiederum dafür sprechen, dass von Schreiadler-Gelegen, welche zwei Eier enthalten, fast immer ein Stück unbefruchtet ist und dass die Schreiadler in den meisten Fällen nur ein Junges aufziehen.

Lötzen, im December 1895.

Corvus corax im Fürstenthum Lübeck.

Von Rich. Biedermann.

Durch die Güte des stets freundschaftlichst meine Bestrebungen unterstützenden Herrn Oberförster Krito in Ahrensböck wurde mir vergangenes Jahr zum erstenmale Gelegenheit geboten, Kolkraben beim Horste zu beobachten. Wie mir der gewiegte Kenner unserer befiederten Waldbewohner versicherte, besass er zeitweise mehr als einen besetzten Horst in seinem Reviere. In Anbetracht der relativ grossen Waldarmut des holsteinischen Landes ist das nicht ganz seltene Vorkommen des Kolkraben hier ein immerhin auffälliges zu nennen. Was aber ganz besonders frappiert, ist der Umstand, dass er gelegentlich mit Gehölzen so kleiner Ausdehnung vorlieb nimmt, dass ihn dort so leicht niemand suchen würde; freilich bestehen dieselben grösstentheils aus Buchen- und auch Eichen-Riesen, in deren obersten Fünftheil oder Viertheil ein Horst ziemlich sicher angelegt ist. Das von uns besuchte, eine kleine Anhöhe bedeckende Gehölz, welches den interessanten Gast beherbergte, hat eine Grundfläche von nur ca. ein Achtel Quadratkilometer; ein dicht benachbartes ist etwa doppelt so gross. Der nächstgelegene grössere Laubwald von ca. 4¹⁄₂ Quadratkilometern ist ungefähr 4 Kilometer vom ersterwähnten Bestande entfernt. Die nähere und weitere Umgegend ist grösstentheils offenes, dichtbevölkertes Kulturland mit vorwiegendem Ackerbau. Den Rabenhorst fanden wir auf einem der höchsten auf dem Culm der Anhöhe stehenden Stämme angebracht. Es befanden sich damals -- am 10. Mai — nur noch zwei gerade flügge Junge darin; ein dritter junger Rabe, auf welchen eifrig die im gleichen Wäldchen zahlreich horstenden Rabenkrähen stiessen, sass einige hundert Schritt vom Horste entfernt in einer Baumkrone. Wir waren also etwas spät gekommen. Die beiden Nestlinge wurden ausgehoben zwecks Aufzucht.[*] Die Alten kreisten unterdessen mit ihrem charakteristischen „Gra, gra, gra" zeitweise in kolossaler Höhe, — scheinbar wenig aufgeregt — ihre ,prächtigen Flugkünste entfaltend. Ich habe sie auch

---

[*] Der eine verunglückte leider dabei und befindet sich ausgestopft in meiner Sammlung. Der andere, unversehrte, gedieh vortrefflich; seine Lieblingsspeise waren Maikäfer

später dort wieder gesehen. Bei Damlos, im benachbarten preuss. Kreise Oldenburg. kam ein Kolkrabenpaar, das dort schon lange hausen soll. zum Uhu, durch den schneidend metallischen Klang der scharfen Schwingenschläge mir auffallend. An einem schönen Sommertage vergnügte sich beinahe eine halbe Stunde lang ein durch seinen Ruf mich aufmerksam machender Kolkrabe über dem Städtchen Eutin. ganz wunderbare Flugspiele aufführend. bald in enormer Höhe. bald nach vollständig senkrechtem Niederstürzen in 4-500 Meter Höhe in seinem Elemente sich tummelnd. — Im Herbste sah ich einen Kolkraben bei Pansdorf fliegen. Im Spätherbst hatte ich am Behlersee einen Kolkraben etwa 200 Meter über dem Uhu. Diesen Winter sehe ich regelmässig bei meinen Excursionen nach genanntem See ein Rabenpaar längs dem Ufer streichen. Ganz in der Nähe von Kiel. bei Hasseldiecksdamm, soll seit Jahren ein Paar horsten. Aus obigem geht hervor, dass der Kolkrabe hier vielleicht weniger selten ist als *Astur palumbarius*. Immerhin muss man oft im Jahre hinaus. um einen zu Gesichte zu bekommen. Er ist. das lässt sich nicht leugnen. als seltener Gast eine so kostbare Erscheinung, dass in einem Reviere wohl ein Paar zu dulden ist. Schadet doch im Revier ein einziger unverständiger Jäger mehr. als alles Raubzeug zusammen! Und deswegen gebührt Herrn Oberförster Krito. der seinen Kolkrabenhorst in Ehren hält und nicht duldet. dass die Alten abgeschossen oder jährlich gestört werden. der Dank des Naturfreundes. Über einige weitere „Kleinode" — wenigstens für hiesige Verhältnisse — aus dem Reviere des genannten Herrn hoffe ich später zu berichten.

Eutin. 24. Januar 1896.

Das erste Vorkommen von Turdus swainsoni Cab. in Russland.

Von Nik. von Ssomow.

Am 10. November 1893 n. St. schoss ein Bekannter von mir. Herr Tschunichin. im Garten seiner Villa in der Umgebung der Stadt Charkow eine kleine Drossel. die er zuerst für eine kleinwüchsige Singdrossel hielt; da er aber unsicher war, so sandte er mir den ausgestopften Balg des Vogels. Selber erwies sich als eine Swainson's Drossel. *Turdus swainsoni*

Cab. (Seebohm, Cat. Birds, Brit. Mus. V. pp. 185 und 201) mit ziemlich blass rostgelb angeflogenen Seiten der Wangen, der Kehle und des Kropfes. Augenscheinlich ist es aber keine var. *aliciae* (Baird), da diese grösser zu sein scheint. Richtiger dürfte es sein, dieses Exemplar als eine intermediäre Form zu bezeichnen. Die Färbung, Flügelformel und die Masse sind dieselben wie bei Seebohm (l. c.) und bei Gätke (Vogelw. Nelgol. p. 251—252).

Bemerkenswert ist die Zeichnung der Unterseite des Flügels bei diesem Exemplar. Von der 4. grossen Schwinge an tragen alle übrigen an der Wurzelhälfte der Innenfahnen einen langen, scharf begrenzten isabellfarbigen Fleck. Die Wurzel jeder Schwinge, wie der schmale Streif, der den hellen Fleck vom Schafte trennt, sind braun. Im ganzen bilden diese Flecke ein helles, schräges Band, ähnlich, was den Charakter der Zeichnung, inclus. der Flügeldecken, anbelangt, wie auf der Abbildung des Flügels von *Geocichla varia* bei Seebohm (l. c. p. 147). Solche helle, schräge Bänder auf der Unterseite der Flügel kommen auch bei anderen echten Drosseln vor, sind aber hier scharf begrenzt.

Al. 96 mm. caud. 67 mm. tars. 27 mm. culm. 16 mm.

Charkow, 9. November 1895.

Ein abweichendes Exemplar der Mehlschwalbe.

Von Nik. von Ssomow.

Im August 1893 fand bei uns in der Umgebung von Charkow ein starker Durchzug von Mehlschwalben *(H. urbica L.)* statt. Die Richtung des Zuges war von E. nach W. und von NE. nach SWW. Aus der letzten Schar junger Vögel schoss ich am 29. August n. St. einige Stücke, unter denen sich ein höchst interessantes ♂ ad. befand. Dasselbe steht der typischen *Hirundo urbica* am nächsten, unterscheidet sich jedoch, ausser anderen kleinen Färbungs-Abweichungen, hauptsächlich durch die Färbung und Zeichnung der langen unteren Schwanzdecken, die auf hellgrauem Grunde an der Spitze ein 5 mm breites schwärzliches Band tragen, weiss gesäumt sind und schwärzliche Schäfte besitzen. Der Ausschnitt des Schwanzes ist normal.

Ich wäre fast geneigt zu glauben, dass wir es hier mit einer östlichen-, möglicherweise west-sibirischen Form der Mehlschwalbe zu thun haben und möchte, falls meine Annahme Bestätigung finden sollte, selbe *Hirundo urbica orientalis* nennen. Um die Aufmerksamkeit der Beobachter auf diese Schwalbe zu lenken, gebe ich hier deren Diagnose:

♀ ad. *H. urbicae* L. ♂ ad. simillima, sed differt subcaudalibus cinerascentibus, apice late nigro-fusco transverse fasciatis alboque marginatis.

Charkow, 9. November 1895.

Loxia rubrifasciata Br. in Tirol.

Den 2. November erhielt ich einen rothbindigen Kreuzschnabel, der den Tag vorher bei Völs oberhalb Innsbruck gefangen wurde. Es ist ein schönes jüngeres ♂, dessen auffallend helle, aber schmale Binden einen gelblichen Stich zeigen.

Innsbruck. November 1895.

F. Anziger.

Stercorarius longicauda Vieill. im Salzburg'schen.

Herr Carl Straubinger, Bürgermeister in Gastein, erhielt in den ersten Septembertagen v. J. eine Raubmöve, welche todt auf dem Fleiss-Gletscher, auf dem Wege vom Zirm-See zum Sonnblick, also mindestens in einer Höhe von 2544 m. aufgefunden wurden.

Ich sah den Vogel — ein junges Exemplar der langschwänzigen Raubmöve —, welcher jetzt in der Sammlung des Salzburger k. k. Staatsgymnasiums steht, bei dem dortigen Präparator Klaushofer.

Villa Tännenhof b./Hallein, im Januar 1896.

v. Tschusi zu Schmidhoffen.

Literatur.

Berichte und Anzeigen.

L. v. Führer. Jedna godina ornithološkoj isučaranja u Crnoj gori. (Sep. a.: »Glasn.« VI. 1894 Lex 8. 65 pp).

Wer hätte es gedacht, dass, als Sp. Brusina im Jahre 1891 seinen »Beitrag zur Ornis von Cattaro und Montenegro« (Orn. Jahrb. II. p. 1—27 veröffentlichte, welcher unsere dürftige Kenntnis der Ornis jenes Landes ansehnlich bereicherte, schon drei Jahre später eine Arbeit vorliegen würde, die, man kann sagen nahezu erschöpfend, die Ornis Montenegro's behandelt. Im Auftrage der bosn.-herzegow. Landesregierung hatte L. v. Führer, dem Land und Leute schon von früheren Ausflügen bekannt waren, durch ein ganzes Jahr das Gebiet der »Schwarzen Berge« durchforscht und ein überaus reiches Beobachtungs- und Balgmaterial mitgebracht. Vorläufigem Berichte, in serbischer Sprache abgefasst, der 248 Arten anführt, dürfte noch in diesem Jahre eine ausführliche deutsche Bearbeitung des im Museum in Sarajewo aufbewahrten Materials folgen, auf welche wir schon an dieser Stelle verweisen möchten.　　　　　　　　　　　　T.

L. v. Führer. Produšena posmatranja na ornitološkom polu u. Crnoj gori godine 1895. (Sep. a.: »Glasn.« VII. 1895. Lex. 8. 18 pp.)

Gibt in Tagebuchform Bericht über die vom Verf. im Frühjahr 1895 fortgeführten ornithologischen Beobachtungen in Montenegro, gleichfalls in serb. Sprache.　　　　　　　　　　　　T.

J. Knotek. Die Verbreitung des wilden Fasans auf der Balkanhalbinsel. (Sep. a.: »Österr. Forst- und Jagdzeit.« 1895. kl. 8. 8 pp.)

Anschliessend an seine vorhergehende Studie über die Verbreitung des Birkwildes*) auf der Balkanhalbinsel behandelt Verf. hier die des Fasans. Vorerst werden die irrthümlichen Angaben berichtigt. In Bosnien fehlt der Fasan vollkommen, ebenso wahrscheinlich in Serbien. In Montenegro, wo derselbe einstens zwischen der Bojanamündung und Dulcigno häufig war, ist er jetzt ausgerottet und die noch ab und zu erlegten Stücke sind aus Albanien verflogene.

Im wilden Zustande findet sich der Fasan gegenwärtig auf der Balkanhalbinsel nur in Ostrumelien und einzelnen Theilen der europ. Türkei, namentlich in den Küstenstrichen des Schwarzen Meeres und Nordalbaniens, möglicherweise auch noch in Macedonien und Epirus.

In der Frage, ob der Fasan auf der Balkanhalbinsel als indigene oder als eingeführte Art aufzufassen sei, neigt sich Verf. ersterer Annahme zu, soweit es sich um die rumelischen und südlich davon in der Türkei gelegenen Standorte handelt, wogegen er es unentschieden lässt, ob das Vorkommen des Fasans an der macedonischen, griechischen und albanesischen Küste als Fortsetzung seiner Verbreitung nach Westen anzusehen sei, oder ob es sich hier um eine in früheren Zeiten erfolgte Einführung handle.

Von mitteleuropäischen Exemplaren unterscheidet sich der Balkanvogel nur durch eine grössere Rose.　　　.　　　　　　　T.

*) Vgl. Orn. Jahrb. VI. 1895. p. 279.

E. v. Czýnk. Die Waldschnepfe und ihre Jagd. — Berlin. (Verl. v. P. Parey.) 1896. kl. 8. 85 pp. m. Textabbild. Preis Mk. 1.50.

Das kleine, flott geschriebene Buch ist für den Jäger berechnet. Das Hauptgewicht desselben liegt in der anschaulichen Schilderung der verschiedenen Jagdmethoden auf die Waldschnepfe.

Verfasser als Ornithologe und Jäger gleich vortheilhaft bekannt, übt seit seiner Jugend die Jagd auf die Langschnäbler in den besten Revieren Siebenbürgens aus; seine Erfahrungen befähigen ihn daher, der sich gestellten Aufgabe vollauf gerecht zu werden. Auch der Ornithologe, sollte er selbst nicht Jäger sein, wird manches in dem Büchlein finden, was des Verfassers scharfe Beobachtungsgabe erkennen lässt.   T.

An den Herausgeber eingelangte Druckschriften.

Rivista italiana di Scienze naturali & Bolletino del naturalista collettore etc. Direttore Sigism. Brogi. — Siena, 1895. XV. Nr. 1—12. Vom Herausg.

The Auk. A Quaterly. Journal of Ornithology. — New-York, 1895. Nr. 1—4. Von d. Americ. Orn. Union.

Annalen des k. k. naturhistorischen Hofmuseums in Wien. Redigiert v. Dr. Fr. Ritter v. Hauer. - - Wien, X. 1895. Nr. 1—2. Vom Mus.

Vesmír. Obrázkový časopis pro šiřeni věd přirodnich. Herausgegeben von Prof. Dr. Ant. Frič, redigiert von Prof. Fr. Nekut. — Prag, 1895. XXIV. Nr. 6—24; XXV. 1895. Nr. 1--5. — Vom Herausg.

Zeitschrift für Ornithologie und praktische Geflügelzucht. Herausgegeben und redigiert vom Vorstande des ornithologischen Vereines in Stettin — Stettin, 1895. XIX. Nr. 1—12. — Vom Ver.

Ornis. Internationale Zeitschrift für die gesammte Ornithologie. Herausgegeben von Dr. R. Blasius. — Braunschweig, 1895. VIII. Heft 1—3. Vom Herausg.

Proceedings of the U. S. National-Museum. — Washington, 1895. Vol. XVII. 1894. — Vom U. S. N. Mus.

Annual Report of the Board of Regents of the Smithsonian Institution to Juli, 1893. — Washington, 1894. — Vom Mus.

Ornithologische Monatsschrift des deutschen Vereines zum Schutze der Vogelwelt. Redigiert von Dr. Hennicke, Dr. Frenzel und Dr. O. Taschenberg. — Halle a. S., 1895, XX. Nr. 1—12. Vom Ver.

Mittheilungen der Section für Naturkunde des Österreichischen Touristen-Club. -- Wien, 1895. VII. Nr. 1—12. — Vom Club.

Mittheilungen des ornithologischen Vereines in Wien. »Die Schwalbe.« Redigiert von C. Pallisch. — Wien, 1895. XIX. Nr. 1—12. — Vom Ver.

Nordböhmische Vogel- und Geflügelzeitung. Herausgegeben vom
ornithologischen Vereine für das nördliche Böhmen. — Reichenberg, 1895.
VIII. Nr. 1—12. — Vom Ver.
The Naturalist. A monthly Journal of Natural History for the North of
England. — London, 1895. Nr. 234 -245.　Von der Redact.
Bulletin of the American Museum of Natural History. New.-York, 1895.
VII. p. 1—388. — Vom Mus.
Feuille de jeunes Naturalistes. — Paris, 1895. Nr. 291 303. —
Vom Herausg.
Die gefiederte Welt. Herausgegeben von Dr. C. Russ. — Berlin, 1895.
XXIV. Nr. 1—52. — Vom Herausg.
Der zoologische Garten. — Frankfurt a. M., 1895. XXXVI. Nr. 1—12.
Vom Verl.
Aquila. Zeitschrift für Ornithologie. — Budapest, 1895. II. Nr. 1—4. — Vom
ung. C. B. f. orn. Beob.
Verhandlungen und Mittheilungen des siebenbürgischen Vereines
f. Naturwissenschaften.　Hermannstadt, 1895. XLIV. — Vom Ver.
Aus der Heimat. – Stuttgart, 1895 VIII Nr. 1—6. — Vom Herausg.
Aus unseren heimischen Wäldern. — Znaim, 1895. VII. Nr. 1—24. —
Vom Herausg.
Bulletin de la Société impériale des Naturalistes des Moscou. —
Moscou, 1895. Nr. 1—2. — Von der Ges.
53. Bericht über das Museum Francisco-Carolinum. — Linz, 1895.
— Vom Mus.
Mittheilungen des nordböhmischen Excursions-Clubs. — Leipa, 1895.
XVIII. Heft 1—4. — Vom Club.
Verhandlungen der k. k. zoologisch-botanischen Gesellschaft in Wien.
— XLV. 1895. Heft 1—10. — Von d Gesellsch.
North american Fauna. Nr. 8, 10. — Washington, 1895. — Vom U. S.
Dep. of Agric.
Mittheilungen des naturwissenschaftlichen Vereines in Troppau. — I. 1895.
Nr. 1, 2.
Ed. v. Czýnk. Die Waldschnepfe und ihre Jagd. — Berlin, 1896. Kl. 8.
85 pp. m. 5 Abbild. — Vom Verf.
E. Rzehak. Über ökonomische Ornithologie. (Sep. a.: ›Orn. Monatsschr.‹
XXI. 1896. 3 pp.) — Vom Verf.
E. Rzehak. Materialien zu einer Statistik über die Nützlichkeit oder Schäd-
lichkeit gewisser Vogelarten. I. Untersuchungen von Uhugewöllen. (Bubo
ignarus). — (Sep. a.: ›Orn. Monatsschr.‹ XXI. 1896. p. 2 pp.) — Vom Verf.
O. Finsch. Charakteristik der Avifauna Neu-Seelands als zoogeographische
Provinz in ihren Veränderungen und deren Ursachen. (Sep. a.: ›Globus.‹
LXIX. 4. 9 pp. m. 3 Textbild.) — Vom Verf.
H. Schalow. Henry Seebohm. (Sep. a.: ›Orn. Monatsber.‹ IV. 1896.
p. 17—23.) — Vom Verf.

Verantw. Redactour, Herausgeber und Verleger : Victor Ritter von Tschusi zu Schmidhoffen, Hallein.
Druck von Ignaz Hartwig, Freudenthal, Kirchenplatz 13.

Ornithologisches Jahrbuch.

ORGAN

für das

palaearktische Faunengebiet.

| Jahrgang VII. | Mai-Juni 1896. | Heft 3. |

Ueber Fusshaltung im Fluge.

Die Lagerung der hinteren Extremitäten beim fliegenden Raubvogel im Zusammenhang mit allgemeinen, beim Fluge wirkenden Factoren und Relationen derselben zum Gefieder.

Von **Richard Biedermann.**

(Mit einer vom Verfasser nach frischem Materiale gezeichneten Tafel.)

Auf die liebenswürdige Aufforderung des Herausgebers dieses Journals habe ich mich entschlossen, meine langjährigen gelegentlichen Beobachtungen bezüglich des in Frage kommenden Punktes hier zusammenzustellen und auch deren Erklärung zu versuchen.

Die Haltung der hinteren Gliedmassen[1]) wird bedingt durch „äussere" — physikalische — und „innere" — physiologisch-anatomische Factoren. Sie kann also weder unter allen äusseren Umständen bei demselben Typus, noch bei allen Typen unter denselben äusseren Umständen die gleiche sein. Wenden wir uns vorerst unseren Raubvögeln zu.

Legt man einen voll befiederten, frisch erlegten, aber nicht in Todtenstarre befindlichen Raubvogel auf den Rücken, so zeigt sich Folgendes: Es lässt sich unter Ausserachtlassung der Flügel und ev. eines Theiles der Steuerfedern eine wie aus einem Guss gegossene, in Form und Gefiederzeichnung in sich abgeschlossene Spindel, nennen wir sie kurz „Flugspindel", herstellen, also eine durch kleinen Querschnitt bei grosser Oberfläche sich auszeichnende Gestalt. Von der hinteren Extremität treten höchstens die Zehen etwas aus der

---

[1]) „Ständer" ist ein wegen der Unklarheit seines Inbegriffes wissenschaftlich schlecht zu verwertender Ausdruck.

„Spindel" heraus. (Fig. 1. o U D u. Fig. 2. Fig. 3). Lassen
wir letztere erst mit dem Steuer endigen, so liegen auch die
Zehen stets vollständig in der Spindel[1]) (Fig. 1, d. d.).
Untersuchen wir zunächst die L a g e d e s O b e r s c h e n -
k e l s i n d e r F l u g s p i n d e l. (Fig. 1. Fig. 2. Derselbe ist
bei vielen Raubvögeln zu einem beträchtlichen Theile frei und
ausgiebiger Lagenveränderung fähig, wenn auch natürlich das
Hüftgelenk fixiertes Drehcentrum bleibt. Seine Lagerung in
der Flugspindel[2]) ist angedeutet auf der Rumpfhaut durch den
fast gar nicht oder doch nur mit kurzem Flaum befiederten
Theil der Weichenhaut. Sein Knie-Ende ist dicht an den
Rumpf (Fig. 2) angedrückt, nach Möglichkeit — aber zwanglos[3]) — nach oben, rückenwärts gezogen; dadurch kommt dasselbe bei manchen[4]) Raubvögeln in beinahe gleiche Höhe (horizontale Fluglage angenommen) mit dem Hüftgelenk (Fig. 1), bei
andern[5]) aber, namentlich wenn der Oberschenkel stark mit
dem Rumpfe verwachsen ist, ziemlich tiefer zu liegen. Das
Bestreben geht offenbar dahin, das Knie thunlichst weit gegen
vorne (kopfwärts) zu bringen, um im Vereine mit den später
zu erwähnenden Winkelungen im Fersengelenk eine „Verkür-
zung", eine möglichst vollkommene Einverleibung der Gliedmassen in die „Flugspindel" zu erzielen. (Vgl. Fig. 4, linker
Unterschenkel schwanzwärts gezogen.) Jede zwanglose Verschiebung des Oberschenkels aus erwähnter Lage ist, weil
eben das Hüftgelenk fixiert ist, zugleich eine das Knie nach
hinten und aussen oder nach hinten und unten vom Schwerpunkt der Spindel entfernende, den Körperschwerpunkt[6]) also
entsprechend verlegende Verschiebung der Oberschenkel- und

---

[1]) Um die in Frage kommenden Verhältnisse auch an lebendem Materiale
zu prüfen, untersuchte ich daraufhin Raubvögel verschiedener Specien, welche
ich durch Chloroformnarkose in den Zustand mehr oder weniger vollkommener
Muskelschlaffheit brachte.

[2]) Aeusserlich ist der Oberschenkel, von den langen Weichenfedern
zugedeckt, nicht sichtbar.

[3]) Beim Sitzen ist die Möglichkeit eines »Zwanges« durch das Gewicht
des auf der Extremität ruhenden übrigen Körpers gegeben.

[4]) *Astur nisus, Falco peregrinus.*

[5]) *Falco tinnunculus, Milvus regalis.*

[6]) Der Schwerpunkt der »Flugspindel« scheint etwa im Septum atriorum
des Herzens zu liegen.

eventuell auch der übrigen Extremitätsmasse. Der Körperschwerpunkt des horizontal fliegenden Vogels soll aber möglichst in diejenige zur Flugaxe lothrechte Linie zu liegen
kommen, in welche der geometrische Mittelpunkt der „actu-
ellen" Gesammttragfläche fällt, und zwar zur Erreichung
des nothwendigen stabilen Gleichgewichtes unter die Verbindungslinie der Angriffspunkte der Flügel am Rumpfe. Wird
er nun weiter schwanzwärts verlegt, so muss zur Beibehaltung
der bisherigen Flugrichtung die Fläche des Steuers vergrössert,
dieses also gespreizt werden. Die Spreizung des Steuers darf
aber aus mannigfachen Gründen kein Dauerzustand sein.

Um nun die Lage von Unterschenkel und Fuss
in der Flugspindel zu finden, kann man wie folgt verfahren:
Wir heben durch sorgfältiges nach Hinten- und Aufwärtsziehen
an der Mittelzehe den ganzen Fuss ein wenig, bis sich der
Unterschenkel um einige Millimeter mitgehoben hat; dann
ziehen wir denselben seitwärts heraus. Es bleibt nach dem
Herausheben des reichbefiederten Unterschenkels in der Spindel
eine scharf begrenzte tiefe „Gefiederhöhle" zurück, in welche
der erstere genau hineinpasst. Er muss also während vieler
Zeit dort gelagert sein. Im Stehen oder Sitzen ist dies meist
nicht oder nur annähernd der Fall (vrgl. Anmkg. 2, S. 89), und
es wird dann der „offene" Theil der „Höhle" durch die darüber
gedeckten Handschwingen geschützt. Wir müssen daher wohl
annehmen, dass jene „Gefiederhöhle" die genaue Lage des
Unterschenkels während der meisten Zeit des Fliegens bezeichnet. Da wo der Unterschenkel dem Rumpfe anliegt, findet
sich auf der Rumpfhaut nur echter Flaum (nach der Jahreszeit
mehr oder weniger), wie denn anderseits die dem Rumpfe zu-
gekehrte Seite des Unterschenkels im Gegensatz zur äusseren
mit fast seidenartig glatten, flaumweichen und unvollkommen
gezeichneten Federn bekleidet ist (also gleichsam „Reibungs-
flächen" zweier Gefiederschichten). — Von aussen gesehen
liegen in der Flugspindel die Unterschenkel in dem seitlichen Brust-, Weichen- und Oberbauchgefieder zum Theile
versteckt, zum andern Theile so, dass die an ihrer äusseren
(dem Rumpfe abgewendeten) Seite entspringenden Hosenfedern
die sonst bestehende Lücke in der Spindel (Fig. 2 H.)
in idealer Weise ergänzen. Auch die Zeichnung und Farbe

ist, ganz dem entsprechend, eine die des angrenzenden und anschliessenden Gefieders[1]) nach allen Seiten vermittelnde, worauf ich besonders hinweisen möchte.

Durch jede andere Lage des Unterschenkels wird die Form der Spindel mehr oder weniger gestört, zugleich ihre Oberfläche vergrössert, der Reibungswiderstand gegen dieselbe vermehrt, was bei derjenigen Fliegweise, die hauptsächlich durch die Arbeit der Flügel erfolgt, in den meisten Fällen schliesslich ein continuierlicher Nachtheil sein muss, besonders wenn der senkrecht zur Flugrichtung gelegte maximale Körperquerschnitt noch vergrössert wird.

Der M i t t e l f u s s ist wenigstens zum grösseren Theile — soweit er nicht schon nach aussen von den Hosen überdeckt wird — in den unteren Bauchfedern und dem zunächst hinter dem After entspringenden losen Gefieder versteckt. Sein letzter Theil und die Zehen treten meist etwas aus den Unterschwanzdeckfedern hervor, ohne das Ende der letzteren zu erreichen (Fig. 1 bis 3). — Bei mehr oder weniger rauhfüssigen Raubvögeln kann man nach Herausnahme des Fusses den Gefieder-„Kanal" verfolgen, in welchem jener gelagert war. Es ist dies etwa die Scheide zwischen den untersten Bauchfedern (Fig. 1 UB). Afterfedern und inneren Unterschwanzdeckfedern (SUD) und anderseits den äusseren seitlichen Unterschwanzdeckfedern (UD), welch' letztere in kurze vordere und lange hintere zerfallen. — Es findet demnach eine C o nv e r g e n z d e r b e i d e n F ü s s e statt, die zum Theile schon aus der C o n v e r g e n z d e r U n t e r s c h e n k e l resultiert

---

[1]) Die H o s e n f e d e r n reichen sowohl hinten an die Unterschwanzdeckfedern heran (Fig. 2, II), als rückenwärts an die seitliche Grenze des Hinterrücken- und Bürzelgefieders. Nach der Bauchmitte zu schliessen sie an die seitliche Grenzlinie des Bauchgefieders an. In ihrem oberen Theile (kniewärts) bleiben sie (Flugspindellage vorausgesetzt) von den sehr langen Weichenfedern stets immer mehr oder weniger verdeckt. Die erwähnte »stylistische« Harmonie in Zeichnung und Farbe mit dem umgebenden Gefieder lässt sich besonders leicht z. B. an *Falco subbuteo* ♂ sen. erkennen. Doch finden sich bei anderen Raubvögeln und besonders deren Varietäten interessantere Beispiele, wenngleich für den ersten Blick weniger auffällige. Bei *Archibuteo lagopus* und anderen rauhfüssigen ist ferner ersichtlich, dass das Mittelfussgefieder in Zeichnung und Farbe nach innen dem begleitenden Unterbauchgefieder und kurzen Unterschwanzgefieder sich anschliesst. Nach aussen wird es von den Hosen fast gänzlich verdeckt.

(Fig. 2. Fig. 4). Bei manchen Raubvögeln ist jener „Kanal"
nicht nur an der genau der Fussform entsprechenden „Con-
cavität" (Fig. 4), sondern auch am Zurücktreten der F a r b e
des Gefieders deutlich zu erkennen, z. B. bei *Milvus*. Das
F e r s e n g e l e n k (Fig. 1 und 2) liegt unmittelbar seitlich der
Stelle, wo die Spule der äussersten Steuerfeder (Fig. 1. S e)
entspringt[1]). Die über die Rumpfhaut gezogene Verbindungslinie der beiden Gelenke schneidet ungefähr die Stelle der
Afteröffnung (*a*). Doch liegt das Fersengelenk — beim horizontal schwebenden Vogel — höher als diese (Fig. 2. Fig. 1).
Es liegt ferner das Fersengelenk auch höher als das hintere
Ende des Mittelfusses[2]). Die Z e h e n der beiden Füsse kommen
thunlichst dicht unter die untere Fläche des Steuers zu liegen,
in die longitudinale Höhlung desselben, wodurch ein störendes
Hervortreten aus der Spindel nach Möglichkeit vermieden wird
(Fig. 1 bis 4).

Da ohne Anwendung von äusserem Zwange der Fuss,
besonders bei kurz- und starkfüssigen Raubvögeln, nicht
vollständig gegen den Mittelfuss gestreckt werden kann, so ist
jene Höherlagerung des Fersengelenkes überhaupt nothwendig,

[1]) Die äusseren Steuerfedern liegen successive tiefer und beginnen
weiter kopfwärts als die inneren; die beiden mittleren entspringen in gleicher
Höhe mit dem Rückenkamm des letzten Schwanzwirbels und verlaufen unmittelbar neben und, bis zu dessen Abwärtskrümmung, entlang demselben nach
hinten (Fig. 1, S i).

[2]) Am ehesten nähert sich die Lage des Fersengelenkes der oben
beschriebenen sonst noch beim aufrechten Stehen des Vogels auf e i n e m
Fusse. Es ist dies eine sehr häufige Haltung bei schlafenden Vögeln,
welche auch die meisten Raubvögel gerne annehmen, jedoch nicht ausnahmslos. Einige Arten, vor allem unter den E d e l a d l e r n, scheinen
diese Haltung überhaupt nicht oder nur höchst selten einzunehmen *(Aquila
pennata, Aquila fulca)*, denn so oft auch ich solche (natürlich gefangene)
dieser Beobachtung wegen nachts v o r s i c h t i g überraschte, konnte ich dieselben immer nur auf beiden Füssen stehend antreffen. Dagegen habe ich
zu vielen Dutzenden, ja zu hunderten Malen z. B. *Astur nisus, palumbarius,
Haliaëtus albicilla* etc. etc. s t e t s e i n f ü s s i g s c h l a f e n und oft auch sonst
r u h e n sehen. Da, wie ich mich überzeugt habe, der Raubvogel a u s d e r
e i n f ü s s i g e n R u h e h a l t u n g direct w e d e r z u m A b s p r i n g e n noch
z u m A b f l i e g e n gelangen kann — schon der aufrechten und eigenthümlichen Körperhaltung wegen — so setzt er bei geringstem Verdacht sofort
den andern Fuss herunter; ich bin aber sicher, *Aquila pennata* oft in noch
vollständig schlafendem (»betäubten«) Zustande überrascht zu haben, und
trotzdem sah ich ihn bis jetzt bloss zweimal einfüssig schlafen.

um die Zehen dicht an die Unterseite des Steuers zu bringen,
auch wenn dieselben, wie ich bis jetzt sah, nur wenig contra-
hiert werden (Fig. 1, d; Fig. 4, rechter Fuss; Fig. 3; Fig. 2, d).
Der Vogel braucht bei erwähnter Fersengelenkslage den Fuss
bloss zwanglos zu strecken, um die richtige Zehenlagerung zu
erreichen, ohne dazu noch besonders die Beugemuskeln als
Winkelfixierer in Anspruch nehmen zu müssen. Ferner ergibt
sich auch — immer jene Fersenlagerung vorausgesetzt — von
selbst diejenige Convergenz der Füsse, welche nöthig ist, um
die Zehen auch s e i t l i c h nicht aus der Spindel heraustreten
zu lassen (Fig. 2). Diese Convergenz beruht, soweit sie nicht
schon aus derjenigen der Unterschenkel (siehe oben resultiert,
wiederum in einer von vornherein gegebenen Winkelung im
Fersengelenk, nur mit dem Unterschiede gegen vorhin, dass
der Vogel diesen „medianen“ Winkel überhaupt nicht in Wirk-
lichkeit zu ändern vermag, sondern höchstens scheinbar durch
Ein- oder Auswärtsdrehen des Unterschenkels oder vielmehr
des Knies. Sehr schön sind diese Relationen bei *Falco peregrinus* ausgeprägt (Fig. 2). Sie sind mit anderen zusammen
auch für das Stehen, Gehen und Auf- und Abspringen von
Wichtigkeit durch die Art der Vertheilung der Druck- und
Zugkräfte.

Man könnte vielleicht einwerfen, jene Fusshaltung beein-
trächtige gewisse plötzliche Bewegungen und Drehungen des
Steuers; dagegen ist aber zu bemerken, dass die Unterschen-
kel-Mittelfussbeuge, d. h. also die Fersengelenke, wie oben
gezeigt, sich unmittelbar neben der „Schwanzbeuge“ anlegen,
also ein gleichsam „concentrisches“ Ausweichen des Fusses
dem Steuer gegenüber ermöglichen. Dass ferner jenes die
häufigste (nicht die ausschliessliche!) „Fluglage“ sei, scheint
mir weiterhin aus Folgendem hervorzugehen: Bei den „Rauhfüssigen“ sind die Federn der H i n t e r s e i t e d e s M i t t e l-
f u s s e s - soweit solche überhaupt vorhanden sind — in
einer Weise verschieden von denen der Vorderseite, dass man
wiederum (vrgl. oben beim Ober- und Unterschenkel) auf eine
habituelle Berührung und Reibung derselben mit anderem Gefieder schliessen darf: glatter, seidenartig oder flaumig und wenig
oder gar nicht gezeichnet. N a c h „a u s s e n,“ d. h. d e m d i e
S p i n d e l u m g e b e n d e n M e d i u m z u, sind Zeichnung

und Structur des Gefieders immer höher entwickelt. Wäre also die gewöhnlichste Lage des Fusses
diejenige „hart am Rumpfgefieder anliegend nach vorne", so
wäre wohl die dann nach aussen liegende Seite des Metatarsus
die „besser" befiederte! — Ein wirklicher Beweis ist dies
natürlich nicht, aber ein „Indicium". Und von den „Rauhfüssigen" müssten (nicht müssen!) wir dann per Analogie auf
die vollständig Nacktfüssigen schliessen.

Wie verhält es sich nun mit der Vorwärtslagerung
der Füsse? Eine solche führt unter allen Umständen zu einer
mehr oder weniger grossen Störung derjenigen äusseren räum-
lichen Körper- und Gefiederform, welche wir als „Flugspindel"
bezeichneten. Denn entweder ragen dann die Zehen oder auch
weiter noch ein Theil des Mittelfusses über die Flugspindel-
oberfläche hinaus, oder der maximale Querschnitt derselben
wird vergrössert (durch das Verstecken des Fusses unter dem
Gefieder der Unterbrust und des Bauches), oder die Fersengelenke und damit die Hosen müssen seitlich oder nach unten
aus der Spindel herausgehoben werden (Fig. 2, H.) Dies
liegt ganz einfach in den anatomischen Verhältnissen des
Vogelkörpers begründet, wie man sich ohne weiteres durch
Versuche an einem solchen überzeugen kann. Alle diese
Lagerungen des Fusses führen daher eine Vergrösserung des
Reibungswiderstandes gegen die Flugspindel herbei, und zwar
vornehmlich in der Richtung, die der Flugrichtung direkt ent-
gegengesetzt ist — nicht ebenso gegen die Unterseite des
Körpers. Wenn man nun bedenkt, dass der Reibungswiderstand gegen den praktisch in Betracht kommenden Querschnitt
mindestens im Quadrate der Geschwindigkeit wächst, mit
welcher die Luft gegen denselben, oder mit welcher dieser
gegen die Luft bewegt wird, so müssen solche Störungen
überall da bedenklich erscheinen, wo grösste Geschwindigkeit bei kleinster Anstrengung erstrebt wird;
und diese wird zumeist das begehrenswerteste Ziel des Flie-
gers sein. — (Vergl. weiter unten: „Reibungswiderstand.") —
Wir werden daher die in Fig. 1, 2 u. s. w. angedeutete Haltung der hinteren Extremität aus den im Vorstehenden angeführten Gründen als die für den Flug im allgemeinen
typische zu betrachten haben.

Gehen wir noch zu einem kurzen Vergleiche mit zwei
beliebig, aber recht verschieden gewählten anderen Typen
über, z. B. *Corvus* und *Clangula*.

Bei unseren Krähenarten können die Füsse mit grösserem
Vortheile nach vorne gelegt werden, statt nach hinten, und
zwar ohne merkliche Dislocation des Fersengelenkes. Die
Zehen treten dabei mässig weit seitlich von der Bauchmediane
wenig über das Gefieder hervor, oder sind, wie der Mittelfuss,
fast gänzlich unsichtbar. Es reicht ferner der Fuss   zum
Unterschied von den Raubvögeln — kaum über die Mitte des
Bauches hinaus nach vorne, zumal es die Eigenthümlichkeit
der Metatarsophalangalgelenke hier ermöglicht, dass die 4 Zehen,
worunter die sehr lange Hinterzehe, in compendiöser Weise
dicht auf die Hinterseite des Mittelfusses zurückgeklappt, resp.
gelegt werden. Auf diese Weise kommen die Zehen auch sehr
leicht gänzlich in die „Spindel" hinein.

Bei der (Fig. 1 entsprechenden) Rückwärtslagerung ragt
aber hier der ganze untere Fuss erheblich aus der Spindel
heraus. Diese letztere Lage habe ich viel seltener beobachtet,
was aber auch auf Zufall beruhen kann, dagegen die erstere
bei günstiger Beleuchtung an beträchtlich hoch fliegenden und
kreisenden Rabenkrähen durch das Spiegeln der „schwarz-
polierten" Zehenschuppen oft erkennen können. — Es dürfte
also das Bestreben das nämliche sein, wie bei den Raubvögeln,
aber der veränderten Vorbedingungen wegen die Art der Ausführung eine theilweise andere[1]. — Ebenso scheint es mir beim
folgenden Typus, bei der Schellente sich zu verhalten
(Fig. 5). Hier ist es nicht möglich, die Füsse in ähnlicher Weise
nach vorne zu legen, ohne denselben eine für das Fliegen ab-
surde Lage zu geben. Auch hier wird ein Anpassen an die
Flugspindel am vortheilhaftesten sein. Dafür liegt aber nur
eine Möglichkeit vor: Die „Ruder" (Schwimmfüsse) werden
seitlich dem kurzen Unterschwanzgefieder angelegt, so dass
die aneinander gedrückten Zehen zwischen dem Rande desselben und der Unterfläche des Steuers beiderseitig conver-

---

[1] Bei den Tauben z. B. werden die Füsse nach hinten   , bei vielen
Singvögeln *(Parus, Mertula, Fringilla)* u. s. w. wohl ausnahmsweise nach
vorne gelegt.

gierend verlaufen, mit ihren Nägeln gerade noch unmittelbar
hinter der Endspitze des Unterschwanzdeckgefieders sich be-
rührend. Sie schliessen also das letztere ein, da sie nicht von
ihm eingeschlossen oder aufgenommen werden können. Dabei
wird die seitliche Einbuchtung der Spindel vor dem Bürzel-
theil durch den Fuss theilweise paralysiert, die Spindel also,
statt etwa gestört, vielmehr ergänzt und in geeigneter Weise
durch die Zehen abgeschlossen. — Es ist mir noch nicht
gelungen, diese Haltung sicher zu erkennen bei den sehr schnell
fliegenden Enten von genanntem Typus. Ich halte dieselbe
aber für die wahrscheinlichste beim schnellen Fluge; erstens
aus mehrfach berührten physikalischen Gründen und zweitens
auch deshalb, weil ein eines guten Auges sich erfreuender
Beobachter in jeder anderen Lage — e i n e Ausnahme gleich
zu erwähnen — die Ruder l e i c h t sehen müsste; so aber
liegen die Füsse eben ausserhalb des weissen Untergefieders,
aber dicht an demselben und unter dem dunkeln Steuer, müssen
also gerade recht schwer aus der Ferne zu erkennen sein. —
Es gibt nur eine einzige Lagerung der Ruder, durch welche
dieselben in das Gefieder hinein gebracht werden können; der
Fuss liegt dann gleichsam „aufgerollt" im seitlichen Unter-
Bauchgefieder, eine als lang andauernder Zustand etwas unna-
türlich, gezwungen erscheinende Haltung, die zudem nur bei
wenigen Species in zweckdienlicher Vollkommenheit erreicht
werden dürfte[1]. — Ich habe diese Beispiele nur angeführt,
um zu zeigen, wie verschiedene Mittel zum gleichen Ziele
führen.

---

[1] Die bei *Clangula* und ähnlichen supponierte Fusshaltung wäre gewissermassen der Uebergang zu derjenigen von *Ciconia, Ardea* und ähnlichen
Der lange und relativ sehr schwere Fuss wird bei letzteren bekanntlich nach
hinten unter dem Steuer durchgestreckt; eine leichte Convergenz der Unterschenkel und Füsse ist auch hier vorhanden; die Beinhaltung an und für sich
schliesst sich durchaus dem Typus Fig. 1, 2 und 3 an, nur eben mit den rein
durch die relativen Dimensionen gegebenen Modificationen. Auch hier wird
die in Bezug auf Vermeidung »schädlichen« Reibungswiderstandes und unge-
eigneter Schwerpunktsverschiebung günstigste Lagerung gesucht. Bei der
bedeutenden Masse des langen Halses, der zwar beim Reiher möglichst ver-
verkürzt getragen wird, bieten die beiden langen Füsse hinten ein erwünschtes
Gegengewicht.

Im Nachstehenden stelle ich kurz meine Beobachtungen an fliegenden Raubvögeln zusammen, soweit sie für unser Thema direkt in Frage kommen.

I. Nur die Zehen und event. ein Theil des Mittelfusses sichtbar, in und auf dem Unterschwanzgefieder; Hosen „unsichtbar". (Fig. 1; Fig. 2, d; Fig. 3.)

Beobachtet 1) beim schnellen Fluge mit kräftiger Flügelarbeit;

2) beim ruhigen Dahinschweben ;

3) beim schiefen Stoss an folgenden Specien: *Astur nisus*[1], *Buteo buteo*[2], *Falco tinnunculus, Circus aeruginosus, Pernis apivorus, Archibuteo lagopus, Falco subbuteo, Astur palumbarius, Falco peregrinus, Milvus regalis, Milvus ater, Circus cineraceus, Strix otus*[3], *Otus brachyotus*[4], *Syrnium aluco, Strix flammea*.

[1]) Wie oft ich den *Astur nisus* im Freien vor Augen gehabt, dafür dürfte folgende Bemerkung einen Anhaltspunkt geben: Am 16. April 1881 schoss ich den ersten bei Winterthur (Schweiz), am 31 December 1894 den zweiundachtzigsten bei Pansdorf Fürstenth. Lübeck). Und wie oft sieht man ihn, ohne ihm, auch wenn man es will, beizukommen!

[2]) Bei Scharen auf dem Zuge befindlicher Mäusebussarde konnte ich bei günstigem Standorte meinerseits und niedrigem Stande der Sonne die schön gelben »Fänge« unter dem Steuer herausleuchten sehen.

[3]) *Strix otus* traf ich mehrmals in strengen schneereichen Wintern im hellblendenden Mittagssonnenschein an Feldhecken, bald niedrig sitzend, bald denselben entlang streichend. Sie waren ohne jede Scheu, und da ich sie natürlich unbehelligt liess — es war gottlob keiner jener »principiellen« Schiesswütheriche bei mir — so konnte ich mehrmals in aller Nähe ihren Flug studieren. In der Nähe des Horstes habe ich *Strix otus* auch an Sommertagen fliegen sehen.

[4]) *Otus brachyotus* fliegt, auch unaufgescheucht, oft am hellen Tage. Ich sah sie an der Kieler-Föhrde mit den Möven sich neckend in prachtvollen Curven bis in grosse Höhe steigend — am 19. November 1892 — beim klarsten Ostwindhimmel um die Mittagsstunden.

4) bei senkrechtem Stoss an *Aquila pennata* (in Gefangenschaft), *Falco peregrinus* (beim Uhu[1]).

II. Knie nach unten hervortretend, Unterschenkel und Fuss nach hinten und zugleich nach unten gerichtet; Hosen weithin sichtbar. Schwanz gespreizt.

Beobachtet 1) beim Abfliegen und vor dem sich Setzen. resp. Aufbaumen (ohne Ausnahme);

2) bei gewissen plötzlichen Wendungen an *Astur, Buteo, Falco* etc.

III. Füsse mit Senkung und Seitlichdrücken der Fersen (ohne Sichtbarwerden des Knies) nach vorne, mehr oder weniger stark in oder an das Rumpfgefieder gezogen; Zehen mehr oder weniger „geballt"; Hosen abstehend, deutlich sichtbar (Fig. 2. rechter Fuss.). Schwanz bei 3 und 5 ziemlich stark, bei 2 und 4 bisweilen etwas gespreizt.

Beobachtet 1) beim schiefen Stoss (vrgl. I. 3) an *Astur palumbarius, nisus, Falco peregrinus, Buteo buteo* u. a.

2) beim Ankämpfen gegen starken Gegenwind (bisweilen). wenn zugleich ein ziemlich steiles Steigen damit verbunden. an *Astur nisus*;

3) beim langsamen, besonders beim schraubenförmigen Niederlassen an *Astur nisus, Milvus regalis* und *ater*, neuerlich auch an *Gypaëtus barbatus* in Gefangenschaft;

4) beim langsamen bis ziemlich schnellen, ab und zu von einigen Flügelschlägen begleiteten Dahinschweben ganz niedrig über dem Boden (spähendes). auf „Ueberrumpelungen" ausgehendes Jagen an Hecken. auf Schneisen etc.. oder „sich drücken" vor dem Feinde — nicht immer, vrgl. I   an *Astur nisus, Astur palumbarius,*

---

[1] Auch beim Stossen auf Beute und auf Feinde findet nämlich oft erst im letzten Augenblick, unmittelbar vor dem Zugreifen, das plötzliche Vorschnellen der »Fänge« statt, wobei auch das Knie aus der Spindel heraustritt. Nach dem Angriff werden die Beine eventuell sofort wieder in die frühere Lage (Fig. 1, Fig. 2) gebracht. Das Wiederzurücklegen derselben in die Spindel (nach Fig. 1) geschieht oft mit solcher Raschheit. dass man Mühe hat, im Augenblick zu erkennen, ob sie nun »vorwärts« oder »rückwärts« gelegt worden seien!

Falco peregrinus, Falco subbuteo, Falco aesalon[1],
Aquila fulva ;

5) beim Kreisen (bisweilen) an *Astur nisus, palumbarius* u. a.

IV. Ganze Extremität möglichst weit ab-
wärts[2]). fast senkrecht gehalten. Hosen natürlich weithin
sichtbar. Steuer fast maximal gespreizt und tief nach unten
gedrückt; Hals und Kopf etwas gesenkt; starkes „Peitschen"
der Flügel.

Beobachtet manchmal beim Rütteln an *Falco tinnunculus, Buteo buteo, Astur nisus* (rüttelt nur selten);
besonders ausgeprägt an *Archibuteo lagopus.*

Schlussbemerkungen.

Wie aus den vorstehenden Ausführungen hervorgehen
dürfte, lässt sich die Haltung und Lagerung der verschiedenen
Körpertheile während des Fluges nur im engeren Zusammenhang mit den allgemeinen beim Fluge wirkenden Factoren
verstehen. Um etwas näher an einigen Beispielen zu zeigen.
wie sehr der Vogel in allen Dingen von diesen Factoren[3])
abhängig ist. wollen wir uns zum Schlusse noch mit einigen
seiner Beziehungen hauptsächlich zu einem derselben.
dem Reibungswiderstande. beschäftigen. Die Grösse des
Widerstandes der Luft gegen den in ihr bewegten Körper hängt
bekanntlich u. a. ab von der Grösse des jeweilen in Betracht kommenden Querschnittes und wächst im Verhältnis (ungefähr)
des Quadrates der Flug- und Fall-Geschwindigkeit[4]) des

[1]) Mit den vielgepriesenen ›edlen‹ Manieren unserer Edelfalken ist es
oft gar nicht weit her!

[2]) Dadurch wird der Schwerpunkt des Vogels bedeutend tiefer unter
die Verbindungslinie der Angriffspunkte der kräftig arbeitenden Flügel (Hebel)
gesenkt und somit die Stabilität, wie es hier wünschenswert erscheint,
beträchtlich erhöht. (Vrgl. ›Schlussbemerkungen‹.)

[3]) Z. B. Muskelarbeit des Vogels (Bewegung und Fixierung),
Form des Vogels; Schwerkraft und ihre Acceleration; Elasticität
der Luft; Strömungen der Luft; Beharrungsvermögen der Lufttheilchen.
namentlich als Reibungswiderstand.

[4]) Dabei bleibt es bei gleicher Schnelligkeit der Ortsveränderung des
Vogels zur umgebenden Luftmasse natürlich gleichgültig, ob die Luft gegen
den Vogel (in Bezug auf die Erde) oder der Vogel gegen die Luft, oder
beide gegen einander bewegt werden. d. h. ob ›passive‹ oder ›active‹ Geschwindigkeit oder beide zusammen vorliegen.

betreffenden Körpers. Daraus ergeben sich seine Beziehungen zum Gewicht, zur Rumpf- und sonstigen Form, zur Flügel- und Steuerhaltung, zur Flug- und Senkungsgeschwindigkeit des Vogels, zur Geschwindigkeit und Richtung etwa vorhandener Windströmungen u. s. w. Mit seiner Hilfe schraubt sich bei günstiger Windstärke der Vogel fast ohne merklichen Flügelschlag über derselben Stelle in ungeheure Höhen [1]), oder steigt und steuert geradlinig gegen den Wind, oder führt die raschesten Wendungen aus. Der Reibungswiderstand vermag die Wirkung der Acceleration [2]), der Schwerkraft überhaupt, vermag die Geschwindigkeit (mit Unterstützung durch die Elasticität [3]), als Gegenspannung der comprimierten Luft) aufzuheben, resp. zu modificieren. — Ein schönes Beispiel für die Ueberwindung der Schwerkraft mittels des Reibungswiderstandes bei einer gewissen Geschwindigkeit ist das (schiefe) Aufsteigen der schweren, kleinflügeligen Taucher (*Podiceps*) etc. vom Wasser; bezeichnend die abgeplattete Form ihres Leibes und der Umstand, dass sich dieselben — unter Nachschleppung des Hinterkörpers auf dem Wasser bis nach Erreichung der nöthigen Geschwindigkeit — stets gegen den Wind zu erheben suchen. Ferner illustriert z. B. beim „stillstehenden" Rütteln die grosse Flügelarbeit anschaulich die Relation der Schwerkraft zum Reibungswiderstande (und der Elasticität) der Luft und zur Fluggeschwindigkeit, welch letztere eben hier durch fortwährend active Arbeit vom Vogel ersetzt werden muss, wenn er sich nicht senken soll. Ferner sehen wir die Einleitung des „stossenden", resp. schief abwärts stattfindenden Fluges erfolgen einfach durch Verlegung des Hauptangriffes des von unten wirkenden Luftwiderstandes weiter nach hinten, durch Ver-

[1]) Gerade der Vogelflug erlaubt uns oft Schlüsse auf die in höheren Schichten fast immer herrschenden Luftströmungen und ihre Richtung, da wo wir keine Wolken erblicken.

[2]) Eine zur bequemen Einhaltung einer constanten Geschwindigkeit bei schiefer oder bei verticaler Senkung höchst wichtige Relation. (Vrgl. die einschläg. mechanischen Gesetze.)

[3]) Mittels der Gegenspannung der comprimierten Luft wirft sich sogar nach jähem »Abstürzen« der Vogel oft wieder ein gutes Stück empor mit kräftig fixierten Flügeln. — Im übrigen kann hier auf die complicierte Combinationswirkung von Reibungswiderstand und Elasticität der Luft beim Fluge nicht näher eingegangen werden.

7

grösserung der Tragflächen nach rückwärts (Flügelwinkelung
und weitere Steuerspreizung), während im gasleeren Raume
trotz alledem der Vogel beim „Fall" unter Beibehaltung seiner
ursprünglichen Axenrichtung je nach seinem bisherigen Bewe-
gungszustande entweder vertical oder in einer Wurfparabel
fallen müsste; auf keinen Fall aber könnte er sich senken, wie
es beim schiefen „Stoss" etc. geschieht, nämlich gleichsam auf
einer schiefen Ebene[1]). Hingegen spielt die Verdrängung eines
gewissen Luftquantums durch den Vogelkörper in Bezug auf
sein (des Vogels) Gewicht, s o w e i t b l o s s d i e W i r k u n g
d e r S c h w e r k r a f t auf d e n V o g e l selbst in B e t r a c h t
k o m m t, keine Rolle[2]. (Wie ganz anders bei Thieren im
Wasser!) Es ist also offenbar durch das G e f i e d e r n i c h t
eine R a u mvergrösserung an sich (oder gar eine Vergrösserung
des geschwindigkeitsschädlichen Querschnittes[3]) erstrebt, sondern eine F l ä c h e nvergrösserung in geeigneter, vom Flieger
für die verschiedenen Bedürfnisse selbt zu regulirender Winkelneigung gegen die Richtung des Widerstandes. Daher
bieten die grossen Tragflächen unter gewöhnlichen Umständen
ihre schmalere Seite der der Flugrichtung entgegengesetzten

---

[1]) Bei einer bestimmten Fluggeschwindigkeit und entsprechender
Grösse und Winkelneigung der Tragfläche des Vogels ist der Reibungswiderstand im Stande, die senkende Wirkung der Schwerkraft aufzuheben. Ein
grosser Theil dieser Geschwindigkeit kann gerade von der Schwerkraft selber
erzeugt werden, jedoch muss bei ihrer a l l e i n i g e n Wirkung als Geschwin-
digkeitserzeuger doch eine durchschnittliche Senkung erfolgen, da ja wiederum
der Reibungswiderstand einen Theil der lebendigen Kraft, in Form von Ver-
zögerung, verzehrt. Diese Verhältnisse kommen z. B auch bei dem sog.
»Wellenflug« von *Picus, Fringilla* und anderen) m i t in Betracht.

[2]) Ein Bussard z. B. von ca. 1100 Gramm Gewicht verdrängt mit dem
Cubikinhalt seiner Masse nur etwa 3 Gramm Luft; das ist, nebenbei bemerkt,
auch noch sehr viel weniger, als sein Gefieder für sich allein wiegt.

[3]) Dieser »schädliche« Querschnitt ist n i c h t nur d e r maxi-
m a l e, zur Flugrichtung verticale, s o n d e r n auch j e d e Wiederer-
h e b u n g aus der gleichmässig abfallenden »Flugspindel«, auch wenn sie die
Peripherie des maximalen Querschnittes nicht erreicht, führt wenigstens, zu
einer secundären »Stauung« der Luft und in ungünstiger Richtung ver-
mehrten Luftströmungen längs der Oberfläche der Spindel; diese verzehren
aber einen Theil der lebendigen Kraft des sich bewegenden Vogelkörpers
und wirken also verzögernd auf seine Geschwindigkeit. Deshalb ist die Lagerung
der Beine und ihres Gefieders für den Flug (auch abgesehen von anderen
Gründen) von Wichtigkeit.

Widerstandsrichtung, die breitere der der Schwerkraftswirkung entgegengesetzten Widerstandsrichtung dar. Die enorme Vergrösserung der Angriffsfläche für den Luftwiderstand (Reibungs- und Spannungswiderstand) ertreckt sich bis auf die S t r u c t u r u n d d e n a r c h i t e k t o n i s c h e n A u f b a u d e s G e- f i e d e r s, der Federn selbst. Der Gegendruck und die eventuelle Spannkraft der unter Umständen stark gepressten Luft ist dabei auch in der Art der gegenseitigen Deckung, vor allem bei den Handschwingen[1] berücksichtigt. An diesen und an den Steuerfedern ist die eben berührte Structur in grossartiger Weise durchgeführt. — Zur Vermehrung des Reibungswiderstandes dienen in erster Linie die nach unten heraustretenden „Schienen“ der Federabzweigungen („Fiedern“) I. und II. Grades und die Winkel, unter welchen dieselben zur Flügelschlag- und Luftströmungsrichtung stehen; zur Verwertung der Elasticität der Luft die Art und Weise der Verbindung der „Fiedern“ II. Grades untereinander, und die Winkel, unter denen sie ineinander oder eigentlich besser gesagt „aneinander“[2]) greifen. Ferner ist bei näherem Zusehen ersichtlich, dass die O b e r f l ä c h e[3]) (n i c h t: die „o b e r e“ Fläche = Oberseite) der Flügel und des Steuers, sowohl was die Structur der Fiedern, Form und Wölbung der Federn, sowie des ganzen Flügels und die Richtung und Winkelstellung der Federn im Flügelmechanismus selbst anbelangt, nach unten gegen die Wirkungsrichtung der Schwerkraft, ganz ungleich viel mehr Reibungs- und Spannungs-Luftwiderstand finden muss,

---

[1]) Diese haben ja beim Flügelschlag im gleichen Zeitraume einen grösseren Raum zu durchmessen und also auch gegen ihr Ende hin eine succesiv grössere ›Schlag-Geschwindigkeit‹ als die näher dem Körper stehenden übrigen Schwingen. Die Art der Deckung und damit auch zum Theil die Form der Handschwingen ist für die Repräsentanten der verschiedenen Flugtypen zum Theil sehr charakteristisch und bietet bei den verschiedenen Gattungen schöne Vergleiche.

[2]) Denn nur die H ä k c h e n der Fiedern greifen i n die anderen.

[3]) Die flache ›obere‹ Fläche des R u m p f e s, d. h. die für den Luftwiderstand von o b e n in Betracht kommende Aussenfläche des Rumpfes ist, entsprechend dem hier wirkenden allgemeinen Bestreben, so wie so viel kleiner als die ›Unterfläche‹, die ihre Aussenseite durch ihre sehr starke W ö l b u n g für den Reibungswiderstand von unten gegenüber der oberen 'vergrössert; deshalb darf die Structur des Gefieders auf beiden Flächen auch gleichartiger sein, als bei den Flügeln und dem Steuer.

7*

als nach oben[1]). Schon bei sehr mässiger Flug-Geschwindigkeit schlägt aber der Flügel beim gerade Abwärtsschlagen die Luft nicht mit seiner vollen Fläche in verticaler Richtung, vielmehr erfolgt die Luftströmung je nach dem Grade der Fluggeschwindigkeit nicht einfach von unten, sondern mehr oder weniger von vorne nach hinten gegen die U n t e r s e i t e des Flügels[2]), ebenso nachher von vorne nach hinten (nämlich beim Aufwärtsheben der Flügel) gegen ihre O b e r s e i t e. Dabei lassen die Schwungfedern von vorne (= oben) nach hinten (= unten) ziemlich viel Luft zwischen einander hindurch, infolge ihrer Schrägstellung nach vorne (— oben); von vorne (= unten) nach oben (= hinten) jedoch keine u. s. w. Das heisst also, um die in's Unbegrenzte sich erstreckenden gegenseitigen Relationen der Fliegfactoren hiermit zu verlassen, es ist alles und jedes in innigsten Zusammenhang gestellt mit den Aufgaben, die der Flieger je nach Umständen zu lösen hat. Und in diesem Sinne muss auch die „Frage" der „Ständer„haltung von uns gelöst werden — und erst recht vom Vogel!

E u t i n, im März 1896.

---

[1]) Die ganze Schwung- oder auch Steuerfe d e r ist mehr oder weniger ein System von T-Trägern und gewölbten Trag-Schienen; ebenso sind die Fiedern I. Grades nur die »Vertical-schienen der T-Träger, die sie mit einem Theile der Fläche des Fiedernsystemes II. Grades zusammen bilden. Diese Ausbildung in »T-Träger« und »Tragschienen« ermöglicht es der Feder, dem oft mächtigen, wider sie wirkenden Druck-, Zug- und Torsionskräften einen so kolossalen Widerstand ohne Zerstörung ihrer Structur und Form entgegenzusetzen. Ferner ist die Anordnung und Verbindung der Träger und Schienen unter sich so getroffen, dass die Feder einer wesentlichen Auseinanderspannung ihrer Oberfläche fähig ist, ohne dass das Gefüge bräche oder zerrisse, oder für die Luft allzu durchlässig wäre — letzteres wiederum des Reibungswiderstandes wegen, welchen die Luft beim Durchgehen durch dieses Gefüge finden muss. Also mit derselben Construction: Vermehrung der Oberfläche, der Festigkeit und nach gewissen Richtungen auch der elastischen Biegsamkeit!

[2]) Die Vorwärtsbewegung des Körpers beruht also auf einem »Schieben« und »Heben« zugleich.

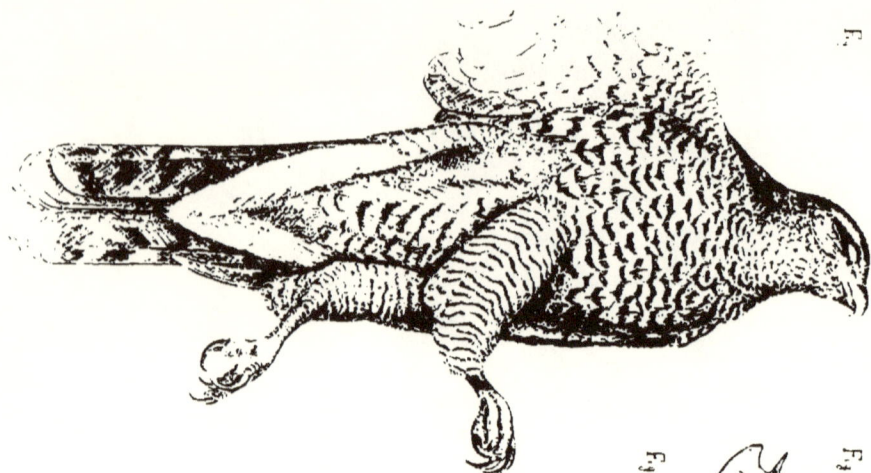

Rich. Biedermann del.

Phototypie Brunner & Hauser, Zürich.

Tafel-Erklärung

Fig. 1. Lagerung der hinteren Extremität im horizontalen Fluge bei *Astur nisus*. Si mittlere Steuerfeder; Se äussere Steuerfeder; OD Ende der Oberschwanzdeckfedern; SUD Steiss und Unterschwanzdeckfedern; UD Ende der Unterschwanzdeckfedern; *a* After; a os pubis; d, d₁ Mittelzehe.

Fig. 2. Die nämliche Lagerung von unten gesehen bei *Falco peregrinus*. H Hosenfedern; a Convergenzpunkt der ossa pubis.

Fig. 3. »Flugspindel« von unten gesehen bei *Archibuteo lagopus*.

Fig. 4. »Flugspindel« von unten-seitlich gesehen mit herausgelegten »Ständern« bei nach unten-rückwärts gezogenen Oberschenkeln (letztere nicht sichtbar), um die »Gefiederhöhle« und den »Fusskanal« zu zeigen, bei *Astur palumbarius*.

Fig. 5. »Flugspindel« von *Clangula glaucion*.

Beiträge zur Fortpflanzungsgeschichte des Kuckucks.

Von V. Čapek.

(Fortsetzung.)

Nr. 224. Typus: *Sylvia cinerea* und zwar der grünlichen Varietät, ohne intensive Flecke; der Grund ist recht intensiv grün. Das Nest befand sich 20 cm tief in einem Uferdamme; das beschmutzte Ei war in der zerzausten Nestmulde eingewickelt. Bei der Präparation kam der zersetzte Dotter in kleinen Stückchen heraus. Das Ei lag also bereits ein Jahr im Neste, was freilich schon am Datum ersichtlich ist.

Nr. 225. Eine ganze Stunde nach dem Ausnehmen des Nestes hielt sich ein graues Kuckucks-♂ ganz in der Nähe auf; es war gar nicht scheu und flog nur ungern fort.

E. Phylloscopus sibilator als Ziehvogel.

Weibchen Nr. 35. Es wäre recht merkwürdig, wenn der Waldlaubvogel der eigentliche Pfleger dieses Weibchens sein sollte! — Kat.-Nr. 226. Fast frisch aussehend. Das Nest wurde von einem Knaben ausgenommen, welcher behauptete, den Brutvogel auf dem Neste angetroffen zu haben. — Nr. 227. Die Nesteier sehr klein. Alles unbebrütet, aber schon lange verlassen, da der Inhalt der Nesteier schon etwas zersetzt war. — Nr. 228. Nur 30 Schritte vom vorigen entfernt, aber bei demselben Laubvogel-Paare. Wieder unbebrütet und verlassen, jedoch noch nicht lange. Die Nestöffnung etwas in Unordnung. Die Nesteier nicht so klein wie die ersten! Der bedrängte Brutpfleger hatte schon ein drittes Nest, nur 20 Schritte weiter. — Nr. 229. Vom letzten Neste etwa 300 Schritte entfernt, wieder unbebrütet und verlassen.

Einzelne Eier bei Phylloscopus sibilator.

Kat.-Nr. 232. M. T. Fast ganz mit den Eiern des Weibchens Nr. 36 übereinstimmend, aber grösser. Frisch; leider habe ich nicht notiert, ob verlassen. — Kat.-Nr. 233. M. T. Die Grundfarbe weiss, die Zeichnung (von der obligaten dreierlei Art) fast nur am stumpfen Ende angehäuft. Nicht verlassen. Mit Nr. 230 das kleinste Stück meiner Sammlung.

F. Die übrigen Ziehvögel.

Kat.-Nr. 234. Typus: *Sylvia cinerea;* die dunklen Punkte fehlen, dafür befindet sich nahe am Pole ein grosser schwarzer

Fleck. Am 24. Mai lag im Neste das erste Ei, am 1. Juni nur das Kuckucksei, welches an der Seite ein kleines Loch hatte; auf dem Boden fand ich Bruchstücke eines Nesteies.

Nr. 235. M. T., etwa *Sylv. cinerea-curruca*; die schwarzen Punkte finden sich meist am Pole. Nicht verlassen. Drei Tage nach Wegnahme des Kuckuckseies lagen die Nesteier auf dem Boden zerschlagen.

Nr. 236. M. T., den blass braunröthlichen Eiern der *S. atricapilla* nahe kommend. jedoch ganz ohne dunkle Flecke. Am 1. Juni waren im Neste 5 frische Eier, tags darauf nur 2 Stücke mit dem Kuckucksei. Ein Nestei lag unversehrt auf dem Boden. die übrigen waren verschwunden. Die Grasmücke legte dann noch ein Ei. aber in ein „Blendnest". 6 Schritte vom ersten entfernt.

Nr. 237. M. T. *Sylv. hort.-curruca*. Im Neste waren 4 befiederte Junge und ein Nestei. Die beiden Eier waren also faul.

Nr. 238. Das Kuckucksei wurde in ein neues, aber noch leeres Nest (am Fundtage) gelegt. Die Sperbergrasmücke legte dann ihre 5 Eier und brütete sie ungehindert aus.

Nr. 239. Siehe Kat.-Nr. 75. Frisch. auf dem Boden Fragmente eines Nesteies; das Weibchen sass auf dem Neste.

Nr. 240. M. T. *(Sylvia)*. Der Grund olivengrün mit matter spärlicher Marmorierung. Alles stark. das Kuckucksei zum Ausfallen bebrütet.

Nr. 241. Der Kranz ist recht deutlich. Das Ei lag schon einige Tage in einem verlassenen Neste.

Nr. 242. Mit dem Ei Nr. 93 demselben Weibchen angehörend. Siehe dort! Nr. 242 bildet einen Doppelfund mit Nr. 48.

Nr. 243. S. T., dem S. T. 3 ? Nr. 18 ähnlich. im ganzen röthlicher. Stark bebrütet. das Kuckucksei in einem höheren Stadium der Entwickelung.

Nr. 244. M. T. *(Sylvia)*. Der Grund ist fast weiss. die Flecke sehr sparsam. Was die Form anbelangt. ist dieses Ei ein Unicum: unverhältnismässig gestreckt (Index 56) und zugespitzt. Das Nest in einer kleinen Baumhöhle am Waldrande. Alles frisch.

Nr. 245. Das leicht sichtbare Nest stand 1½ m hoch auf einer jungen Fichte; 8 Tage vorher flog die junge Brut aus demselben. Das Kuckucksei wurde nur aus Noth in das verlassene Nest gelegt.

Kapitel II.
Verzeichnis der jungen Kuckucke.

Folgende Tabelle zählt 28 junge Kuckucke auf, von welchen ich 23 selbst entdeckte. Im ganzen wurden bei *Erithacus* 13, bei *Rutic. phoenicura* 11, bei *Motacilla alba*, *Sylvia hortensis* und *Rutic. titis* je 1 junger Kuckuck gefunden.

Nr.	Datum		Revier	Nestvogel	Vom ()	BEMERKUNGEN
1	20.6	78	Brünn	Rut. phoenic.	—	Blind und nackt. Vier bebrütete Nesteier lagen neben dem Neste, unten am Abhange Fragmente von einem gefleckten Kuckucksei. Das Weibchen sass fest.
2	29.5	84	A	Erith. rubec.	—	Nackt, 3—4 Tage alt, lag todt im Neste. Kaum 20 cm vor demselben lagen zwei ebenso alte todte Nestvögel.
3	20.6	84	D	Rut. phoenic.	22	13 cm lang, normal befiedert, nämlich dunkel mit einigen weissen Federchen auf dem Oberkopfe. Das Nest stand im Meterholze.
4	14.6	87	B	Erith. rubec.	1	Einige Tage aus dem Neste; die Zieheltern flogen dem Kuckuck immer nach, wohin es ihn beliebte, besonders wenn er seine Stimme hören liess, und fütterten ihn fleissig.
5	29.5	88	B	Erith. rubec.	1	Etwa 9 Tage alt; unter dem Neste Fragmente von 2 Nesteiern.
6	22.5	90	B	Erith. rubec.	1	Siehe die Bemerkung!
7	24.5	90	D	Rutic. phoen.	29	Das Nest in einem erweiterten Spechtloche; 8 Tage alt.
x	30.5 Juni	90	Fa	Mot. alba	33	8 Tage alt; das Nest im Felsen hart bei Oslawan.
9	24.5 Juni	90	E	Rut. phoenic.	29	Siehe die Bemerkung!
10	1.6	91	E	Rut. phoenic.	29	Das Nest unter überhängenden Wurzeln.
11	1.6	91	Fa	Rut. phoenic.	26?	6 Tage alt. Das Nest befand sich in einem alten Kaninchenbaue und vor demselben lagen Reste der Nesteier.
12	15.6	92	G	Rut. titis	26?	Das Nest in einem Schuppen hart am Walde.
13	24.6	92	B	Rut. phoenic.	18	8 Tage alt. Unten am Abhange 2 bebrütete Nesteier und Fragmente eines Kuckuckseies vom Weibchen Nr. 18.
14	24.6	92	B	Erith. rubec.	1	10 Tage alt; unter dem Neste ein stark bebrütetes Nestei; in der Nähe Schalenstücke aus einem Ei des Weibchens Nr. 1.

Nr.	Datum		Revier	Nestvogel	Vom C-	BEMERKUNGEN
15	15·5	94	B	Erith. rubec.	1	Siehe unten die Bemerkung!
16	10·6	94	B	Rut. phoen.	19	Siehe unten die Bemerkung!
17	20·5	95	H	Erith. rubec.	15	Drei Tage alt; 3 Nesteier lagen vor dem Neste.
18	23·5	95	J	Rut. phoen.	27	Etwa 8 Tage alt. Das Nest in einem horizontalen Erdloche am Abhange; vor dem Loche lag ein zerschlagenes und ein ganzes, stark bebrütetes Nestei. Die Alten zeigten sich nicht.
19	23·5	95	J	Erith. rubec.	?	Acht Tage alt; weder Eier, noch Schalenstücke bei dem Neste. Die Pfleger nicht zu sehen.
20	31·5	95	J	Erith. rubec.	11	Eine Woche alt; am Abhange Schalenfragmente. Auch hier waren die Alten nicht anzutreffen.
21	7·6	95	A	Erith. rubec.	?	Etwa 4 Tage alt. Das Nest war im Grase unter einem Lärchenbäumchen versteckt und vor demselben lagen 3 Nesteier.
22	10·6	95	D	Erith. rubec.	?	Etwa eine Woche alt; vier Eier unter dem Neste.
23	14·6	95	G	Rutic. phoen.	26	Etwa 10 Tage alt. Neben dem Neste, welches unter einem überhängenden Ufer stand, lag ein unbebrütetes und ein stark entwickeltes Ei. Das *Ruticilla*-Männchen fliegt ängstlich herum.
24	19·6	95	B	Syl. hort.	38	8 Tage alt, hat schon kaum Platz im Neste. Auf dem Boden Fragmente von einem Nestei. Das Weibchen hüpft ängstlich herum. Wurde von Buben zerstört.
25	23·6	95	C	Rut. phoen.	—	Etwa 13 Tage alt. Das Nest war im Meterholze recht tief versteckt. Die Adoptiveltern fütterten fleissig.
26	24·6	95	J	Erith. rubec.	—	10 Tage alt. Vor dem Neste lagen 5 unbebrütete Nesteier!
27	30·6	95	C	Erith. rubec.	—	Siehe unten die Bemerkung!
28	Mai	92	J	Rut. phoen.	27	8 Tage alt. Das Nest befand sich in der Lücke einer Mauer, hart an der Bahn. Neben dem Neste lagen 3 Nesteier und das unbebrütete Kuckucksei Nr. 168. Der Bahnwächter Klima legte die drei Nesteier wieder ins Nest, aber nach einer Stunde fand er sie wieder am alten Platze und zwar wieder so, „als wenn sie ein Mensch vorsichtig neben einander gelegt hätte."

Bemerkungen zum Verzeichnisse der jungen Kuckucke.

Nr. 6. Der Kuckuck war 8 Tage alt und hatte die kleine Nisthöhle unter einem Busche im Grase bereits nach hinten erweitert. Bei meiner Annäherung sperrte er den orangegelben Rachen auf, sträubte das Gefieder, besonders am Kopfe, erhob und senkte sich langsam fast wie eine Kröte, blinzelte mit den Augen, schnellte den Kopf vor und stiess heftig nach dem Finger; so machen es die jungen Kuckucke immer, wenn sie etwas erwachsen sind und beunruhigt werden. Nach einer Woche war er, obzwar noch nicht flugfähig, schon aus dem Neste fort, und nur durch seine um Futter bettelnde Stimme hatte er sich mir verrathen. Wie ich derselben vorsichtig nachgieng, erblickte mich der besorgte Brutpfleger, liess seinen Warnungsruf hören, und sogleich verstummte der ewig hungrige Schreihals. Dieselbe Beobachtung machte ich später noch einigemal. Es ist dies ein Beweis, wie gut der junge Kuckuck seinen Brutpfleger kennt.

Nr. 9. Folgende Beobachtung wurde mir von einem verlässlichen Manne mitgetheilt: Im Neste, welches sich in einer recht offenen Höhlung in einem Baumstocke befand, sass neben dem Kuckuck noch ein junger Nestvogel; beiden sprossten bereits die Kiele hervor; drei Nestvögel lagen jedoch draussen todt, von Ameisen angefressen.

Nr. 15. Das Rothkehlchen sass fest auf dem kaum 3 Tage alten, natürlich ganz nackten und blinden Kuckucke. Am Abhange unter dem Neste lag ein todtes Junges des Brutpflegers, einen Tag alt. Ich machte nun folgendes Experiment. Um das Thun des jungen Parasiten zu beobachten, brachte ich zu demselben (da ich momentan junge Rothkehlchen nicht zur Verfügung hatte) eine Kohlmeise des gleichen Alters. Obzwar ich das Vögelchen direkt über den Kuckuck legte, damit dieser den lebendigen Körper fühle, fand ich nach drei Stunden die Situation unverändert, und der Kuckuck war völlig machtlos, seine Alleinherrschaft im Neste zu behaupten. Als ich nach drei Tagen, also am 18. Mai, wiederkam, war die Kohlmeise spurlos verschwunden. (Unter dem Abhange fliesst ein Bächlein!) Ich legte nun eine andere aus demselben Neste zum Kuckuck, der sich ihr gegenüber wieder ganz indifferent verhielt; die Augen der beiden öffneten sich schon als schmale Spalten, auch die Kiele zeigten die Spitzen. Diese beiden Fremdlinge blieben nun im Rothkelchen-Neste beisammen durch volle z w ö l f T a g e! Sie wuchsen schön heran und vertrugen sich vortrefflich. Ich besuchte sie jeden zweiten Tag; die Kohlmeise drückte sich in meiner Gegenwart ins Nest, der Kuckuck trieb die oben geschilderten Possen. Platz hatten Beide genug, da ich ihnen bei Zeiten das Nest erweitert hatte. Gewöhnlich sass der Kuckuck vorne im Neste, die Meise rückwärts; nur einmal fand ich es umgekehrt. In den ersten Tagen sass das betrogene Weibchen eifrig im Neste; auch später zeigten die Eltern grosse Besorgnis um ihre ungewöhnliche Brut. Am 31. Mai war die Kohlmeise verschwunden; flugfähig war sie ja schon. Am 4. Juni sass auch der Kuckuck 2 Schritte vom Neste entfernt; in die Hand genommen, liess er ein Gekreisch hören, der Stimme der jungen Thurmfalken nicht unähnlich. Ich gab ihn zurück in das Nest, aber nach 2 Tagen war er nicht zu finden, selbst die Alten zeigten sich nicht mehr.

Nr. 16. Das Nest befand sich in einem ganz kleinen Baumloche, welches sonst nur von *Muscicapa collaris* oder *Certhia familiaris* bezogen wurde. Am 10. Juni war der Kuckuck acht Tage alt und füllte die ganze Höhle aus; nach drei Tagen konnte er sich nicht mehr rühren. Ich bereitete für ihn eine bequemere Wohnung in einem Baumstocke, 6 Schritte vom Neste entfernt, und die Ziehvögel fütterten ihn ruhig weiter.

Nr. 17. Der Kuckuck war 4 Tage alt, blind und nackt, nur die Spitzen einiger Kiele sprossten hervor; der ganze Körper hatte die (für den Kuckuck in diesem Alter recht charakteristische) bekannte dunkle Färbung von violettem Ton. Am Abhange, 1 m unterhalb des Nestes, lag im trockenen Laube ein Nestvogel, nur einen Tag alt, lebend, aber mit einer mit Blut unterlaufenen Wunde am Oberkopfe. Ich legte das Vögelchen ins Nest und fand es neben dem Kuckuck noch nach einer Stunde. Tagsdarauf war es jedoch spurlos verschwunden; die Alten waren nicht zu sehen. Ich legte 2 junge Rothkehlchen zu dem Kuckuck, beobachtete eine Stunde lang, aber es fand keine Veränderung statt. Endlich gab ich den Kuckuck in das Nest eines Gartenrothschwanzes, in dem sich

4 Junge befanden, die etwa 6 Tage alt waren. Da sich dieses
Nest recht tief in einer Baumhöhle befand, war es wenigstens
dem jungen Kuckuck unmöglich, die Nestvögel hinauszuwerfen.
Am zweiten Tage fand ich alles in Ordnung, nur befand sich
der Kuckuck über den anderen Jungen; nach drei Tagen lag
er jedoch todt neben dem Nestrande, die Nestvögel waren frisch
und munter. Wahrscheinlich war der Kuckuck von Anfang
an krank.

Kapitel III.
Einiges aus der Biologie des Kuckucks.

A. Über die Häufigkeit des Kuckucks bei uns.

Das mehr oder minderhäufige Vorkommen des Kuckucks
in einer Gegend hängt von der Häufigkeit seiner Brutpfleger
und von deren Mannigfaltigkeit ab, die wieder mit den Ver-
schiedenartigkeiten der Terrain-, Local-, Vegetations- und Cul-
turverhältnisse im Zusammenhange steht.

In dieser Hinsicht ist mein Beobachtungsgebiet für den
Kuckuck recht günstig. Jede Gegend hat übrigens sozusagen
ihre durch viele Generationen bei bestimmten Ziehvögeln aus-
gebildeten Stämme von Kuckucksweibchen.

Im allgemeinen kann man sagen, dass die Zahl der
Kuckucke in einem Gebiete gewöhnlich überschätzt wird.

Die Anzahl der Männchen für einen grösseren Rayon
anzugeben, ist recht schwer. Man kann nur nach dem Rufe
schätzen, aber der scheu und unstätige Vogel macht eine richtige
Schätzung unmöglich. Nur in einem kleineren und gut bekannten Reviere ist es leichter, namentlich wenn die hitzigen
Männchen durch das herausfordernde Kichern eines Weibchens
gereizt, auf einmal von allen Seiten eifrig zu rufen beginnen. Von
meinem Gebiete kann ich sagen, dass die Zahl der Männchen
diejenige der Weibchen um ein Geringes übersteigt.

Die Anzahl der Weibchen kann man schon genauer angeben, da dieselben sozusagen ihre Visitkarten im Reviere
zurücklassen: ihre Eier. Im Jahre 1895 haben in den Revieren
A bis II etwa 45 Kuckucksweibchen ihre Eier abgelegt.

Rothe Kuckucke sind bei mir (wie in Mähren überhaupt) keine besondere Seltenheit; in einem jeden der ge-
nannten Reviere ist etwa ein rothes Exemplar ($\stackrel{+}{\circ}$) zu beobachten.

Jedes Revier hat seine eigenen, ich möchte sagen „endemischen" Weibchen (mit ganzen Suiten von Eiern), ausserdem wird
hie und da ein von einem benachbarten oder herumvagierenden
Weibchen herrührendes Ei im betreffenden Reviere entdeckt.
Präcise Daten besitze ich z. B. aus dem Reviere B. Daselbst legten:

Im Jahre 1892   5 „endemische" und 2 fremde Weibchen.
,,   ,,   1893   5   ,,   ,,   3   ,,   ,,
,,   ,,   1894   5   ,,   ,,   0   ,,   ,,
,,   ,,   1895   4   ,,   ,,   1   ,,   ,,

Über die Häufigkeit der Kuckucke und deren Brutpfleger
werden wir theilweise auch durch die Tabelle der im Jahre 1895
revidierten Pflegernester belehrt.

Brutpfleger	Revidierte Nester	Vom Kuckuck benützte Nester	%$_0$ der benützten Nester	Gemachte Funde	Anmerkung
Erithacus rubec. .	67	28	42	36*)	*) incl. 8 Doppelfunde
Ruticilla phoenic.	55	17	31	19*)	*) incl. 2 Doppelfunde
Lanius collurio	85	6	7	6	
Motacilla alba .	12	2	16	2	
Phyll. sibilator .	30	8	27	8	

V e r n i c h t e t e   B r u t e n. Trotzdem von sämmtlichen
Kuckucks-♀ jährlich eine stattliche Anzahl von Eiern gelegt
wird. ist doch eine Zunahme der Kuckucke kaum wahrnehmbar.
Das ist kein Wunder; denn wieviele Feinde bedrohen ihre
Brut, seien es Eier oder Junge!

Aber auch ohne diese Feinde erreichen viele Kuckuckseier nicht das Ziel ihrer Bestimmung, indem sie infolge von
verschiedenen n a t ü r l i c h e n widerwärtigen Umständen zugrunde gehen, wie es folgende Übersicht zeigt.
Im ganzen enthalten meine beiden Verzeichnisse 273 Funde.

Davon wurden:
1. Vom Brutpfleger verlassen . . . . .   39 Eier. d. i. 14$^n_0$
2. Vom ♀ in ein verlassenes Nest gelegt   33 ,,   ,, 12$^n_0$
3. Ausserhalb des Nestes lagen . . . . 19 ,,   ,, 7$^0/_0$
4. In Doppelfunden wären zugrunde gegangen 14 ,,   ,, 5$^0/_0$
Zusammen 105 Eier oder 38$^0/_0$! Also nicht einmal zwei Drittel
der sämmtlichen Eier gelangten wirklich zur Bebrütung.

B. Rayons der Männchen und Weibchen.

Jeder Kuckuck, ♀ sowie ♂, hat sein bestimmtes, bald grösseres, bald engeres Sommergebiet, in welches er jährlich zurückkehrt.

Da ich mich im Grunde der Ansicht anschliesse, dass der Kuckuck in Polygamie lebt, so ist es nothwendig, die Rayons der beiden Geschlechter separat zu besprechen.

1. Rayons der Männchen.

Es ist eine schwierige Aufgabe, die Ausdehnung derselben festzustellen, da wir nicht imstande sind, die einzelnen Männchen zu unterscheiden. Möglicher wäre es in einem kleineren und etwas isolierten Reviere, wo man durch längere Beobachtung die beliebten Stationen der einzelnen Männchen kennen zu lernen vermöchte.

Das beste Mittel, also auch das sicherste Unterscheidungsmerkmal eines ♂ ist eine Abnormität im Rufe.

In meinem Gebiete ist z. B. ein solches Männchen, ein s. g. „Überschnapper", dessen Ruf sehr auffallend ist; er lautet nämlich: „Kuiku", wobei der Laut - i -- kurz und um eine Quinte höher ist als die beiden anderen Silben, etwa: h—fis—h. Dieses Männchen ist mir bereits drei Jahre bekannt; im letzten Jahre rief es öfters auch ganz normal. Sein Gebiet ist Fa, b, c, also kein Waldrevier, sondern nur zwei kleine isolierte Wäldchen, grössere Obstbaumanlagen und bewachsene Flussufer mit dazwischen liegenden Feldern; der grösste Durchmesser dieses Rayons beträgt 5 Km. Im Walde wird sich jedes Männchen mit einem bedeutend engeren Gebiete begnügen müssen.

Dass die Kuckucksmännchen ihr Revier gegen jeden Eindringling vertheidigen, habe ich einigemal beobachtet.

2. Rayons der Weibchen.

a) Grösse und Beständigkeit derselben.

Die jungen Vögel, also auch die jungen Kuckucke ziehen

im Frühjahre dorthin, wo sie das Licht der Welt erblickten.*) Die jungen Kuckucks-♀ werden aber höchst wahrscheinlich von der eigenen Mutter nicht geduldet, sondern möglichst bald vertrieben, so dass sie nur in den seltensten Fällen irgend ein Ei im heimischen Reviere oder nicht weit davon unterbringen können. Das junge Weibchen siedelt sich dann wahrscheinlich in grösserer Entfernung an, streift, wie es scheint, im ersten Legejahre recht weit herum und sucht sich möglicherweise im zweiten Jahre ein günstigeres Revier aus, welchem es dann wohl für das ganze Leben treu bleibt.

Über alle diese Verhältnisse belehren uns die gefundenen Kuckuckseier. Ich unterscheide in dieser Hinsicht:

a) Weibchen mit einem bestimmten Rayon;
b) herumvagierende (immer junge?) Weibchen.

Weibchen der ersten Kategorie kommen in ihr erwähltes Revier regelmässig jedes Jahr zurück, ja viele von ihnen sind so conservativ, dass man ihre Eier durch mehrere Jahre oft auf einer engbegrenzten Fläche, in derselben Gebüschgruppe, in derselben Schlucht, ja sogar in derselben Höhlung findet!

Allgemein kann man sagen: Weibchen, die ihre Eier einem häufigen Vogel unterschieben (bei mir z. B. *Lanius coll.*, *Erithacus*, *Ruticilla phoen.*, *Phyll. sibilator*), brauchen naturgemäss ein viel beschränkteres Gebiet als Weibchen, welche die sporadisch zerstreuten Pärchen ihrer Pflegerart (bei mir z. B. *Mot. alba*) im grösseren Umkreise aufsuchen müssen.

Von den zahlreichen mir zu Gebote stehenden Beispielen werde ich nur die wichtigsten anführen.

1. ♀ Nr. 1 legte seine Eier (21 Funde) durch neun Jahre auf einer Fläche im „Teichelwalde", die in der Länge etwa

*) Bei alten Vögeln bedarf es in dieser Hinsicht für einen Ornithologen, besonders aber Oologen, keiner Beweise mehr. Aber auch bei jungen Vögeln muss dasselbe angenommen werden, wie es öfters die Vermehrung einer Vogelart in einer bestimmten Gegend voraussetzt; bei mir habe ich besonders an *Muscicapa collaris* und *Emberiza hortulana* einen genügenden Beweis. Würden die jungen Vögel nicht in ihre Heimat zurückziehen, könnte man: 1. Überhaupt von der Verbreitung der Art, die oft mit scharfen Linien markiert ist, gar nicht sprechen; — freilich will ich dieselbe nicht für etwas Starres und Unveränderliches erklären! 2 Auch die Entstehung von Localrassen, mit welchen die moderne Ornithologie rechnen muss, wäre unmöglich. Es dürfte jedoch vielleicht nicht überflüssig sein, in puncto „Localrassen" das alte gute „Nil nimis!" mehr zu beachten.

1200. in der Breite 700 Schritte misst; 7 Eier fand ich sogar während dieser Zeit in einer kleinen Schlucht auf einer Strecke von 130 Schritten!

2. Dasselbe Gebiet und in genau derselben Ausdehnung bewohnte bereits durch 4 Jahre auch das ♀ Nr. 2. (11 Funde).

3. Weibchen Nr. 32 brachte seine Eier (15 Funde) drei Jahre hindurch in zwei schmalen Gebüschstreifen zu beiden Seiten des Oslawaflusses unter, die etwa 300 m von einander entfernt und zusammen 550 Schritte (!) lang sind; nur 4 Eier wurden 300—400 Schritte abseits gelegt.

4. Durch 7 Jahre nacheinander sammelte ich im „Teichelwalde" Eier (23 Funde) des ♀ Nr. 18 auf einer breiten Lehne von 800 Schritten Länge; nur 3 Stücke fand ich 500 Schritte seitwärts. Dazu wurden 6 Eier im Laufe von 5 Jahren in derselben Baumhöhle entdeckt.

5. Gleich daneben war das Weibchen Nr. 19 angesiedelt, dessen Rayon nur etwa 700 Schritte lang und 500 Schritte breit war, und von dem ich in 4 Jahren 13 Funde machte. Auch dieses Weibchen legte je ein Ei in zwei auf einander folgenden Jahren in dieselbe Baumhöhle.

Auch die Eier der Weibchen Nr. 5, 7, 14, 20, 28. 30. 35 etc. wurden immer in einem engen Umkreise gesammelt.

Anders verhält es sich mit dem Weibchen Nr. 33, welches mir bereits 10 Jahre, aber nur aus 4 Funden bekannt ist, und diese Funde waren in drei Fällen etwa $1\frac{1}{2}$ Km von einander entfernt; ja ich bin der Meinung, dass dieses Weibchen seinen Brutpfleger (*Mot. alba*) noch weiter an Bächen und in Waldschlägen aufsuchen musste. Ausserdem muss sich dieses Weibchen mit den zweiten Gelegen der Bachstelze begnügen, deren Unregelmässigkeit ihm die Suche noch erschwert. Ähnlich wird es auch bei anderen zu Mot. alba legenden Weibchen sein, da dieselben (wenigstens bei mir) keinen anderen Brutpfleger benützen. und da *Mot. alba* bei mir nicht sehr häufig ist.

Herumvagierende Weibchen. Selbst in einem gut controlierten Reviere findet man ab und zu ein ganz unbekanntes Kuckucksei. welches trotz allen Suchens meist für immer ein Unicum bleibt. Ich schreibe solche Eier meist jungen, noch nicht fest angesiedelten, also wahrscheinlich weit herumschweifenden

Weibchen zu, welche sich wohl im folgenden Jahre ihr Revier in der Umgebung aussuchen können (z. B. Weibchen Nr. 3, 37), grösstentheils aber auf immer verschwinden. Hieher gehören besonders die Unica von *Lanius collurio* (Nr. 211—214), da in allen diesen Fällen zahlreiche *Lanius*-Nester in der Nähe sich befanden; auch war in diesen Fällen k e i n e (ebenfalls zu *L. collurio* legende) ältere Concurrentin da, die das Weibchen vertrieben hätte.

Dass sich auch ein bereits fest angesiedeltes Weibchen aus der Nachbarschaft recht weit über die Grenzen seines Gebietes verfliegen kann, um ein Ei abzulegen. halte ich — als eine Ausnahme — für nicht ausgeschlossen, obzwar mir keine Beweise vorgekommen sind.

b) Verschwinden der Weibchen aus dem Reviere und Zuzug von neuen Weibchen.

Häufig kommt es vor, dass man Eier eines bekannten Weibchens im gewohnten Gebiete trotz aller Mühe nicht mehr findet, das Weibchen also fehlt. Für manche Fälle ist Dr. Rey der Ansicht (l. c. p. 40), dass „manche Weibchen ihre Reviere periodisch zu wechseln scheinen". Mir sind bis jetzt keine Belege für diese Ansicht vorgekommen. Wo sich in meiner Tabelle Pausen zeigen. handelt es sich meist um ein Weibchen, welches ein grösseres. nicht genau controlierbares Revier bewohnte.

Am meisten war ich im Jahre 1895 durch die Abwesenheit der alten Weibchen Nr. 18. 19 und 20 überrascht. Im Jahre 1896 werde ich mich natürlich nach ihnen sorgfältig umsehen. Ganz ähnlich ist es mit den Weibchen Nr. 6, 14, 28, 30 etc., die nach 2—5-jährigem Aufenthalte bereits 3—4 Jahre fehlen. Was ist mit diesen Weibchen geschehen? Ich glaube, dass sie irgendwie zugrunde gegangen sind.

Als Ersatz für die verschwundenen kommt gewöhnlich ein neues Weibchen in das Revier. Dass man auf einzelne Funde kein grosses Gewicht legen kann, weil die Eier Unica bleiben, haben wir oben gesehen. Gegen die Vertreibung alter Weibchen durch neue. spricht der Umstand, dass sich für das betreffende Weibchen in seinem Rayon und bei seinem Zieh-vogel oft kein Ersatz einstellt.

Die neuen Weibchen sind in grosser Majorität ganz

8

fremd. d. h. ganz anderen Familien oder Stämmen angehörig; nur selten ist bei ihnen eine Verwandschaft mit einem endemischen Weibchen erkennbar. Darüber soll im Abschnitte „Erblichkeit der Typen" näher berichtet werden.

C. Einige phaenologische Daten aus dem Leben des Kuckucks.

Wir wollen nun einen flüchtigen Blick auf das Leben des Kuckucks bei uns werfen. Als Grundlage führe ich zuerst eine Übersicht einiger phaenologischer Daten aus den letzten 12 Jahren an.

1884 — 1895.

Jahr	Ankunft		Legezeit		Tage seit der Ankunft bis zum ersten Ei	Dauer der Legezeit
	der erste	mehrere	das erste Ei	das letzte Ei		
1884	13·4	17·4	0·5	..	26	- -
1885	12·4	—	7·5	—	25	—
1886	11·4	18·4	—	—	—	—
1887	14·4	—	5·5	—	21	—
1888	16·4	17·4	6·5	—	20	—
1889	9·4	20·4	—	—	—	—
1890	7·4*)	12·4	1·5	26.6	24	57
1891	13·4	20·4	28·4	15·6	15	49
1892	6·4	12·4	6·5	23·6	30	49
1893	13·4	20·4	8·5	15·6	25	39
1894	31·3	5·4	26·4	9·6	26	45
1895	8·4	15·4	30·4	21·6**)	22	53
Durchschnitt	10·4	15 -16·4	3 -4·5	18·6	23—24	48

Unbrauchbare Daten sind weggelassen worden. Aus der Tabelle ergeben sich für meine Gegend folgende Resultate:

1. Der erste Kuckuck erscheint zwischen dem 31·3 und 16·4. durchschnittlich am 10·4.

2. Häufiger ist er vom 5. bis 20. April, durchschnittlich vom 15. bis 16. April.

3. Das erste Ei wurde gelegt zwischen den 26. April bis 9. Mai, durchschnittlich am 3. bis 4. Mai.***)

*) Ein verlässlicher Beobachter will jedoch schon am 30·3 den Kuckuck vernommen haben: diese Angabe ist recht glaubwürdig. da die Witterung damals sehr günstig war. Nach den Mittheilungen des Prof. G. Kolombatović zieht der Kuckuck schon im letzten Drittel März in Dalmatien durch

**) Aber noch am 27. Juni hörte ich ein Weibchen rufen.

***) Drei Daten aus dieser Rubrik sind nach dem Alter der jungen Kuckucke angegeben worden.

4. Das letzte Ei wurde gelegt zwischen dem 9. bis 26. Juni, durchschnittlich am 18. Juni.

5. Vom ersten Erscheinen bis zum ersten Ei verliefen 15 bis 30, im Durchschnitte 23 Tage.

6. Die ganze Legezeit dauerte 39 bis 57, durchschnittlich 48 Tage.

1. Einiges über die Ankunft und Paarung des Kuckucks.

In den meisten Fällen werden wir durch den allbekannten und ersehnten Ruf des Vogels über dessen Ankunft in Kenntnis gesetzt. Es entsteht kein Fehler, wenn man dieses Datum als das Ankunftsdatum bezeichnet, besonders wenn an den vorvorhergehenden Tagen günstige Witterung herrschte; ich widerspreche auf Grund von sehr zahlreichen Beobachtungen der in einem Fachblatte ausgesprochenen Ansicht, dass kein Vogel gleich am ersten Tage seiner Ankunft singe. Im Gegentheil! Viele lassen sogleich munter ihr Hochzeitslied erschallen.

– Bei mir heisst es im Volke allgemein, dass der Kuckuck nicht früher rufe, bevor er nicht vom grünen Hafer gefressen habe.

Allmählich treten die Kuckucke häufiger auf und besetzen in voller Zahl ihre alten Reviere. Bedeutend später, etwa in 20 Tagen nach der ersten Ankunft, fangen auch die Weibchen an, ihre Stimme hören zu lassen.

Zu dieser Zeit macht sich der Kuckuck gehörig bemerkbar. Man mache nur einen Gang durch den Wald, so wird man sich überzeugen, wie der Kuckuck unsere Wälder belebt, und man wird sich nicht wundern, dass der Vogel so allgemein bei Jung und Alt beliebt ist! Dort vom dürren Gipfel einer uralten Eiche strengt sich ein Männchen schon eine Weile aus voller Kehle an. Mit gesenkten Flügeln, den fächerförmig ausgebreiteten Schwanz langsam hebend und senkend, dreht und verbeugt sich der verliebte Vogel nach links und rechts. In den Zwischenpausen ertönt drüben von der Lehne der Ruf eines anderen Männchens zur Antwort, als wenn es sagen wollte: „Ja, da bin ich zum Schutze meines Gebietes!" — Viel lebendiger wird jedoch die Scene, wenn plötzlich aus dem schattigen Dunkel des Waldes das laute uud einladende Quicken des Weibchens, ein volltöniges Gekicher, wie „gagagagagagaga" erschallt, welches die sämmtlichen Männchen aus der Umgebung

8*

sozusagen elektrisiert.! Von drei vier Seiten ertönt nun
der hitzige Ruf der Männchen, das eine sucht das andere zu
überbieten, das normale „Kuku" wird öfters zum dreisilbigen
„Kukuku", und das nächste Männchen, der Beherrscher des
Rayons, kommt nach den Weibchen spähend herangeflogen,
oft selbst im Fluge rufend oder ein dumpfes „Ochachacha"
ausstossend; auch einen taubenartigen hohlen Ton, etwa wie
„hug" oder „uhug" kann man ab und zu vernehmen. Nicht
selten geschieht es, dass zwei oder auch drei Männchen demselben Weibchen nachjagen. (Sonst ist der Flug des Kuckucks
als langsam, ich möchte sagen, bequem spielend zu bezeichnen.)

2. A b l a g e d e r E i e r.

a) N e s t e r s u c h e. Bei diesem wichtigen Geschäfte geht
das Weibchen wie ein erfahrener Oologe vor. Es kennt seinen
bevorzugten Brutpfleger, dessen verschiedenartige Nistplätze
und Bauart des Nestes und dessen Eier sehr genau. Es findet
die Pflegernester auf zweierlei Art :

1. Oft bloss durch Beobachtung des Brutvogels. Es findet
ja auch die bestverstecktesten Nester, die kaum durch Suchen zu
entdecken sind; auch z. B. die Nester von *Mot. alba* oder
Rutic. phoenicura in Holzstössen oder in Haufen von Bündel-
holz kann der Kuckuck nur nach dem Ab- und Zufliegen der
Alten entdecken. Man sieht ja auch das Weibchen öfters, wie
es ganz still heranfliegt und von einem der unteren Baumäste
vorsichtig Umschau hält.

2. Viele Nester findet der Kuckuck durch wirkliches
Suchen, d. h. durch langsames Revieren und Durchstöbern der
Gebüsche. In verlassene Nester gelegte Eier beweisen dies ge-
nügend.

A n m e r k u n g. Die Nester künstlich auffallender zu
machen, damit der Kuckuck dieselben früher benütze, habe ich
öfters versucht und gute Resultate erzielt. Ich kann dieses
Verfahren jedoch höchstens bei verlassenen Nestern empfehlen.
da für ein besetztes Nest die Alten das beste Lockmittel bleiben und zweitens sind die durch jenes Verfahren zustande ge-
brachten Eier wissenschaftlich immer minderwertig.

b) W i e u n d w a n n w e r d e n d i e K u c k u c k s e i e r
g e l e g t ? Das Kuckucksweibchen kann sich in den meisten
Fällen nicht direkt auf das Pflegernest setzen; denn dieses ist

oft zu klein und zu leicht gebaut oder es befindet sich in einer engen Höhlung oder es würden die Eigenthümer dem Kuckuck nicht einmal die nöthige Zeit und Ruhe dazu gönnen. Folglich ist das Kuckucksweibchen gezwungen, sein Ei auf den Erdboden zu legen, worauf es in den Rachen genommen und in das vorher aufgesuchte Nest gebracht wird. Es kommt dabei vor, dass das Ei an regnerischen Tagen hie und da von Lehm beschmutzt wird. (Kat.-Nr. 60).

Die meisten Eier legt der Kuckuck (die Singvögel regelmässig) in den Morgenstunden; jedoch auch in dieser Hinsicht kommen bei ihm Ausnahmen vor, wie man überhaupt bei diesem Vogel fast in jedem Punkte mit Ausnahmen zu thun hat. Viele Eier werden nämlich auch recht spät nachmittags gelegt; so wurden z. B. die Eier Nr. 37, 74, 84 um 5 Uhr nachmittags ins Nest gebracht.

c) Wann wurde das erste Ei gelegt? Der Zeitraum zwischen dem ersten Erscheinen und dem ersten Ei beträgt bei mir 15—30 (abgesehen von diesen beiden etwas extremen Zahlen nur 20—26). durchschnittlich 23 Tage.

Der 26. April (im Jahre 1894, K.-Nr. 93) ist wahrscheinlich überhaupt das früheste Datum in ganz Mitteleuropa. Dass es kein zufälliger Fund war, beweist der Umstand, dass ich gleich am 27. April zwei Eier (Nr. 13 und 127) entdeckte. Überhaupt sind mir 6 im April gelegte Kuckuckseier vorgekommen, 5 bei *Erithacus*, 1 bei *Rut. phoenicura*.

Folgende Übersicht aus dem Jahre 1894, wo der Kuckuck überall sehr zeitlich erschien und infolge dessen auch sehr bald zu legen begann, mag nicht ohne Interesse sein.

Beobachtungs-Ort	Ankunft		Datum des ersten Eies	Früheste Ankunft aus anderen Jahren	Autor
	der erste	mehrere			
England	1·4	5·4	27·4	6·4	Aplin u. Rey
Oslawan .	31·3	5·4	26·4	6·4	V. Čapek
Westerwald .	30·3	6·4	4·5	8·4	C. Sachse

Die Übereinstimmung aller Daten ist sehr auffallend und beweist zugleich eine präcise Beobachtung. Auch das Legedatum 4·5 ist für Mitteldeutschland ein sehr frühes.

(Fortsetzung folgt.)

Buteo ferox in Niederösterreich.

Im Jänner d. J. erhielt Herr Präparator Haffner in Wien einen Vogel zum Ausstopfen, den derselbe für einen Adlerbussard hielt, welche Bestimmung ich auf Ansuchen des Genannten als richtig zu bestätigen in der Lage war. Der Vogel war von Herrn Julius Kwizda von Hochstern eingesendet worden, der die Freundlichkeit hatte, mir folgende wesentliche Daten über die Erbeutung dieses für unsere Gegend sehr seltenen Gastes mitzutheilen und das seltene Stück dem k. k. naturhistorischen Hof-Museum zu verehren. Dasselbe wurde am 16. Jänner bei Ruckersdorf nächst Korneuburg von dem Bauer A. Siger in einem Eisen gefangen, nachdem der Mann bereits am Vortage zwei solcher Vögel, die einen Hasen schlugen, beobachtet hatte. — Gelegentlich der Besprechung dieses Exemplares wurde ich durch die Herren Haffner und H. Glück noch auf zwei andere Exemplare von *Buteo ferox* aufmerksam gemacht, welche in letzterer Zeit in Niederösterreich erlegt worden sein sollten, und es gelang mir auch, bezüglich der Richtigkeit dieser Angaben Überzeugung zu gewinnen. Ein Adlerbussard wurde nämlich Mitte April 1893 auf den sogenannten Ebersdorfer Feldern zwischen Dürnkrut und Zistersdorf vom Revierjäger F. Schach erlegt und befindet sich bei dem Herrn Verwalter Jul. Snischek zu Dürnkrut, dessen Gefälligkeit ich die hier gegebenen Daten verdanke. Der andere kam ungefähr anfangs December 1894 bei Unter-Gänserndorf im Jagdreviere Neuhof des Freiherrn G. von Heine zu Schuss, der so entgegenkommend war, sich auf meine Erkundigung hin persönlich im Hofmuseum davon zu überzeugen, welcher Art der in seinem Besitze befindliche Vogel angehöre.

Buteo ferox wurde, soviel mir bekannt ist, früher erst zweimal in Niederösterreich erlegt und zwar am 15. Februar 1872 im Tullnerfelde (Pelzeln, Verh. d. k. k. zool.-botan. Ges. XXIV. p. 563) und dann am 7. September 1890 bei Gross-Enzersdorf im Marchfelde (v. Tschusi, Orn. Jahrb. I. p. 199).

Nunmehr beträgt nach Vorstehendem die Zahl der für Niederösterreich nachgewiesenen Adlerbussarde fünf Exemplare.

Wien. März 1896.   Dr. L. v. Lorenz.

Abnormer Krähenschnabel.

Beim Durchblättern des IV. Jahrganges (1893) des „Ornithologischen Jahrbuches" fand ich einen Artikel von Johansen über einen abnormen Krähenschnabel. Da der Verfasser am Schlusse seiner Arbeit bemerkt, dass ihm ähnliche Fälle aus der Literatur nicht bekannt geworden wären, so wird es ihn vielleicht interessieren, zu erfahren, dass die ornithologische Sammlung der naturforschenden Gesellschaft des Osterlandes zu Altenburg ebenfalls ein Exemplar der Saatkrähe besitzt, dessen Schnabelbildung fast genau der im oben erwähnten Artikel beschriebenen entspricht. Der Unterschnabel überragt den Oberschnabel um 30 mm, spitzt sich aber nach vorn zu und verläuft genau in der Längsaxe des Schädels. Die obere Seite des Fortsatzes ist rinnenförmig ausgehöhlt. Auf weitere specielle Untersuchung kann ich mich nicht einlassen, da ich das in seiner Statur etwas spärliche Exemplar intact erhalten möchte. Nebenbei erwähne ich noch, dass die oben genannte Sammlung noch eine Nebelkrähe mit einem completen Kreuzschnabel aufweist. Beide Exemplare stammen aus der Umgebung von Altenburg.   Dr. Koepert.

Abnorm gefärbte Nebelkrähe (Corvus cornix L.)

Am 29. Februar bekam das hiesige Landesmuseum „Rudolfinium" eine Nebelkrähe, ♀, welche wegen ihrer abnormen Färbung der Erwähnung wert ist.

Die Krähe wurde von dem städtischen Jagdaufseher Paul Potokar am 28. g. M. im städtischen Revier nächst Laibach erlegt. Der Vogel hat auf der rechten oberen Kopfseite einen weissen Fleck, der sich von der Schnabelwurzel bis zur Mitte des Schädels erstreckt. Weiss sind ferners einzelne Federn, welche die Nasenlöcher decken, dann die Schwungfedern vom unteren Kielende bis gegen das graubraun umsäumte Spitzende. Die Schwanzfedern haben in der Mitte längs des Kiels einen länglichen weissen Fleck, und die Zehen des linken Fusses weisen zwei weisse Krallen auf. Auch das ganze übrige Gefieder ist etwas lichter als wie bei den gewöhnlichen Nebelkrähen; das Auge ist dunkel.

Das hiesige Museum besitzt auch eine Nebelkrähe, die mit Ausnahme eines lichtbraunen Fleckes, der sich von der Nasenwurzel bis auf den halben Kopf erstreckt, ganz weiss ist. Diese Krähe wurde im Jahre 1859 bei Wördl nächst Rudolfswerth in Unterkrain vom Grafen Albin Margheri erlegt.

Laibach, 29. Februar 1896.

Ferd. Schulz.

Otis tetrax in Kroatien.

Am 16. December sah Revierjäger Ant. Wogrinc in Kerestinec gelegentlich eines Revierberganges auf einem Rapsfelde einen ziemlich grossen Vogel stehen, der ihm fremd war. Auf ca. 75 Schritte an ihn herangekommen, schoss der Jäger auf den im Aufstehen begriffenen Fremdling und erlegte ihn, welcher an das kroatische National-Museum eingesandt wurde und sich als Zwergtrappe erwies.

Villa Tännenhof bei Hallein. Februar 1896.

v. Tschusi zu Schmidhoffen.

Otis tarda und Numenius phaeopus in N.-Tirol.

Wie mir Herr Joh. Andreis, Obmann des Vereines für Vogelkunde in Innsbruck, unter dem 12. Februar d. J. mittheilt, erlegte derselbe am 3./II. auf den Höttinger Äckern, unmittelbar vor der Stadt (Innsbruck), eine Grosstrappe ♀. Ihre Flugweite betrug 2 m, ihr Gewicht nur 5 Kg. Weiters berichtet der Genannte, dass Ende Januar d. J. eine Botin aus dem Wippthaler Gebiete einen Regenbrachvogel zu Markte brachte. Beide Stücke wurden ausgestopft.

Villa Tännenhof b Hallein. Februar 1896.

v. Tschusi zu Schmidhoffen.

Nyctea scandiaca (L.) in Böhmen.

Nach mir von Herrn Wilh. Tschochner aus Welmschloss bei Saaz zugekommener Nachricht erlegte derselbe am 23. Februar d. J. im Reviere des Herrn W. Kummer eine Schneeeule, die bis auf einige ganz kleine braune Flecken rein weiss ist. Ihre Flugweite beträgt 150 cm.

Da der Vogel nur leicht geflügelt war, wurde er lebend
erhalten und befindet sich jetzt, wo die Wunde geheilt, ganz wohl,
Villa Tännenhof b Hallein. März 1896.

v. Tschusi zu Schmidhoffen.

Literatur.

Berichte und Anzeigen.

Das Thierreich. Eine Zusammenstellung und Kennzeichnung der
rezenten Thierformen Herausgegeben von der »Deutschen zoologischen Gesellschaft. Generalredakteur: Franz Eilhard Schulze. Probelieferung: *Heliozoa*.
— Berlin 1896. (Verl. v. R. Friedländer & Sohn.)

Das Bedürfnis nach einem, sämmtliche lebende Thierformen systema-
tisch behandelnden Werke war ein lange gefühltes und dringendes. Die
»Deutsche zoologische Gesellschaft« hat sich das grosse Verdienst
erworben, nicht nur diesem Gedanken näher getreten zu sein, sondern ihn
auch zur Ausführung gebracht und sich dadurch den Dank aller sich mit
Zoologie Befassenden erworben zu haben.

Das Werk soll in ca. 25 Jahren fertiggestellt werden. Es erscheint in
Lieferungen zu ca. 3 Druckbogen, Lex. 8, mit den nöthigen Illustrationen.
Jede Lieferung ist separat käuflich. Die Vögel dürften ungefähr 16 Lieferungen
umfassen. Der Einzel Ladenpreis für jede vollständige Lieferung wird gegen
den Subscriptionspreis (ca. 0 70 Mk. p. Bogen) um ein Drittel erhöht.

Die wissenschaftliche Leitung des Unternehmens, wie die General-
redaktion hat geh. Reg.-Rath Prof. Dr. F. E. Schulze in Berlin übernommen,
dem der jeweilige Vorsitzende der »Deutschen zoologischen Gesellschaft«
und der geh. Reg.-Rath Prof. Dr. K Möbius in Berlin als Redactions-
Ausschuss zur Seite stehen. Als Abtheilungs-Redacteur für die Vögel fungiert
Prof. Dr. A. Reichenow in Berlin.

Indem wir dem Unternehmen den besten Erfolg wünschen, verweisen
wir bezüglich des Nähern auf den von der Verlagshandlung ausgegebenen
Prospect und die Probelieferung. T.

J. P. Pražák. Ornithologische Notizen. II. Über einige Varietäten von
Carduelis carduelis. (Sep. a.: »Orn. Monatsb.« IV. 1896. p. 36—39.)

Verfasser bespricht die Variabilität des Stieglitzes in Bezug auf die
Farbenvertheilung auf Grund eines ihm hauptsächlich aus Böhmen vorliegenden
Materials. Wir verkennen nicht den Wert solcher Detailforschungen, da sich
nur durch solches schrittweises Verfolgen der, unabhängig vom Alter, local
vor sich gehenden Veränderungen Aufschluss über die Modification gewisser
Färbungserscheinungen, die sich sonst ohne vergleichende Studien kaum
bemerkbar machen, erlangen lässt; wir können uns aber mit ·der vom Verfasser vertretenen Anschauung, in dem weisskehligen Stieglitz eine Subspecies
zu erblicken, nicht befreunden. Derartige Stieglitze kommen überall vor,

zumeist aber einzeln, wie dies auch bei den weiss- und schwarzkehligen *Fringilla montifringilla* der Fall ist und die doch nur eine individuelle Aberration darstellen, ohne, wie die Subspecies, ein bestimmtes Verbreitungs-Centrum zu haben. Local treten allerdings bestimmte Aberrationen auch zuweilen auf — ich erinnere nur an das von Lindermayer Vög Griechenl. p. 86) erwähnte häufige Vorkommen albinotischer Amseln im Kyllene-Gebirge, dessen bereits Pausanias Erwähnung thut doch stellen selbe auch da nur individuelle Ausartungen dar. T.

L. v. Führer. Wild und Jagd in Montenegro. (Sep a.: »Bosn. Post.« — Sarajevo, 1896. Kl. 8. 20 pp.)

Die gut und übersichtlich geschriebene Brochure eines Jägers und Beobachters in den »Schwarzen Bergen« bietet auch dem Ornithologen Interesse. Vom Federwilde kommt vor: *Tetrao urogallus* (häufig); *T. tetrix* (local nicht selten); *T. tetrix×urogallus* (einmal); *T. bonasia* (nicht selten, 1mal 1 weisses Exempl.); *Perdix saxatilis* und *perdix*, *Coturnix coturnix* (häufig); *Phasianus colchicus* (a. d. albanes. Grenze); *Otis tarda* und *tetrax* (a d. Zuge); *Columba livia*, *palumbus*, *oenas*, *turtur* und *risorius decaocto*; *Scolopax rusticula* und *Gallinago gallinago* (brutend) sind häufig, letzteres, auch die andern Sumpfschnepfen und die Brachvögel auf dem Zuge. An Enten brüten nur *Anas crecca*, *querquedula*, *boscas*, *clypeata*, *strepera*, *nyroca* und *fuligula*. Die meisten Enten werden in Schlingen gefangen. Das Schneehuhn, dessen F C. Kel'er Erwähnung thut, fehlt dem Gebiete vollständig, ist daher aus dessen Ornis endgültig zu streichen. T.

E. Rzehak. Über ökonomische Ornithologie. (Sep. a.: »Orn. Monatsschr.« XXI 1896. 3 pp.)

Da von der Nahrung der Vögel ihr wirtschaftlicher Wert fur den Haushalt des Menschen und der Natur abhängt, tritt Verfasser neben der Untersuchung des Magen- und Kropfinhaltes gewisser verdächtiger und verkannter Vogelarten auch für Prüfung ihrer Gewölle ein. Er beklagt es, dass alljährlich eine Unzahl Raubvögel — »Geier und Eulen — erlegt werden, ohne dass es jemandem einfiele, deren Magen- und Kropfinhalt zu untersuchen. Gewölle*), welche sich besonders an den Schlafstellen der Raubvögel oft in Menge finden, könnten einen guten Aufschluss über die Nahrung der Art ihrer Erzeuger, welche genau festgestellt werden müsste, geben und möchte Verfasser zum Einsammeln derselben anregen. T.

Derselbe. Materialien zu einer Statistik über die Nützlichkeit oder Schädlichkeit gewisser Vogelarten. I. Untersuchungen von Uhugewöllen. (Sep. a.: „Orn Monatsschr." XXI. 1896. 2 pp.)

In 8 Gewöllen des Uhu aus Galizien fanden sich Reste von 2 grossen Buntspechten, 1 Hasen, 1 Feldmaus und 1 kleineren Sänger. T.

---

*) Ich möchte hier auf die exakten Untersuchungen meines verstorbenen Freundes, Pfarrer Jäckel, über Eulengewölle verweisen, welche sich vereinigt in dessen »Vög. Bayern's« (München, 1891) finden. D. Herausg.

Derselbe. Der Frühlingszug von *Ruticilla phoenicurus* (L.) für Mähren und von *Turdus musicus* L. in Mähren und Schlesien. (Sep. a : »Verhandl. naturf. Ver.« in Brünn. XXXIV. 8. 21 pp.)

Verfasser hat sich der dankenswerten Aufgabe unterzogen, die Bearbeitung des Vogelzuges, bez. des e r s t e n Erscheinens der Vögel, in Mähren und Schlesien auf Grund der vorhandenen Aufzeichnungen zu unternehmen. Als mittlerer Ankunftstag des Gartenröthlings ergab sich für Mähren die Zeit »gegen den 30. März«, für die Singdrossel der 19. März und für dieselbe Art in Schlesien der 18.—19. März.   T.

H. Schalow. Henry Seebohm. (Sep. a.: »Orn. Monatsb.« IV. 1896. p. 17—23.)

Eingehende Schilderung der wissenschaftlichen Thätigkeit des kürzlich verstorbenen berühmten englischen Ornithologen.   T.

An den Herausgeber eingelangte Druckschriften.

Lorenz-Liburnau, L. v. (Beschreibung von *Dendrexetastes paraensis* sp. nov.; Demonstration von Paradiesvogelbälgen). — (Sep. a.: Verh. k. k. zool.-bot. Ges. XLV. Vers. 6. XI. 1895.) Vom Verf.

Lorenz-Liburnau. L. v. Über einen vermuthlich neuen Dendrocolaptiden. (Sep. a.: Annal. k. k. naturh. Hofmus. XI. 1896 4 pp. m. Taf. 1) Vom Verf.

Prazak J. P. Ornithologische Notizen II. Über einige Varietäten von *Carduelis carduelis*. (Sep. a.: „Orn Monatsb." IV. 1895. p. 36—39.) Vom Verf.

O. Kleinschmidt. Kreuzschnäbel und Rosengimpel. Mit Bild. (Sep. a.: „Gef. W." XXV. 1896. p. 58—60) Vom Verf.

G. Radde. Bericht über das kaukasische Museum und die öffentliche Bibliothek in Tiflis für das Jahr 1894 und 1895. — Tiflis, 1895. 8. 25 pp. Vom Verf.

Fauna. Verein Luxemburger Naturfreunde. V. Jahrg. — Luxemburg, 1895. — Vom Ver.

L. v. Führer. Wild und Jagd in Montenegro. (Sep. a.: „Bosn. Post." — Sarajewo, 1896. Kl. 8, 20 pp. Vom Verf.

W. Blasius. (Schenkung der W. Hollandt'schen Sammlung an das herz. Mus. in Braunschweig.) (Sep. a.: „X. Jahresb. naturw. Ver." Braunschw. Sitzungsb. p. 86—87.) Vom Verf.

E. Rzehak. Der Frühlingzug von *Ruticilla phoenicurus* (L) für Mähren und von *Turdus musicus* in Mähren und Schlesien. (Sep. a.: „Verh. naturf. Ver." Brünn XXXIV. 8. 91 pp.) Vom Verf.

Das Thierreich. Eine Zusammenstellung und Kennzeichnung der rezenten Thierformen. Herausgegeben von der „Deutschen zoologischen Gesellschaft." Probelieferung. — Berlin, 1896. (Verl. v. R. Friedländer & Sohn.) Vom Verf.

Richmond, C. W. Description of a new species of Plover from the East Coast
  of Madagascar. (Sep. a.: „Proceed. biol. Soc." Washington. X. 1896. p. 53 -54.;
  Vom Verf.
R. Vitalis und J. Dherbey. Traité de Mise en l'eau. -- St. Marcellin, 1896. 8.
  17 pp. V. d. Verf.
O. Koepert. Die Vogelwelt des Herzogthums Sachsen-Altenburg. Altenburg,
  1896. Kl. 4. 38 pp. Vom Verf.

Concilium Bibliographicum.

Das vom 3. Zoologen-Congress begründete internationale
bibliographische Bureau gibt einen analytischen Zettelkatalog
heraus, für den Abonnements auf einzelne Thiergruppen, Or-
gansysteme oder Faunistisches angenommen werden. Derart
functioniert es als literarische Auskunftsstelle für die Zoologie.

Der Preis der ganzen Zettelserie (alphab. oder systema-
tisch geordnet) beträgt 10 Fres. per 1000 Zettel. Für's erste
Jahr wird ihre Zahl auf 8000 geschätzt. Speditionskosten sind
nicht inbegriffen und richten sich nach Art des Versandes. Für
jeden Besteller wird eine laufende Rechnung errichtet, die alle
6 Monate zum Abschlusse kommt. Der Preis für Abonnements
auf besondere Gruppen variiert von 5—60 Fres. Es kosten
z. B.: Vögel 20 Fres., Säugethiere und Fische je 15 Fres. Bei
Abonnement mehrerer Gruppen tritt Preisermässigung ein.

Zettel, betreffend system.-faunistische oder morphologische
Arbeiten, nach den Abtheilungen geordnet, der Vertebrata
werden zu je 25 Fres., solche nach einzelnen Organsystemen
(Haut, Skelett, Muskeln und Bänder etc.) zu je 10 Fres., zusammen zu 40 Fres., abgetreten. Ontogenie. erste Stadien, Oogenie
etc. zusammen 20 Fres.

Wir bitten im Hinweis auf die eminente Nothwendigkeit
einer solchen Anstalt die Zoologen, uns ihr Interesse zuzuwen-
den, sei es durch Zusendung eines Exemplares der Sonderab-
züge (wenn möglich mit kurzer Inhaltsangabe), sei es durch
zahlreiche Abonnements oder Rathschläge. die mit Dank angenommen werden.

Um nähere Auskunft bittet man sich zu wenden an das:
Bibliogr. Bureau, Universitätsstrasse 8, Zürich Oberstrass, Schweiz.

Verantw. Redacteur, Herausgeber und Verleger : Victor Ritter von Tschusi zu Schmidhoffen Hallein.
Druck von Ignaz Hartwig Freudenthal Kirchenplatz 13

Ornithologisches Jahrbuch.

ORGAN

für das

palaearktische Faunengebiet.

| Jahrgang VII. | Juli-August 1896. | Heft 4. |

Ornithologische Beobachtungen in Tomsk*.)

Von H. Johansen, Magd. zool., Realschullehrer zu Tomsk.

Die Reihe der ornithologischen Beobachtungen, die ich diesesmal der Öffentlichkeit übergebe, enthält meine eigenen Beobachtungen des Jahres 1895 und eine Reihe Daten über das Vorkommen mehrerer Vögel im Gouvernement Tomsk, welche auf von verschiedenen Persönlichkeiten zusammengebrachtem Materiale beruhen, das mir zur Ansicht vorlag. Der Liebenswürdigkeit des Professors der hiesigen Universität, Dr. N. Th. Kastschenko, verdanke ich die Aufforderung, das im Laufe der Zeit im zoologischen Museum der Universität angesammelte reiche ornithologische Material, welches sowohl aus der nächsten Umgegend von Tomsk, wie auch aus einigen anderen Kreisen unseres Gouvernements stammt, einer Durchsicht zu unterziehen. Die genannte Sammlung dankt ihre Entstehung dem regen Sammeleifer des Directors des zool. Cabinets, Herrn Prof. Dr. Kastschenko und der Herren Conservatoren E. Pölzam und W. Anikin und habe ich bloss seltenere Formen dieser Sammlung in meinen Bericht aufgenommen.

Während der Sommermonate unternahm ich eine Reise in den südlichsten Theil unseres Gouvernements, den Altai. Die während dieser Reise gemachten ornithologischen Beobachtungen harren noch der definitiven Bearbeitung. Der Herausgeber des „Ornithologischen Jahrbuches," Herr Victor Ritter von Tschusi zu Schmidhoffen, hatte die Güte gehabt, mehrere der von mir hier erbeuteten, mir zweifelhaft erscheinenden Exemplare einer Durchsicht zu unterziehen und ist in liebenswürdigster Weise

---

(* Vrgl. «Orn. Jahrb.» VI. 1895, p. 183—206.

mir stets entgegengekommen, indem er mir Vergleichsmaterial
sandte und mir bezüglich der Literaturangaben bereitwilligst
Auskunft ertheilte. Ihm sei auch an dieser Stelle mein herz-
licher Dank ausgesprochen.

Überall ist, wie auch im ersten Bericht, der neue Stil
angewandt.

Tomsk, 3. Februar 1896.

1. *Falco subbuteo* (L.) Den Lerchenfalken erbeutete ich am
31. Mai im Walde der Chromowskaja Saimka (♀). Bei der
Präparation fand ich ein fast reifes Ei, um welches eine, freilich
bloss wenig Kalksalze enthaltende Membran ausgeschieden war.
Der Lerchenfalke ist somit in der nächsten Umgegend von
Tomsk Brutvogel. Die Masse sind: Tot. 350. Fl. 275. Schw. 140.
Mundspalte 24. Trs. 40. Die Sammlung des zool. Cabinets
der Universität bewahrt ein altes ♀ nebst zwei Jungen auf,
welche Prof. Kastschenko am 19. August 1895. gleichfalls in
der Nähe von Tomsk, geschossen.

2. *Falco aesalon* Tunst. In der Universitätssammlung fand
ich ein ♀ vom 22. Mai 1890 aus der Umgegend von Tomsk.

3. *Falco tinnunculus* (L.) Der Thurmfalke ist der häufigste
der in unserem Gebiete brütenden Falken. Die Universitätssammlung enthält eine ganze Reihe von Gelegen aus dem Jahre
1891. So wurden in dem genannten Jahre am 15. Mai 4 Eier
in einem Krähenneste, am 26. Mai ein Gelege von 6 Eiern,
am 24. Mai ein unvollzähliges Gelege von 3 Eiern gefunden;
das am Nest geschossene Weibchen enthielt ein legereifes Ei.
Am 2. Juni wurden zwei Nester mit je 6 Eiern gefunden. Das
Jahr 1893 zeichnete sich durch plötzlichen Eintritt winterlicher
Kälte mitten im Mai aus. Unsere gefiederten Lieblinge hatten
bei diesem Umschlage in der Witterung einen schweren Stand.
Viele erfroren, noch mehr verhungerten. Das Museum bewahrt
ein verhungertes ♀ unseres Vogels vom 13. Mai 1893 auf. Im
Jahre 1895 sah ich die Thurmfalken zum erstenmale am 11. April.
Das genaue Ankunftsdatum kann ich nicht angeben, da ich im
Laufe einer Woche total verhindert war, Excursionen zu unter-
nehmen. Die Masse eines ♂ vom 22. September sind: Total
340. Flüg. 247. Schw. 160, Mundspalte 22, Trs. 46.

4. *Pernis apivorus* (L.) Die Universitätssammlung besitzt einen Wespenbussard (♂) vom 10. September (die Jahreszahl fehlt auf der Etiquette).

5. *Buteo buteo* (L.) Die ersten Bussarde sah ich an e i n e m Tage mit den Thurmfalken. Die Universitätssammlung besitzt einige Exemplare und ein Nest mit fünf Eiern vom 7. Juni 1891 des gewöhnlichen Mäusebussards.

6. *Aquila chrysaëtus* (L.) In der Universität ein prächtiger Steinadler aus Bijsk. ohne weitere Angaben.

7. *Aquila pomarina* Br. Der Schreiadler ist in zwei Exemplaren aus der Umgegend von Tomsk im Universitätsmuseum vertreten; das eine vom 7. October 1895, das andere vom 22. August (ohne Jahresangabe) ♂.

8. *Haliaëtus albicilla* (L.) Ein Seeadler vom October 1890 hat im zool. Museum der hiesigen Universität Aufstellung gefunden.

9. *Milvus migrans* (Bodd.) Das Universitätsmuseum besitzt ein Weibchen aus der Umgegend von Tomsk (27. Mai 1893) und ein Gelege von drei Eiern vom 7. Juni 1891. von Prof. Kastschenko im Moment aus dem Nest genommen, als die Jungen die Eischale zu verlassen beabsichtigten.

10. *Astur palumbarius* (L.) Bei der im vergangenen Herbste im allgemeinen ziemlich erfolgreichen Jagd auf das Birkwild. das im Jahre 1895 in der Umgegend von Tomsk in recht grossen Flügen vorhanden war, konnte ich beobachten. dass der künstlich nachgebildete Vogel nicht bloss von Schwanzmeisen und Drosseln, sondern auch vom Hühnerhabicht (am 20. October) attaquiert wird. F i n s c h (Reise in West-Sibirien. pag. 233) führt dieses Gebahren der Falken an. Mein auf diese Weise erbeuteter sibirischer Habicht erwies sich als altes, prächtiges Männchen. Die mich auf der Jagd begleitenden russischen Bauern bezeichneten diesen Raubvogel als „Podssuslonnik.“ Die von H o m e y e r und T a n c r é (Beiträge zur Kenntnis der Ornithologie Westsibiriens etc. 1883) erwähnte „prächtige hellaschblaue Färbung“ konnte ich an meinem Exemplar nicht constatieren.

Im zool. Museum fand ich Exemplare vom 25. October 1889 und 13. Mai 1894 aus der Umgegend vom Tomsk.

11. *Accipiter nisus* (L.) Prof. N. Kastschenko schoss am 19. August 1895 einen jungen Sperber bei der Ksensowskaja Saimka.

12. *Circus cyaneus* (L.) Das zool. Museum besitzt ein Männchen juv. vom 13. Juli 1890 aus der Umgegend von Tomsk.

13. *Circus aeruginosus* (L.) Von den Seen der Baraba bei Kainsk besitzt das Universitätsmuseum die Rostweihe in zwei Exemplaren (Männchen) vom 3. und 9. August 1891.

14. *Asio otus* (L.) Als Nachtrag zum Bericht für 1894 habe ich mitzutheilen, dass mir die Bestimmung einer jungen flüggen Eule (Männchen) vom 10. Juli nicht gelang. Herr Victor Ritter von Tschusi hatte die Freundlichkeit, mir mitzutheilen, dass es eine Waldohreule war. Das Universitätsmuseum besitzt von unserem Vogel ein Nest mit unvollzähligem Gelege von nur einem Ei vom 29. Mai 1891 aus Bassandaika bei Tomsk und ein Gelege von 4 Eiern und 3 schon ausgebrüteten Jungen in verschiedenen Altersstadien in einem Elsternnest vom 7. Juni desselben Jahres von der Chromowskaja Saimka, gesammelt von Prof. Kastschenko.

15. *Asio accipitrinus* (Pall.) Das Museum besitzt mehrere Sumpfohreulen und ein Gelege von 5 Eiern vom 3. Juni 1891, vermuthlich dieser Art angehörig.

16. *Pisorhina scops* (L.) Das Museum besitzt ein Männchen vom 20. August 1890 aus der Umgegend von Tomsk von Herrn E. Pölzam.

17. *Syrnium uralense* (Pall.) Die Uraleule ist ungemein häufig bei Tomsk. Ich gebe hier die Masse von zwei Stücken: Männchen, 28. October. Totall. 560, Flüg. 355, Schw. 285, Culm. 48. Trs. 56; Weibchen, 30. December. Totall. 600, Flüg. 370, Schw. 285, Culm. 45, Trs. 50.

18. *Nyctea ulula* (L.) Am 22. September und 6. November erhielt ich je ein Weibchen.

19. *Bubo bubo sibiricus* (Schl. und Susem.) Die Masse eines prächtigen Weibchens vom 30. December sind: Totall. 700, Fl. 505, Schw. 300, Culmen 58, Trs. 70.

20. *Cuculus canorus indicus* (Cab.) Zum erstenmal hörte ich den Kuckucksruf, und zwar den gewöhnlichen Ruf am 18. Mai, doch mag die Ankunft immerhin früher erfolgt sein. Herr Victor Ritter von Tschusi zu Schmidhoffen hatte die

Freundlichkeit, ein übersandtes Exemplar unseres hiesigen Kuckucks mit westeuropäischen zu vergleichen und theilte mir diesbezüglich liebenswürdigst mit, dass dieses Stück „*canorus* sehr nahe steht, sich jedoch durch schmale und blasse Wellung und fast ungefleckte untere Stossdecken unterscheidet.“ Dieses Stück und andere, die ich Gelegenheit hatte, im zool. Museum der hiesigen Universität einer Prüfung zu unterwerfen, stimmen somit mehr oder weniger mit der Form *Cuc. indicus* Cb. überein.

Bezüglich meiner vorjährigen Angaben über den immer noch räthselhaften Tu-tukuckuck *(Cuc. otites)* bin ich die Ergänzung schuldig, dass ich den Ruf Tu-tu sowohl bei Tomsk, als auch in entfernteren Theilen unseres Gouvernements auch bei Tage deutlich vernommen habe. Leider konnte ich keinen Kuckuck unmittelbar nach dem „Tu-tu“ schiessen, so dass die definitive Lösung der Frage, ob wir es hier mit zwei verschiedenen Formen des Kuckucks zu thun haben, hinausgeschoben werden muss. In der Sammlung der hiesigen Universität befinden sich einige Kuckucke, die als *Cuculus saturatus* Hodgson etiquettiert sind und aus der nächsten Umgegend von Tomsk stammen. Ueber den Ruf derselben sind gar keine Notizen vorhanden. Ich hoffe, in nächster Zeit grösseres Material zusammenzubringen und auch die Schwierigkeiten zu überwinden, die sich in Tomsk bezüglich der Beschaffung literarischer Hilfsmittel dem Forschen entgegenstellen.

21. *Jynx torquilla* L. Am 18. Mai beobachtete ich bei Owetschkina ein Pärchen des Wendehalses und schoss das Männchen (Tot. 185, Fl. 86, Schw. 66, Mundsp. 22, Trs. 24). Es ist unzweifelhaft, dass der Wendehals hier Brutvogel ist. Ich habe Eier von 1894 und 1895 erhalten können. In Westsibirien scheint unser Vogel im allgemeinen keine häufige Erscheinung zu sein. Brandt (1845), Schrenck (1860) führen ihn für unser Gebiet wohl an, doch erhielten Homeyer und Tancré (1883) bloss zwei Stück und Finsch (1879) erwähnt bloss eines Stücks in der Sammlung des Directors Slowzoff aus der Umgegend von Omsk. Das Universitätsmuseum besitzt ein Weibchen aus der Umgegend von Tomsk, erbeutet von Prof. Kastschenko. ohne weitere Angaben. Der Güte des Herrn Victor Ritter von Tschusi zu Schmidhoffen verdanke

9

ich ein Männchen aus Hallein vom 3. April vorigen Jahres.
Der genaue Vergleich der beiden Stücke gibt mir zu folgenden Bemerkungen Veranlassung: Die Übereinstimmung ist
eine fast vollständige, jedoch ist die Querstrichelung der Kehle
des von mir erbeuteten Exemplars eine schmälere und blassere
als die des europäischen, wobei diese Zeichnung des letzteren durch
breitere Zwischenräume getrennt wird, als beim Sibirier. Den
auf den gelblichen Wangen scharf hervortretenden kleinen
braunen Längsfleck finde ich bei meinem Stück bloss ganz
schwach angedeutet. Die Fleckung der Unterseite ist im allgemeinen beim Sibirier nicht so dicht und besteht aus kleineren und blasseren Flecken. Wenn sich diese Unterschiede
an einem grösseren Vergleichsmaterial bestätigen, hätten wir
beim Wendehals eine ähnliche Abänderung zu verzeichnen,
wie beim Kuckuck.

22. *Dendropicus major* (L.) Der Buntspecht trommelte
schon am 2. Mai. Am 23. Mai liess ich einen alten Birken-
stamm, in welchem ein Buntspecht seine Brutstätte hatte, auf-
schlagen. Eier waren noch nicht vorhanden. Am 2. Juni erhielt
ich unbebrütete Eier. In der Universitätssammlung ist ein
Gelege von sechs Eiern von der Chromowskaja Saimka vom
12. Juni 1895, das dadurch bemerkenswert ist, dass ein Ei bedeutend kleiner ist als die übrigen fünf gleich grossen Eier.

23. *Dendropicus lenconotus* (Bechst.) Ein Stück vom
26. September 1893, geschossen von Prof. N. Kastschenko,
befindet sich in der Universitätssammlung.

24. *Alcedo ispida bengalensis* (Gm.) Die Masse eines Weibchens vom 2. September sind: Tot. 170, Fl. 75, Schwanz 33,
Mundsp. 43, Trs. 10.

25. *Upupa epops* L. Der Wiedehopf ist in der Umgegend
von Tomsk meines Wissens bloss einmal, am 27. Mai 1891,
geschossen worden. Das Stück, ein Weibchen, ist von Herrn
W. Anikin der Universitätssammlung übergeben worden.

26. *Otocorys alpestris* (L.) Zwei nordische Ohrenlerchen
besitzt das Museum. Geschossen von Prof. Kastschenko am
10. Mai 1892 bei Tomsk.

27. *Calcarius nivalis* (L.) Der Schneeammer war wiederum
häufig. Am 15. April beobachtete ich welche zum letzten-
mal im Frühjahr. Am 10. November waren sie wiederum da.

Die Masse zweier Weibchen vom 17. März sind folgende:
Totall. 180. resp. 190, Flügel 114, Schwanz 56, resp. 64, Mundspalte 13. resp. 14, Trs. 24, resp. 25.

28. *Calcarius lapponicus* (L.) Auf der Wiese beim Tschere-
moschnik trieb sich Anfang und Mitte September ein Schwarm
von über hundert lappländischer Spornammer umher. Die
Masse unterliegen folgenden Schwankungen: Totall. 151 bis
160. Flügel 86 bis 92. Schwanz 61 bis 67, Mundspalte 12 bis
13, Tarsus 21 bis 22. Die Universitätssammlung besitzt ein
Stück, leider bloss mit der Angabe: Männchen und „Sommer" (!?).

29. *Emberiza aureola* Pall. Ankunft des Weidenammers
gegen Mitte, resp. Ende Mai. Die Masse eines Männchens
vom 31. Mai: Tot. 160, Fl. 74, Schw. 61. Mundsp. 13. Trs. 21.
In der Universitätssammlung wird ein Gelege von fünf unbebrüteten Eiern vom 22. Juni 1890, Collector Prof. Kastschenko,
aufbewahrt. Das Nest befand sich unter einem Birkengebüsch.

30. *Emberiza citrinella* L. Am 21. und 28. April, 2. Mai
und 11. September beobachtete ich den Goldammer bei Tomsk.
Die Masse zweier Männchen vom 21. und 28. April sind:
Totall. 190. 185; Fl. 95, 89; Schwanz 67. 66; Mundspalte 14, 13;
Trs. 21.

31. *Emberiza leucocephala* Gm. Zuerst beobachtet am
15. April. Auch im Frühjahre lassen sich Individuen mit verschieden gefärbten unteren Schwanzdecken antreffen. Am
2. Mai waren die Trupps schon in einzelne Pärchen aufgelöst.
Einzelne Masse folgen:

Datum	Totall.	Flügel	Schwanz	Mundsp.	Tarsus	Geschlecht
15. IV.	185	90	67	14	20	Männchen
15. IV.	190	95	75	15	20	Männchen
21. IV.	195	97	70	14	20	Männchen
21. IV.	184	98	62	14	20	Weibchen
8. IX.	185	91	79	15	20	Männchen

32. *Emberiza rustica* Pall. Trotz vielen Suchens fand ich
den Waldammer erst am 2. Mai in der Nähe der Chromowskaja Saimka bloss ein Pärchen. Ich schoss das Weibchen.
Am 19. und 22. September schoss ich in den Gebüschen am
Tom zwei Männchen. Die Masse der erbeuteten Stücke sind:

9*

Datum	Totall.	Flügel	Schwanz	Mundsp.	Tarsus	Geschlecht
2. V.	150	77	64	13	20	Weibchen
19. IX.	150	81	65	13	21,5	Männchen
22. IX.	154	80	64	13	20	Männchen

Das zool. Museum besitzt mehrere Stücke vom 31. Mai
1891 und ein Männchen vom 29. Mai 1895.

33. *Emberiza schoeniclus* L. Am 10. September schoss
ich einen Rohrammer von einer jungen Birke unweit des Landungsplatzes der Dampfer und bald darauf eine, wie mir schien,
andere Ammerart auf dem Boden, auf welchem der Vogel hüpfte.
Die Dimensionen beider sind ff: Totall. 165, 145; Fl. 83, 73;
Schwanz 74, 63; Mundspalte 12, 10; Tarsus 20, 18. Beides
sind junge Männchen. Da ich das zweite Stück nicht sicher
bestimmen konnte, übersandte ich beide Herrn Victor Ritter
von Tschusi zu Schmidhoffen, welcher die Güte hatte, mir
Vergleichsmaterial aus dem Westen zu senden. Zugleich theilte
er mir in liebenswürdigster Weise mit, dass beide Vögel, trotz
bedeutender Grössenunterschiede *Schoeniclus* sind und die Färbung heller und rostrother als im Westen ist, wovon ich mich
durch Vergleich mit den gesandten Europäern vollkommen
überzeugt habe.

34. *Pyrrhula pyrrhula* (L.) Ein Männchen vom 24. März zeigt
ff. Dimensionen: Tot. 175, Fl. 94. Schwanz 65, Mundspalte 13.
Tarsus 20.

35. *Pinicola erythrinus* Pall. Am 23. Mai hatte ich Gelegenheit, Karmingimpel zu beobachten. In der Sammlung
der Universität befindet sich ein unvollzähliges Gelege von
zwei Eiern vom 15. Juni 1895.

36. *Carduelis carduelis* (L.) Am 8. October hatte ich bei
Schneegestöber Gelegenheit, einen grossen Flug von etwa
50 Stieglitzen an der Uschaika zu beobachten. Die Masse eines
Männchens sind: Totall. 152, Flügel 87, Schwanz 60, Mundspalte 16, Tarsus 15.

37. *Acanthis linaria* (L.) Von Birkenzeisigen bekam ich
im vergangenen Jahre wenige zu sehen, und schoss bloss ein
Stück am 31. März. Die Masse dieses Weibchens sind: Tot. 136,
Fl. 76, Schw. 49, Mundspalte 10, Trs. 15. Von diesem Stück

kann ich bloss angeben, dass es sicher nicht *Linaria exilipes* ist; zu einer genaueren Angabe fehlt mir augenblicklich Vergleichsmaterial. Die Universitätssammlung besitzt einen als „*Linaria borealis*, Brehm?" bezeichneten Birkenzeisig vom 30. April 1891 aus Tomsk.

38. *Chloris chloris* (L.) Die Universitätssammlung enthält einen Grünfink vom 27. August 1891 aus Tomsk.

39. *Fringilla montifringilla* L. Die Bergfinken machten sich im vergangenen Jahre nicht so bemerkbar wie früher. Am 18. Mai wurde eifrig am Neste gebaut, es fehlte bloss die innere Auskleidung. Dimensionen eines Männchens vom 9. Mai: Totall. 165. Fl. 92. Schw. 63. Mundsp. 17. Tarsus 21. Am 20. October traf ich noch welche an.

40. *Uragus sibiricus* (Pall.) In der Universitätssammlung ist ein Männchen vom October 1889 aus der Umgegend von Tomsk aufgestellt.

41. *Coccothraustes coccothraustes* (L.) Die Universitätssammlung enthält ein Männchen des Kernbeissers mit den Angaben: Tomsk, Kastschenko.

42. *Acredula caudata* (L.) Am 2. Mai traf ich an der Uschaika mehrere Schwanzmeisen an. Ein Weibchen hatte folgende Masse: Tot. 155, Flügel 63, Schwanz 80, Mundspalte 9, Tarsus 19.

43. *Parus borealis macrura* (Tacz.) Sämmtliche Sumpfmeisen, die ich im Laufe des verflossenen Jahres bei Tomsk erbeutet, sowie Stücke des zool. Museums von verschiedenen Jahren gehören zu der sehr constanten Subspecies *macrura* Tacz., die durch den gestuften, aus auf beiden Seiten immer kürzer werdenden Federn bestehenden Schwanz leicht kenntlich ist. Die russischen Bauern nennen diese Meise S n j e g i r o k und behaupten, dass sie sich bloss im Winter zeige. Ich füge hier die vier Männchen entnommenen Masse bei:

Datum	Totall.	Flügel	Schwanz	Mundsp.	Tarsus	Geschlecht
24. III.	130	65	63	11	17	Männchen
8. X.	127	65	63	12	18	Männchen
13. X.	135	66	64	12	18	Männchen
20. X.	134	64	65	11.5	19	Männchen

41. *Parus ater* L. Von der Tannenmeise füge ich hier
bloss die Masse eines Männchens vom 26. September bei:
Tot. 113, Fl. 60. Schw. 51. Mundspalte 11, Tarsus 18.

Sitta uralensis Licht. Die Spechtmeise (von den Russen
hier Djatelok. d. h. Spechtlein. genannt) ist im ganzen nicht
häufig. Die Masse eines am 13. October beim Dorfe Sorkaljzewo geschossenen Männchens: Totall. 145, Flügel 80, Schwanz 47,
Mundspalte 18. Tarsus 21.

45. *Ampelis garrula* L. Am 21. November machten sich
die Seidenschwänze in einem grossen Fluge in der Stadt bemerkbar.

Datum	Totall.	Flügel	Schwanz	Mundsp.	Culm.	Tarsus	Geschl.
24. XI.	215	120	63	21	11	25	♂
24. XI	215	116	66	21	12	24	♂

Beide Stücke verdanke ich der Liebenswürdigkeit meines
Collegen. des Herrn S. Ssuchow.

46. *Perisoreus infaustus* (L.) Am 8. September wurden
mehrere junge Unglückshcher beim Dorfe Golownina angetroffen.

47. *Garrulus brandti* Eversm. Meinem Freunde. Herrn
Prof. Dr. Friedrich Krüger. verdanke ich ein von ihm
am 13. October beim Dorfe Sorkaljzewo geschossenes Männchen des sibirischen Eichelhehers. Totall. 360. Flügel 180.
Schwanz 152. Mundsp. 33. Tarsus 41.

48. *Pica pica leucoptera* (Gould.) Anfang Mai hatte die
sibirische Elster nach Beobachtung von Prof. Kastschenko
schon angebrütete Eier. Die Masse sind folgende, wobei zu
notieren ist, dass die Angabe des Geschlechts keine absolut
sichere ist, da ich die Anfertigung der Bälge einem recht un-
zuverlässigen Präparator überliess.

Datum	Totall.	Flügel	Schwanz	Culmen	Tarsus	Geschlecht
10. XII.	485	210	262	35	55	Weibchen
10. XII.	500	220	275	35	55	Männchen

Das zool. Museum der hiesigen Universität besitzt ein
Nest der weissflügeligen Elster. in welchem am 31. Mai 1891
sich vier Eier und ein ausgekrochenes Junges befanden.
(Chromowskaja Saimka.)

49. *Colaeus monedula* (L.) Am 18. März soll eine Dohle unter Elstern gesehen worden sein; am 24. März konnte ich mich von der Ankunft überzeugen. Die weisshalsige Dohle nistet in der Umgegend von Tomsk in Menge in dem ursprünglichen Zustande, nämlich, ohne die Bauten des Menschen zu benutzen, also meist in hohlen Baumstämmen, zuweilen in ganzen Colonien, auch in Gesellschaft der Stare. Die Universitätssammlung besitzt ein Gelege von 7 schwach angebrüteten Eiern vom 15. Mai 1891.

50. *Corvus cornix* L. Am 28. April hatten die Nebelkrähen unvollzählige Gelege.

51. *Corvus corone* L. Im Winter war die Rabenkrähe wiederum in der Stadt zu sehen.

52. *Sturnus vulgaris menzbieri* (Sharpe.) Den genauen Vergleich mit westeuropäischen Staren verdanke ich dem Herausgeber dieser Zeitschrift. Der Star nistet ausser in den zahlreich angebrachten Kästen auch in hohlen Bäumen, Astlöchern u. s. w. Am 2. Juni wenig bebrütete Eier. Ankunft 28. März.

Datum	Totall.	Flügel	Schwanz	Mundsp.	Tarsus	Geschlecht
15. IV.	230	135	60	34	34	Männchen
15. IV.	228	135	57	34	34	Männchen

53. *Anthus campestris* (L.) Ein Stück von Prof. Kastschenko erbeutet, in der Sammlung der Universität.

54. *Anthus richardi* (Vieill.) Ein Sporenpieper, Männchen, vom 7. Juni 1891, von Prof. Kastschenko erbeutet, in der Sammlung der Universität.

55. *Anthus pratensis* (L.) Ein Wiesenpieper vom 12. Juli 1890 von Herrn Pölzam in der Universitätssammlung.

56. *Anthus trivialis* (L.) Der Baumpieper ist hier Brutvogel und häufiger, als ich es im ersten Jahre meiner Beobachtungen glaubte. Ein Männchen vom 9. Mai hatte folgende Dimensionen: Totall. 160, Flügel 85, Schwanz 61, Mundspalte 17, Tarsus 22. Die Universitätssammlung ist recht reich an Bälgen des *Anthus trivialis*, und zwar von solchen vom 9. Mai 1891, 10. Mai 1893 und 13. Mai 1894. Sämmtliche Pieper vom 10. Mai 1893 (fünf befinden sich im Museum) wurden von Herrn Conservator W. Anikin erfroren gefunden (cf. *Falco tinnunculus*).

57. *Anthus trivialis maculatus* (Blyth.) Ein Baumpieper.
Männchen, vom 10. September fiel mir durch seine grünliche
Rückenfärbung auf, wodurch er sich von sämmtlichen von mir
früher geschossenen und im Museum gesehenen Stücken unter-
schied. Um nun ganz sicher zu gehen, sandte ich das Exemplar
Herrn Victor Ritter von Tschusi zu Schmidhoffen, der die
Freundlichkeit hatte, mir mitzutheilen, dass es ein t y p i s c h e r
maculatus ist und mit Exemplaren aus Japan vollkommen über-
einstimmt. Seine Masse sind: Totall. 165. Flügel 82, Schwanz 62,
Mundspalte 17, Tarsus 23.

58. *Budytes flavus borealis* (Sundev.) Auf der Wiese am
Tom, gleich bei der Stadt, ein Männchen vom 25. Mai:
Tot. 173, Fl. 82, Schwanz 75, Mundspalte 17, Tarsus 25. In
der Universitätssammlung ein Gelege der gelben Bachstelze
von fünf Eiern vom 7. Juni 1885.

59. *Motacilla alba* L. Ankunft der weissen Bachstelze
bald nach den Staren. Die Zeitungsangabe (15. April) ist
ungenau. Im Herbst sah ich am 19. September zum letzten-
mal unseren Vogel. Totallänge 190. Flügel 88. Schwanz 90,
Mundspalte 17·5. Tarsus 24. (Männchen vom 19. September.)
Die Universitätssammlung besitzt Gelege von 4 Eiern vom
16. Juni 1891 und von 6 unbebrüteten Eiern vom 1. Juni 1891.

60. *Motacilla citreola* Pall. Die Masse eines Männchens
der Citronenbachstelze vom 14. September sind: Tot. 185,
Flügel 90. Schwanz 80, Mundspalte 18, Tarsus 27. Kam im
verflossenen Jahre nicht häufig zur Beobachtung.

61. *Motacilla melanope* Pall. Wurde schon am 23. Mai
beobachtet, am 31. Mai in Pärchen. Totallänge 190, Flügel 80.
Schwanz 93, Mundspalte 17. Tarsus 21. (Weibchen vom 31. Mai.)

62. *Oriolus oriolus* (L.) Bereits um Mitte Mai liess der
Pirol seinen Ruf erschallen. Ein am 31. Mai in den Gebüschen
an der Uschaika bei der Chromowskaja Saimka geschossenes
Männchen (Totall. 265, Fl. 163. Schwanz 85, Mundspalte 32,
Tarsus 24) erscheint mir insofern erwähnenswert, als die Kopf-
zeichnung dieses Stücks eine Abnormität aufweist, deren eventuelle Ursache ich einer näheren Besprechung unterwerfen will.
An der Grenze zwischen Stirn und Scheitel, in der Linie, welche
die vorderen Augenränder verbindet, hat unser Vogel einen
schwarzen Fleck von etwa 4 mm Längenausdehnung und 3 mm

in der Querrichtung. Dieser Fleck befindet sich fast genau in
der Medianlinie auf der rechten Seite und wird bloss von
e i n e r Feder gebildet. Mir scheint diese Zeichnungseigen-
thümlichkeit, obgleich ich sie nur einmal angetroffen (alle
Exemplare des Tomsker zool. Museums habe ich daraufhin
einer Prüfung unterworfen) von hohem Interesse. Der ostsi-
birische Pirol, *Oriolus cochinchinensis indicus* (Briss.), unterscheidet sich von *Oriolus oriolus* durch eine hufeisenförmige
schwarze Zeichnung am Kopfe. Obgleich nun die an meinem
Exemplare bemerkbare Zeichnung mit der der östlichen Form
nicht bezüglich der Stelle, wo sie auftritt, übereinstimmt und
in Bezug auf die Form und Ausdehnung bedeutend hinter jener
zurücktritt, so glaube ich doch. in dem Auftreten von schwarzer
Färbung an sonst gelben Stellen ein rudimentäres Moment
erblicken zu dürfen, das uns gestattet. in solchen Formen
Bindeglieder zwischen den beiden Arten zu sehen.

63. *Turdus atrigularis* Temm. Das zool. Museum besitzt
ein Weibchen vom 13. Mai 1894 aus der Umgegend von Tomsk.
Ich habe im verflossenen Jahre keine Gelegenheit gehabt, die
schwarzkehlige Drossel bei Tomsk zu beobachten.

64. *Turdus pallens* Pall. In der Sammlung der Universität ein Stück vom 10. August 1895 aus dem Gebiete des Ob-
Jenissei'schen Kanals.

65. *Turdus musicus* L. Am 18. Mai fand ich bei Owetschkina ein vollkommen beendetes Nest der Singdrossel, in welchem
sich noch keine Eier befanden. Auf demselben Baume. auf
welchem sich dieses Nest befand. hatte ein Nest des *Turdus
pilaris* schon das vollzählige Gelege von 6 Eiern. Das zool.
Museum besitzt Exemplare der Singdrossel vom 18. Mai 1890.
29. April 1891 und 17. September 1893 aus der Umgegend
von Tomsk von den Professoren Kastschenko und Ssaposhnikow.

66. *Turdus pilaris* L. Das erste Stück sah ich unter
Staren am 28. April, am 2. Mai traf ich sie schon in Mengen
an und am 18. Mai schon Gelege von 6 und 7 Eiern. In der Universitätssammlung Gelege vom 15. bis 17. Mai 1891. Die letzten
Drosseln sah ich am 3. November.

67. *Turdus varius* Pall. (*Turdus whitei* Eyton). Ein leider
total zerschossenes Exemplar dieser prächtigen ostasiatischen
Drossel wurde mir von Herrn Dentist J a s c h i n zugesandt,

das er am 16. September beim Dorfe Kisslowka (4 Werst von
Tomsk) im Fluge erlegt hatte. Die Dimensionen dieses Stückes,
dessen Geschlecht nicht bestimmt werden konnte, betrugen:
Totall. 310, Flügel 165, Schwanz 107, Mundspalte 33, Tarsus 40.
Die Schwingenverhältnisse stimmer genau mit den Angaben
bei Keyserling und Blasius (Wirbelthiere Europas)
überein.

68. *Acrocephalus palustris* (Bechst.) Ein Stück des Sumpfrohr-
sängers vom 8. Juni 1893 aus der Umgegend von Tomsk (Conservator W. Anikin) hat im Museum der hiesigen Universität
Aufstellung gefunden.

69. *Regulus regulus* (L.) Das Goldhähnchen habe ich in
diesem Jahre bloss einmal, am 20. October, beim Dorfe Krug-
lichina beobachtet, kam aber nicht zum Schuss. Die Universitätssammlung enthält ein Männchen vom 15. October 1890
(Professor Kastschenko).

70. *Hypolais philomela* (L.) Von mir selbst noch nicht
erbeutet. Die Universitätssammlung besitzt zwei Exemplare
dieser Art aus der Umgegend von Tomsk und zwar eines von
Professor Kastschenko 1890, das andere (♀) am 27. Mai 1894
von Conservator W. Anikin erbeutet.

71. *Phylloscopus tristis* (Blyth.) Die ersten sibirischen Tan-
nenlaubvögel sah ich am 2. Mai unweit der Chromowskaja
Saimka. Der Name „Tannenlaubvogel" scheint mir nicht ganz
den Lebensgewohnheiten unseres Vögelchens zu entsprechen.
Ich habe es bis jetzt, sowohl im Frühjahr, wie im Herbst bloss
in den Weidengebüschen am Ufer der Uschaika angetroffen.
Am 4. Mai hatten wir noch winterliches Wetter, nachdem im
April schon viel warme Tage gewesen. Dieser Schneefall mag
unseren zarten Sängern arg genug geschadet haben.

Datum	Totall.	Flügel	Schwanz	Mundsp.	Tarsus	Geschlecht
2. V.	115.—	59.—	49.—	12.5	19.—	♂
22. IX.	125.—	61,5	51.5	12.8	21.5	♀

72. *Phylloscopus trochilus* (L.) Bezüglich unseres hiesigen
Fitislaubvogels ist zu notieren, dass er sich von den typi-
schen durch helle Unterseite unterscheidet. Herr Victor
Ritter von Tschusi hatte die Freundlichkeit, mir bezüglich zweier
Stücke zu schreiben: „so weissbäuchige kommen hier nicht vor."

Datum	Totall.	Flügel	Schwanz	Mundsp.	Tarsus	Geschlecht
9. V.	125.- -	68.	57.--	13.	20.-	♀
18. V.	130.-	69.5	58.-	13.--	20. -	♀

73. *Phylloscopus viridanus* (Blyth.) Am 31. Mai schoss ich im Laubwalde der Chromowskaya Saimka ein ♂ dieses Laubvogels, das sich insofern als besonders interessant erwies, als es das erste in der Umgegend von Tomsk angetroffene ist. Finsch konnte diesen Laubsänger im Gebiete des Ob nicht erbeuten, welchen Umstand Homeyer und Tancré, die Exemplare aus dem Altai erhalten hatten, dadurch erklären wollten, dass unter den von Finsch heimgebrachten Vögeln „manche hieher gehören mögen, die aber als *Phylloscopus trochilus* angeführt seien." Pleske erscheint die Ansicht der Herren Homeyer und Tancré „unbegründet", da alle Exemplare von Finsch im Obthale gesammelt worden sind, wo *Phyll. trochilus* unzweifelhaft vorkommt, während *Acanthopneuste viridana* daselbst noch nicht gefunden worden ist."

Die Masse meines Exemplares sind: Totall. 113. Flügel 61, Schwanz 49, Mundspalte 14, Tarsus 20, ♂.

74. *Phylloscopus borealis* (Blas.) Als Nachtrag zu dem 1894 gesammelten Material habe ich Folgendes zu bemerken: Unter den Exemplaren von *Phylloscopus trochilus* (L.), die im Jahre 1894 gesammelt, wegen ungenügender Literatur nicht bestimmt und daher auch nicht erwähnt werden konnten, fand ich eine *Acanthopneuste borealis* (Blas.) ♂ vom 8. Juni, mein erstes und bis jetzt einziges Stück dieses Laubsängers, dessen Artfestellung nur Dank der prächtigen „Ornithographia rossica" von Th. Pleske gelang. Ich schoss es im Nadelwalde bei der Pastuchow'schen Mühle.

75. *Sylvia curruca* (L.) Das von mir im Bericht von 1894 erwähnte Exemplar gehört zur westlichen Form. Dazu gehören auch zwei Stücke der Universitätssammlung vom 1. Juni 1890 (E. Pölzam) und 8. Mai 1893 ♂ (W. Anikin) aus der Umgegend von Tomsk.

76. *Sylvia cinerea fuscipilea* (Ssew.) Die Grasmücke ist in der dunklen, östlichen Form (♂ vom 25. Juni 1893) aus der Umgegend von Tomsk (Warjuchino) in der Sammlung der Universität vertreten.

77. *Calliope kamtschatkensis* (Cim.) Am 19. September schoss ich beim Landungsplatz der Dampfer in den dichten Weidengebüschen ein Vögelchen, das ich trotz eifrigen Suchens in der üppigen Vegetation nicht aufgefunden hätte, wenn nicht mein Dachshund eifrigst seine Spur verfolgte, die sich in dichten Brennesselmassen verlor. Der bloss angeschossene Vogel erwies sich als der prächtige ostasiatische Calliopesänger, dessen Vorkommen in der Nähe von Tomsk meines Wissens nur von Radde erwähnt wird. Dieser Forscher hörte schon „in den Umgebungen von Tomsk" den Gesang unseres Vogels auf seiner Reise in den Osten Sibiriens (p. 249). Die Masse meines Exemplars (♂) sind folgende: Totallänge 163. Flügel 76. Schwanz 63, Mundspalte 20, Tarsus 30.

78. *Cyanecula coerulecula* (Pall.) Die Universitätssammlung besitzt vom rothsternigen Blaukehlchen 2 Stück aus der Umgegend von Tomsk vom 2. Juni 1891 und 25. Mai 1893, erbeutet von den Herren Prof. Kastschenko und Conservator Anikin und ein Gelege von fünf Eiern vom 2. Juni 1891. Das Nest befand sich am Ufer eines Sees auf dem Boden beim Dorfe Spasskoje.

79. *Ruticilla phoenicura* (L.) An Rothschwänzchen besitzt das zool. Museum ein ♂ vom 20. Mai 1891. ♀ ♀ vom 20. Mai 1891 und 1. Juni 1891 und ein juv. vom 9. August 1890. Ein Gelege von sechs Eiern vom 1. Juni 1891 aus dem Park der Universität.

80. *Saxicola oenanthe* (L.) Den Steinschmätzer beobachtete ich am 23. Mai am Irkutsker „Trakt" und am 8. und 10. September beim Dorfe Kisslowka und bei der Dampferhaltestelle. Die letzteren waren juv. Die Masse eines solchen ♂ juv. vom 10. September sind: Totall. 155, Flügel 97, Schwanz 60, Tarsus 27. Mundspalte 20. Die Universitätssammlung besitzt einen Steinschmätzer im Frühjahrskleid, ohne weitere Angaben von Tomsk.

81. *Lanius collurio* L. Am 31. Mai beobachtete ich bei der Chromowskaja Saimka zwei Dorndreher, ♂ und ♀, schoss aber leider nur das Weibchen: Totall. 185. Flügel 95, Schwanz 80, Mundspalte 19, Tarsus 26.

82. *Lanius excubitor* L. Die Universitätssammlung besitzt ein aufgestelltes ♀ des grossen Würgers aus Tomsk vom 10. September (das Jahr ist nicht angegeben). Dieses, wie es scheint, einzige Belegstück ist ein Geschenk des Herrn Arztes Beresnicki.

83. *Muscicapa grisola* (L.) Die Universitätssammlung besitzt zwei Männchen vom 25. Juni 1893 und 27. Mai 1894 aus der Umgegend von Tomsk.

84. *Hirundo rustica* L.. Wie mir erzählt wurde, gelangte die erste Rauchschwalbe am 9. Mai zur Beobachtung; ich selbst sah ein Stück erst am 25. Mai unweit des Landungsplatzes der Dampfer. Die Localzeitung brachte aus mir unbekannter Feder die Notiz, dass am 21. Mai einige Schwalben beobachtet wurden.

85. *Clivicola riparia* (L.) Die Universitätssammlung enthält ein Nest mit 4 stark angebrüteten Eiern vom 22. Juni 1891 und ein Gelege von gleichfalls 4 Eiern vom 22. Mai 1895.

86. *Lagopus lagopus* (Gm.) Im vorigen Berichte hatte ich nach eingezogenen Aussagen einiger Jäger im „O. J." mitgetheilt, dass das Schneehuhn nicht in der Nähe brüten soll. Das zool. Museum bewahrt aber ein Nest mit Eiern unseres Vogels vom 2. Juni 1891 auf, das von Prof. Kastschenko von einer Insel im Tom beim Kirchdorf Spasskoje gebracht wurde.

87. *Tetrao urogallus* L.. Die Masse eines prächtigen Auerhahns von über 5 Kg. Gewicht vom 4. December betrugen: Totall. 1000, Flügel 425, Schwanz 385, Culmen 60, Mundspalte 52, Tarsus 80.

88. *Tetrao tetrix* L. Die Universitätssammlung besitzt ein Gelege von 8 angebrüteten Eiern vom 3. Juni 1891.

89. *Bonasa bonasia lagopus* (Ch. L. Br.) Die Wildbrethändler erzählten mir von einem fast gänzlich weissen Exemplare des Haselhuhns, welches anfangs Jänner 1895 ihnen abgeliefert worden war, das sie aber versäumt hatten mir zu bringen. Da ich das Stück selbst nicht gesehen habe, kann ich nichts weiter mittheilen, möchte jedoch nicht unerwähnt lassen, dass diese Aberration unseres Vogels von den Händlern als höchst selten vorkommend mit dem Namen „Fürstchen" (Knjasëk) bezeichnet wird.

90. *Perdix perdix daurica* (Pall.) War auch in diesem Jahre in grossen Mengen bei den Wildbrethändlern anzutreffen. So passierte Tomsk am 10. Jänner 1895 ein grosser Transport dieses wohlschmeckenden Wildes auf dem Wege in das europäische Russland. Auch Anfang Februar konnten noch einige Stücke erhalten werden, Sämmtliche von mir untersuchte

Rebhühner hatten die Kröpfe mit Weizenkörnern angefüllt. Ich lasse hier einige Masse unserer Vögel folgen:

Totall.	Flügel	Schwanz	Mundsp.	Tarsus	Geschlecht	Heimat
335	159	75	23	40	♂	Minussinsk
330	155	75	22	35	♂	Minussinsk
320	157	78	24	45	♂	?

91. *Fulica atra* L. Die Sammlung der Universität besitzt das schwarze Wasserhuhn (russisch „lyssucha" von lyssy-glatzig) vom 11. August 1891, juv. Seen der Baraba und ein Männchen aus der Gegend von Tomsk 20. Mai 1893.

92. *Grus monachus* Temm. Das zool. Museum besitzt einen Mönchskranich (Männchen vom 2. Juni 1893) aus dem Dorfe Spasskoje bei Tomsk (W. Anikin). Zur Fauna Japans gehörig! Kopfplatte mit grauweissen Federn.

93. *Otis tetrax* L. Die Universitätssammlung besitzt ein Männchen der Zwergtrappe vom 12. Juli 1890 aus der Umgegend von Tomsk (Conservator Pölzam).

94. *Vanellus vanellus* (L.) Der Kiebitz wurde am 28. April beobachtet. Gehört zu den Brutvögeln. Am 15. Juni wurde in meiner Gegenwart beim Dorfe Atscha (etwa 95 Werst von Tomsk) ein junger, unflügger Kiebitz geschossen. Soll beim Dorfe Sorkaljzewo auf einem Moor nisten.

95. *Charadrius pluvialis* L. Auf einen Goldregenpfeifer, den ich am 25. Mai auf der Wiese bei der Dampferhaltestelle antraf, schoss ich fehl! Das Museum besitzt ein Stück vom 15. September 1890.

96. *Haematopus ostrilegus* L. Ein Weibchen aus der Umgegend von Tomsk im Museum.

97. *Totanus totanus* (L.). Die Gambette beobachtete ich am 1. September beim Dorfe Jeuschta.

98. *Totanus glareola* (L.) Den Bruchwasserläufer schoss ich am 25. Mai an einem Graben unweit der Stadt. Totall. 220, Flügel 127, Schwanz 55. Mundspalte 32. Tarsus 40 (Männchen).

99. *Totanus fuscus* (L.) Die Universitätssammlung besitzt den dunklen Wasserläufer von den Seen der Baraba (12. August 1891).

100. *Totanus litoreus* (L.) Den hellen Wasserläufer traf ich am 9. Mai bei Owetschkina an.

101. *Totanus ochropus* (L.) Den punktierten Wasserläufer traf ich am 16. Mai in einem Trupp von 5 Stück bei dem

Landungsplatz der Dampfer an. Ein Männchen vom 31. August, in derselben Gegend geschossen, hatte folgende Dimensionen: Totall. 245, Flügel 145. Schwanz 65, Mundspalte 41, Tarsus 40. Als Eigenthümlichkeit der Resultate der Finsch'schen „Reise nach Westsibirien im Jahre 1876" sei hervorgehoben, dass *Totanus ochropus* nicht zur Beobachtung gelangt ist, obwohl er überaus häufig in unserem Gebiet ist. Finsch citiert bloss den ostjakischen Namen für unseren Vogel nach Pallas.

102. *Totanus pugnax* (L.) Der Kampfhahn wurde von mir im Bericht des vorigen Jahres nicht erwähnt, weil ich auf Hörensagen hin überhaupt keine Vögel in die Liste aufnehme. Am 1. September konnte ich mich von seinem Vorkommen beim Dorfe Jenschta überzeugen. Die Universitätssammlung besitzt mehrere Stücke vom 30. Mai und 3. Juni 1891 und 20. Mai 1893.

103. *Limosa limosa* (L.) Das Museum besitzt ein Stück von den Seen der Baraba vom 1. August 1891.

104. *Limosa cinerea* (Güld.) Prof. N. Kastschenko erbeutete ein Stück am 3. Juni 1891 bei Tomsk (Spasskoje).

105. *Calidris arenaria* (L.) Von mir selbst noch nicht in Sibirien beobachtet. Herrn A. Stieren verdanke ich einen Flügel des Sonderlings. Er traf diese Art am 23. September 1895 in Narym, der nördlichsten Kreisstadt unseres Gouvernements, in zwei Stücken an und brachte mir den Flügel nebst einer genauen Beschreibung des ganzen Vogels.

106. *Phalaropus hyperboreus* (L.) Dieser Wassertreter (russ. Plawntschik, welche Bezeichnung gleichfalls auf die Schwimmfertigkeit unseres Vogels hinweist) befindet sich in der Universitätssammlung in zwei Exemplaren vom 11. und 12. August 1891 von den Barabinskischen Seen (Männchen).

107. *Tringa alpina* L. Der Alpenbrandläufer ist vom 3. Juni 1891 (Spasskoje bei Tomsk. Prof. N. Kastschenko) in der Sammlung der Universität vertreten.

108. *Tringa minuta* Leisl. Der Zwergstrandläufer ist in Stücken vom 3. Juni 1891 aus der Umgegend von Tomsk im zool. Museum vertreten.

109. *Gallinago gallinago* (L.) Die erste Bekassine soll am 1. Mai geschossen worden sein. In der Universitätssammlung wird ein Gelege stark angebrüteter Eier vom 3. Juni 1891 aus der Umgegend von Tomsk aufbewahrt.

110. *Gallinago gallinula* (L.) Heerschnepfen wurden am 9. Mai geschossen.

111. *Gallinago major* (Gm.) Doppelschnepfen wurden wiederum in Mengen auf den Wildbretmarkt gebracht. Eine von mir am 28. Mai präparierte Doppelschnepfe (Männchen) erscheint mir insofern erwähnenswert, als die Testikel eine auffallende Asymmetrie zeigten. Das Organ der linken Körperseite war ungefähr doppelt so lang als das der rechten.

112. *Gallinago heterocerca* (Cab.) Die Universitätssammlung besitzt mehrere Männchen vom 17. August 1889 aus der Umgegend von Tomsk (Pölzam).

113. *Numenius arcuatus* (L.) Das zool. Museum besitzt den Brachvogel in Stücken aus der Umgegend von Tomsk vom 17. Juni 1889, von den Seen der Baraba vom 12. August 1891 und vom Kirchdorf Bogorodskoje am Ob vom 29. Juli 1893 (Anikin).

114. *Botaurus stellaris* (L..) Ein Rohrdommel-Weibchen vom 24. Mai 1889 aus der Umgegend von Tomsk hat im Museum der Universität Aufstellung gefunden.

115. *Ciconia nigra* (L.) Herr Beresnicki hatte die Freundlichkeit mir einen am 1. September von seinem Sohne beim Dorfe Jenschta geschossenen jungen schwarzen Storch zu übergeben. Totallänge 1070 (resp. 1260 bis zur Fussspitze). Flügel 570. Schwanz 260, Mundspalte 180. Tarsus 220. Männchen.

116. *Cygnus cygnus* (L.) Die Universitätssammlung besitzt den Singschwan aus der Umgegend von Tomsk in zwei Stücken : juv. 6. August 1893 und Männchen vom 22. Juni 1890. (P. Krylow und W. Anikin).

117. *Anser segetum* (Gm.) Die Universitätssammlung besitzt eine Saatgans aus der Umgegend von Tomsk.

118. *Anas clypeata* L. Um Mitte Mai hatte ich Gelegenheit, auf dem hiesigen Wildbretmarkt eine Menge diverser Enten in prächtigen Hochzeitskleidern zu sehen. Der Massenfang der Enten geht in folgender Weise vor sich : Bei Sonnenauf- oder -Untergang fliegen die Enten in Schwärmen von einer Wasserfläche zur anderen, sei es nun ein See, Teich oder Fluss. Zwischen zwei derartigen Wasserflächen wird nun entweder eine schon vorhandene natürliche Lichtung im Gehölz von den Fängern mit einem Netz versperrt oder eigens zu

diesem Zwecke eine künstliche durch Fällen der Bäume und Entfernen des Gesträuchs geschaffen. Die Enten benutzen bei ihrem Fluge diese Flugstrassen und gerathen zuweilen in erstaunlichen Mengen in die Netze.

119. *Anas crecca* L. Die Krickente, die sich mir im vorigen Jahre entzogen hatte, war in diesem Jahre häufig, sowohl im Frühling als im Herbst. (Tschirok der Russen.)

120. *Anas penelope* L. Die Pfeifente war wiederum häufig.

121. *Fuligula clangula* (L.) Die Schellente (von den Russen Gogol bezeichnet) war im Frühling 1895 häufig auf dem Geflügelmarkt.

122. *Fuligula ferina* (L.) Das zool. Museum besitzt eine Tafelente (Männchen) vom 19. Mai 1893. W. Anikin.

123. *Fuligula marila* (L.) Die Universitätssammlung besitzt Exemplare von den Seen der Barabinskischen Steppe vom 6. August 1891.

124. *Fuligula nyroca* (Güld.) Am 27. Mai fand ich auf dem Geflügelmarkt unter vielen anderen Enten auch die Moorente in zwei prächtigen Männchen mit weissem Kinnfleck und Schopf. Auch am 21. November wurden noch einige zur Stadt in gefrorenem Zustande gebracht.

125. *Mergus merganser* L. Die Universitätssammlung besitzt Gänsesäger aus der Umgegend von Tomsk vom 25. Mai 1890 (Weibchen). 24. Mai 1893 (Männchen) und 30. Mai 1893.

126. *Mergus albellus* L. Unter den Wasservögeln, die im Frühling 1895 auf den Geflügelmarkt gebracht wurden, befand sich auch eine Menge dieses Sägetauchers, der in der oben geschilderten Weise gefangen wird. Die Sibirier halten den kleinen Sägetaucher. wie auch die anderen Arten des Genus *Mergus*, für geniessbares Wildbret.

127. *Urinator arcticus* (L.) In der Universitätssammlung von dem See Ssartlan der Barabinskischen Steppe 8. August 1891.

128. *Urinator septentrionalis* (L.) In der Universitätssammlung ein Stück aus der Umgegend von Tomsk 1895.

129. *Podiceps auritus* (L.) Der gehörnte Steisstaucher ist in einer ganzen Reihe von Stücken aus der Umgegend von Tomsk in der Universitätssammlung vertreten. Weibchen mit herauspräpariertem Ei vom 22. Juni 1891 (Kastschenko), juv.

10

vom 18. Juli 1891, Männchen vom 14. April 1893 und zwei
Männchen vom 3. Mai 1893 (Anikin).

130. *Larus argentatus* Brünn. Mehrere Silbermöven vom
Anfang August 1891 von den Seen der Barabinskischen Steppe
in der Sammlung der Universität.

131. *Larus cachinnans* Pall. Die Universitätssammlung
besitzt von der Graumantelmöve zwei Stück vom 30. Mai und
2. Juni 1891 vom Tom beim Dorfe Spasskoje bei Tomsk und
3 schwach angebrütete Eier von letzterem Datum von ebendaher.

132. *Larus canus* L. In der Universitätssammlung ein
Stück aus der Umgegend von Tomsk ohne weitere Angaben
und eine ganze Reihe von meist juv. von den Seen der Baraba
vom Ende Juli und Anfang August 1891.

133. *Larus minutus* Pall. In der Universitätssammlung
eine Zwergmöve vom 23. Juni 1891 aus der Umgegend von
Tomsk (Prof. Kastschenko).

134. *Larus ridibundus* L. In der Universitätssammlung
eine Reihe von Lachmöven (meist juv.) vom Ende Juli und
Anfang August 1891 von den Seen der Baraba.

135. *Hydrochelidon nigra* (L.) In der Universitätssammlung
ein Stück vom 10. Juni 1894 vom Dorfe Spasskoje bei Tomsk
(Anikin).

136. *Sterna hirundo* L. Die Flussseeschwalbe ist in der
Sammlung der Universität sowohl aus der Umgegend von
Tomsk (23. Juni 1891), als auch von den Seen der Baraba vom
31. Juli und 1. August 1891 vertreten.

Beiträge zur Fortpflanzungsgeschichte des Kuckucks.

Von V. Čapek.

(Fortsetzung.)

d) Die Legezeit beim Kuckuck im allgemeinen.

Durch die ganze Zeit der Eierablage rufen die Kuckucke
fleissig. Nach Mitte Juni verstummen allmählich die Weibchen
und hören zugleich auf zu legen; im Jahre 1895 vernahm ich
ein Weibchen noch am 27. Juni. Die Männchen hören ebenfalls gegen Ende d. M. auf, nur ausnahmsweise hört man den
Ruf bis höchstens gegen den 5. Juli.

Die Fortpflanzungszeit des Kuckucks steht natürlich mit derjenigen seiner hauptsächlichen Pfleger im engen Zusammenhange, nicht nur was ihre Dauer, sondern auch was ihren Anfang anbelangt.

Zum Vergleiche diene folgende Tabelle:

Vergleichende Tabelle der phaenologischen Daten aus den Jahren 1884—1895.

Vogelart	Erstes Erscheinen im Durchschnitte	Erstes Ei im Durchschnitte	Zwischen-zeit in Tagen	Frühestes Datum des ersten Eies	Spätestes Datum des ersten Eies
Motacilla alba	2.3	17.4	46	9.4	26.4
Erithacus rubeculus	14.3	28.4	45	19.4	5.5
Phyllosc. trochilus	3.4	7.5	34	1.5	14.5
Ruticilla phoenic.	5.4	29.4	24	23.4	5.5
Anthus arborens	6.4	5.5	29	28.4	10.5
Cuculus canorus	10.4	3.—4.5	23—24	26.4	9.5
Luscinia minor	15.4	10.5	25	3.5	20.5
Phyllosc. sibilator	16.4	11.5	25	8.5	17.5
Sylvia atricapilla	19.4	11.5	22	1.5	19.5
Lanius collurio	29.4	13.5	14	8.5	20.5
Sylvia nisoria	1.5	15.5	14	8.5	21.5

Wir sehen aus dieser Übersicht, dass der Kuckuck in Bezug auf den Beginn der Legezeit seinen Brutpflegern gut angepasst ist. Die Daten der fünften Rubrik geben im Grunde genommen auch die Zeit an, wo die meisten Weibchen der betreffenden Art legen; und gerade mit diesen Daten ist die Legezeit des Kuckucks in guter Übereinstimmung, namentlich der 5. Mai bei den zwei wichtigsten Brutpflegern des Kuckucks bei mir (Rut. phoen. und Erithacus) gegenüber dem 3.—4. Mai bei dem Kuckuck. Bei Motacilla alba ist die Sache anders. Bei dem frühzeitigen Brüten dieses Vogels sind die zu demselben legenden Kuckucksweibchen grösstentheils an die zweiten Bruten der Bachstelze angewiesen. Damit stimmen auch die Fund-Data bei Mot. alba gut überein.

Umgekehrt ist es im gewissen Sinne bei Lanius collurio. Bei der Bachstelze wartet sozusagen der Brutpfleger auf den Kuckuck, hier wartet das Kuckucksweibchen auf seinen Ziehvogel. Das früheste Kuckucksei fand ich bei dem Dorndreher erst am 14. Mai. Es ist also ersichtlich, dass wir auch die individuelle Legezeit der einzelnen Kuckucksweibchen berücksichtigen müssen, die sich in Bezug auf den Anfang und die Dauer hauptsächlich nach der Fortpflanzungszeit des gewählten Brutpflegers, theilweise wohl auch nach der körperlichen Constitution des Weibchens (Alter und Stärke) richtet. Mit der Legezeit der einzelnen Weibchen werden wir uns im Kapitel VIII näher befassen.

Nachtrag. Im Sommer lebt der Kuckuck ganz still und einsam in seinem Reviere. Man trifft mit ihm sehr selten zusammen, als wenn er nicht mehr da wäre. Freilich ist seines Verbleibens bei uns nicht mehr lange. Etwa von Anfang August beginnt der Abzug in die Winterquartiere; vereinzelte Exemplare sieht man bis zu Ende d. M., ja bis gegen Mitte September. Zuletzt sah ich einen Kuckuck noch am 24. September 1890. Der Durchschnittstag der letzten Daten überhaupt ist der 11. September.

Kapitel IV.
Über verschiedene Umstände der Funde.

I. Anzahl der Nesteier.

Aus der Tabelle und den beigegebenen Bemerkungen ist Folgendes ersichtlich:

a) In leere und verlassene Nester wurden gelegt . . . . . 13 Eier

In leere und besetzte Nester wurden gelegt . . . . 5 Eier $\Big\} = 18$ E. $= 7 \cdot 5\%$

b) Zu unvollständigen Gelegen wurden gelegt . . . . 110 Eier

Zu unvollständigen und verlassenen Gelegen wurden gelegt . . 20 Eier $\Big\} 130$ E. 53%

c) Zu vollen und frischen Gelegen wurden gelegt . . . . 68 Eier

Zu vollen und bebrüteten Gelegen wurden gelegt . . . . 20 Eier $\Big\} = 88$ E. $= 36\%$

d) Bei unsicheren Gelegen waren . 9 Eier $= 9$ E. $= 3 \cdot 5\%$

Diese Zahlen sprechen ganz deutlich. Zu bemerken wäre nur, dass wenn das Kuckucksei einem unvollständigen Gelege untergeschoben wird, der Eigenthümer soviel Eier nachlegt, als er ohne diese Störung gelegt hätte.

2. Das Entfernen von Nesteiern.

Das Kuckucksweibchen entfernt bei der Ablage seines Eies sehr oft ein oder mehrere Nesteier, welche es entweder ganz wegträgt oder einfach aus dem Neste wirft, so dass man sie in letzterem Falle (unversehrt oder zerschlagen) in der unmittelbaren Nähe findet. Es kommt auch vor, dass der Kuckuck bei demselben Neste beides thut. Nach der Tabelle wurden vom Kuckuck entfernt:

Von 7 Eiern 1 Ei 2mal;

„ 6 „ 1 „ 5mal; 2 Eier 5mal;

„ 5 „ 1 „ 12mal; 2 „ 4mal; 3 Eier 3mal; 4 Eier 1mal;

„ 4 „ 1 „ 6mal; 3 „ 3mal; 3 „ 2mal;

„ 3 „ 1 „ 6mal; 2 „ 1mal; 3 „ 1mal;

„ 2 „ 1 „ 4mal; 2 „ 8mal;

„ 1 Ei 1 „ 14mal.

Rechnen wir von den 245 Eierfunden 18 Eier ab, die in leere Nester gelegt wurden, nehmen wir weiters Doppelfunde als einfache Funde an, so bleiben deren 216, von welchen in 77 Fällen, also 36"/„ der sämmtlichen Funde, Nesteier entfernt wurden. Dabei ist noch zu berücksichtigen, dass ausserdem in vielen Fällen das Entfernen von Nesteiern zwar nicht constatiert werden konnte, jedoch sehr wahrscheinlich, ja manchmal sogar selbstverständlich war. Freilich sind mir dagegen mehrere Fälle bekannt, wo das Weibchen positiv kein Ei entfernt hat.

Von der oberen Anzahl wurden:

a) Ganz weggetragen: je 1 Ei in 30, 2 Eier in 16, 3 Eier in 3 Fällen.

b) Unversehrt bei dem Neste lagen: je 1 Ei 9mal, 2 Eier 2mal.

c) Zerschlagen fanden sich bei dem Neste: je 1 Ei 19mal, 2 Eier 5mal.

Bei einem und demselben Weibchen beobachtete ich, dass es einmal das Ei ganz forttrug, ein anderesmal es nur aus dem Neste warf.

Dass die vom Kuckucksweibchen hinausgeworfenen Eier manchmal zerschlagen sind, hängt natürlich davon ab, wie und auf was sie fallen. Die unversehrt oder ganz schwach eingedrückt gefundenen Eier beweisen dies genügend, sowie sie auch entschieden g e g e n d i e g a n z u n b e g r ü n d e t e B e h a u p t u n g s p r e c h e n, d a s s d e r K u c k u c k d i e V o g e l e i e r f r ä s s e!

Dass das Kuckucksweibchen manchmal bereits einen Tag v o r dem Legen ein Ei entfernen würde, wie es von Dr. Rey bemerkt wird, habe ich bis jetzt nicht zu constatieren vermocht.

Der Nestvogel beachtet die hinausgeworfenen, oft knapp neben dem Neste liegenden Eier gar nicht; er lässt sie liegen und brütet ruhig weiter. Was ausserhalb des Nestes liegt, ist ihm fremd. Er hilft ja nicht einmal seinen Jungen, die im frühesten Alter aus dem Neste geworfen, vor seinen eigenen Augen jämmerlich zugrunde gehen. Gewiss ist diese Erscheinung recht auffallend, wenn wir bedenken, mit welcher Liebe und Hingebung der Vogel sonst an seiner Brut hängt. In dem oben angeführten Falle reicht die Intelligenz des sonst so gefühlvollen Vogels nicht aus.

3. Über das Verlassen des Nestes.

Die Ziehvögel kennen den Kuckuck sehr genau, besser als das Volk, welches unseren Vogel mit dem Sperber öfters verwechselt. Ihr Verhalten dem Kuckuck gegenüber ist infolge dessen ein ganz anderes, als gegenüber ihrem ärgsten Feinde, dem gefürchteten Sperber. Und da die Vögel wissen oder ahnen, dass durch den Kuckuck ihrer eigenen Brut Gefahr und Verderben droht, greifen sie den Parasiten muthig an, sobald er sich in der Nähe ihres Nestes zeigt. Das thun die kleinsten Sänger wie die kühnen Würger; auch eine Singdrossel habe ich beobachtet, wie sie ein lauschendes Kuckucksweibchen attaquierte und davonjagte.

Hie und da gelingt es dem Kuckuck freilich, sein Ei unbemerkt in das Pflegernest einzuschmuggeln: in der Mehrzahl der Fälle sind jedoch die Nesteigenthümer da und sie schreiten sogleich ein, um jede „Besitzstörung" zu vereiteln, was freilich bei der Ausdauer und Zudringlichkeit des Kuckucks nicht leicht ist. Diesem gelingt es, trotz allen Angriffen doch endlich sein Ziel zu erreichen.

Das Kuckucksweibchen wehrt sich nicht gegen die Angriffe der Nesteigenthümer, es weicht ihnen nur aus oder er-
greift die Flucht, um natürlich bald wieder zu kommen. (Siehe
Nr. 37 und 74.)

Dass die Angriffe der Ziehvögel recht heftig sind, und
dass bei dem Pflegerneste manchmal ganze Affairen stattfinden,
ist erwiesen. Ich erwähne als Beweise, dass bei dem Neste hie
und da herausgerissene Kuckucksfedern liegen (K.-Nr. 27, 74);
dass das Nest zerzaust zu sein pflegt (Nr. 1, 142. 149, 203, 214,
216); dass ein oder mehrere Nesteier dann und wann im Neste
zerschlagen sind (Nr. 86. 196, 201); dass das Kuckucksei ausserhalb des Nestes unversehrt oder zertrümmert liegt, was zusammen in 19 Fällen constatiert wurde.

Das ins Nest eingeschobene Kuckucksei wird in den
meisten Fällen vom Eigenthümer unwissentlich adoptiert. Es
kommt jedoch auch recht häufig vor, dass der Vogel sein vom
Kuckuck beschenktes Nest sammt dem Gelege auf immer verlässt.
Die Veranlassung dazu ist die bei der Ablage des Kuckucks-
eies stattgefundene Störung, ein Conflict, bei dem öfters das
Nest in Unordnung gebracht wird. Dieser Umstand wird vom
Eigenthümer tiefer empfunden und mehr beachtet, er vertreibt
ihn früher von der Wiege seiner Brut, als eine Veränderung
im Gelege selbst. Ob Eier entfernt worden sind, ob ein fremdes
Ei ins Nest gelangte, — das spielt erst in zweiter Reihe eine
Rolle.

Freilich ist es nicht meine Absicht zu generalisieren! Ich
weiss, dass es Ausnahmen gibt und dass nicht alle Ziehvögel
gleich empfindlich sind. Es gibt Arten - und selbst individuelle Verschiedenheiten kommen vor —, die schon eine Störung
bei dem Neste vertragen! Besonders wenn die Eier schon bebrütet sind, sitzt bekanntlich jedes Vogelweibchen sehr fest
und verlässt selbst nach erzwungener Ablage des Kuckuckseies sein Nest nicht.

Nach Weglassung von 33 Fällen, wo das Kuckucksei bereits in ein verlassenes Nest gelegt wurde, enthalten beide
Hauptverzeichnisse 240 Funde; davon haben in 39 Fällen (--
16%) die Alten das Nest verlassen.

Sehen wir nun zu, wie sich einzelne Arten in dieser
Hinsicht verhalten.

Zu *Phyll. sibilator* wurden gelegt 17 Eier, verlassen wurden 13 Eier — $77^0/_0$.

Zu *Erith. rubeculus* wurden gelegt 92 Eier, verlassen wurden 13 Eier = $14^0/_0$.

Zu *Lanius collurio* wurden gelegt 40 Eier, verlassen wurden 4 Eier = $10^0/_0$.

Zu *Motacilla alba* wurden gelegt 10 Eier, verlassen wurde 1 Ei = $10^0/_0$.

Zu *Ruticilla phoenic.* wurden gelegt 88 Eier, verlassen wurden 5 Eier = $6^0/_0$.

Wir erkennen aus dieser Übersicht, dass der heikelste Ziehvogel *Phyll. sibilator* ist; selbst von den übrigen vier Funden bei dieser Art weiss ich nur in einem Falle bestimmt, dass das Ei bebrütet wurde. *Phyll. trochilus* hat dagegen alle 4 Kuckuckseier adoptiert, während *Phyll. rufus* nach Ad. Walter's Erfahrungen nie ein Kuckucksei angenommen hat.

Die übrigen vier Hauptpfleger sind nicht besonders empfindlich. Am wenigsten ist es jedoch *Rut. phoenicura*, wobei die bei diesem Nestvogel gewöhnliche blaue Farbe der Kuckuckseier gewiss nicht ohne Einfluss ist. Überhaupt verträgt das Gartenrothschwänzchen, was Störung anbelangt, schon eine recht starke Dosis; öfters fieng ich z. B. das Weibchen auf dem Neste, überblickte dessen Inhalt, setzte den Vogel wieder auf das Nest, und einigemale geschah es, dass er weiter brütete, ohne aus der Bruthöhlung auszufliegen. Siehe auch Nr. 172.

Sylvia atricapilla verliess das Nest bei drei Funden einmal, wobei das lädierte Kuckucksei allein im Nest blieb; *Syl. curruca* bei 2 Funden ebenfalls einmal. *Sylvia nisoria, Emberiza citrinella, Ruticilla titis, Parus major* und *Anthus arboreus* haben je ein Ei (als unica) angenommen. *Syl. hortensis* in beiden Fällen. Auch *Luscinia minor* legte weiter in sein vom Kuckuck bedachtes Nest (nachdem freilich das fremde Ei fortgenommen war), obzwar sie mit dem Eindringling einen Conflict zu bestehen gehabt hatte. Bei dem Umstande, dass die zuletzt genannten Vogelarten als Pfleger vom Kuckuck so selten gewählt werden, glaube ich, dass sie empfindlicher sind, als die oben angeführten Hauptpfleger.

4. Doppelfunde.

A. Zwei Kuckuckseier von verschiedenen Weibchen in demselben Neste.

Wir haben gesehen, dass oft zwei oder drei zu demselben Brutpfleger legende Weibchen dasselbe Revier bewohnen oder dass sich ihre Gebiete berühren. Da kommt es naturgemäss hie und da vor, dass von zwei Weibchen dasselbe Nest zur Ablage des Eies benützt wird. In anderen Fällen ist wieder ein herumschweifendes Weibchen Theilhaber an einem solchen „Compagniegeschäfte".

Anmerkung. Auch 3 Kuckuckseier (natürlich von verschiedenen Weibchen) sind schon einigemal, freilich als eine grosse Seltenheit, beisammen gefunden worden, wie es aus der ornith. Literatur bekannt ist. Ja Othmar Reiser („Jahresber. Com. f. orn. Beob.-St.," 1884, p. 82) führt den gewiss einzig dastehenden Fall an, dass ein Förster bei Landskron in Böhmen in einer Baumhöhle vier flügge Kuckucke beisammen entdeckte, die nicht ausfliegen konnten, weil sich das Eingangsloch zu enge erwies. *Rutic. phoenic.* war mit dem Füttern der Pfleglinge beschäftigt. Sonst kennt man noch zwei Fälle, wo je zwei junge Kuckucke in Singdrosselnestern grossgezogen wurden.

Die Doppelfunde meiner Collection sind:

a) Nr. 4 mit Nr. 28. (Weibchen 1 und 3.)
b) „ 33 „ „ 83. (Weibchen 4 und ?.) Nr. 83 lag ausserhalb des Nestes.
c) Nr. 48 mit Nr. 242. (Weibchen 9 und 37.) Nr. 242. Ebenso.
d) „ 52 „ „ 53. (Weibchen 10 und 11.)
e) „ 57 „ „ 58. (Weibchen 11 und 12.)
f) „ 87 „ „ 88. (Weibchen unbekannt.)
g) „ 144 „ „ 174. (Weibchen 22 und ?.)
h) „ 151 „ „ 152. (Weibchen 25.) Siehe weiter unten.
i) „ 154 „ „ 155. (Weibchen 25.) „ „ „
j) „ 158 „ „ 159. (Weibchen 26.) „ „ „
k) „ 168 „ dem jungen Kuckucke Nr. 28.

Ausserdem habe ich einigemal bald nacheinander je ein Kuckucksei aus demselben Neste gesammelt, so dass dadurch ein möglicher oder wahrscheinlicher Doppelfund vereitelt wurde.

Im ganzen waren also unter 273 Nummern 11 Doppelfunde, d. i. 4"/₀. Mit den vereitelten 6 Funden wären es 17 Doppelfunde, d. i. 6"/₀.

B) Zwei Eier von demselben Weibchen in einem Neste.

„Jedes Kuckucksweibchen legt nur ein Ei in ein Nest." Diese Regel hat eine allgemeine Giltigkeit. Und doch kommen auch hier Ausnahmen vor! Ich erinnere an die Funde Nr. 42 und 117. Diese beiden Fälle beweisen freilich nur, dass ein Kuckucksweibchen auch z w e i Eier während e i n e r S a i s o n — wenn auch nach längerer Pause - in demselben Neste unterbringen kann.

Die grösste Seltenheit einer coccygologischen Collection ist jedoch ein Fund von 2 E i e r n e i n e s W e i b c h e n s b e i d e m s e l b e n G e l e g e !

E. B a l d a m u s führt in seinem Buche keinen solchen Fund an. Aus der Literatur ist mir ein einziger sicherer Fall bekannt. Im Jahre 1891 fand nämlich der erfahrene Beobachter C. J e x (Zeitschr. f. Ool. 1892 93. p. 38) zwei Kuckuckseier von demselben Weibchen bei zwei *L. collurio*-Eiern. Dieser Fund gelangte durch M ö s c h l e r in die Collection des Dr. R e y.

Ich war so glücklich, z w e i s o l c h e D o p p e l f u n d e bei *Ruticilla phoenicura* zu machen und dazu beide von demselben Weibchen!

Ihrer Seltenheit und Wichtigkeit halber gebe ich hier eine ausführliche Beschreibung.

E r s t e r F u n d. Kat.-Nr. 151 mit 152, sammt 4 Nesteiern. Gefunden am 29. Mai 1894. Das Nest stand in einem alten Kaninchenbaue versteckt; alles war frisch, nur Nr. 151 zeigte ganz schwache Blutadern, so dass beide Kuckuckseier sehr bald nacheinander gelegt worden sein mussten. Nicht verlassen.

Z w e i t e r F u n d. Kat.-Nr. 154 mit 155, nebst 2 Nesteiern. Gefunden am 17. Juni 1895 in einem Holzstosse, etwa 200 Schritte vom vorigen Funde. Alles bebrütet, das eine Kuckucksei etwa 8, das andere nur 4 Tage.

Da diese Eier jedoch den bekannten blauen Typus haben, wäre der Nachweis ihrer identischen Herkunft recht schwer.

ja unmöglich; aber zum Glück sind die individuellen Charaktere
dieser Eier recht eigenthümlich und dabei deutlich ausgeprägt,
wovon sich das geübte Auge eines jeden Fachmannes bald
überzeugen würde.

Vergleichen wir die Masse:

Nr. 151 Länge 22, Breite 16, Gewicht 222, Quotient 1·58, Index 37.
„ 152 „ 22, „ 15·8, „ 208, „ 1·67, „ 39.
„ 154 „ 22·3, „ 16·3, „ 213, „ 1·70, „ 37.
„ 155 „ 22·5, „ 16·3, „ 210, „ 1·74, „ 38.

In dem recht isolierten Reviere G und um dasselbe herum
gab es kein Weibchen, dessen Eier man mit Exemplaren
unserer interessanten Suite verwechseln könnte. (Die ebenfalls
blauen Eier des Weibchens Nr. 26, welches gleich daneben
seinen Rayon hatte, sind von jenen schon durch ihre Grösse
und die abgestumpften Pole auf den ersten Blick zu unterscheiden.)

Die Eier der beiden Doppelfunde sind klein, untereinander
fast gleich; alle Zahlen der obigen Übersicht zeigen ganz unbedeutende Differenzen, die gewiss geringer sind, als man sie
in irgend einer grösseren und unzweifelhaften Suite finden
kann. Die recht scharfe Spitze ist für diese Eier charakteristisch. Auch bleichen sie (je zwei aus dem Funde) ganz
gleichmässig aus, was bei blauen Eiern von v e r s c h i e d e n e n
Weibchen nicht der Fall ist. Der Umstand, dass uns da z w e i
ganz gleiche Funde aus derselben Localität vorliegen, bekräf-
tigt ebenfalls bedeutend die Identität des Weibchens.

Vollkommen genügend sind aber folgende Beweise:

1) Beide Eier des ersten Fundes zeigen zerstreut sehr
feine, ganz gleiche Punkte von bräunlich schwarzer Färbung,
etwa 12—15 auf jedem Ei, die für das blosse Auge undeutlich,
durch die Lupe jedoch gut zu unterscheiden sind.

2) Im folgenden Jahre fungierten die Färbungsorgane
etwas anders. Beide Eier haben nämlich zahlreiche kleine
Fleckchen von rostgelblichem Tone, die wieder mit dem Auge
kaum sichtbar sind und dabei wie abgerieben erscheinen.

Das einzelne, ebenfalls diesem Weibchen gehörende Ei
Nr. 153 zeigt bloss einige abgeriebene Fleckchen, ohne Pigment.

Ich betrachte dieses Weibchen für ein junges, unerfahrenes
und etwas abweichendes Individuum, welches nur aus Noth

(oder war es früher Irrthum bei ihm) beide Eier zu einander
gelegt hat. Vielleicht inclinirt es auch zu dieser Anomalie!
Natürlich werde ich diesem interessanten Vogel gehörige Aufmerksamkeit schenken. Nachtrag. Nicht wenig war ich überrascht, als ich
am 22 Juni 1895 bei der Revision der Nester im Padochaner
Reviere in den Holzschlag kam, wo mir ein *Ruticilla*-Nest
überreicht wurde, welches soeben bei der Holzschlichtung gefunden wurde. Dasselbe enthielt neben 4 Nesteiern 2 ganz
gleiche blaue Kuckuckseier, Nr. 158 und 159, die ich beide
nur dem Weibchen Nr. 26 zuschreiben konnte. Von diesem
hatte ich bereits zwei Eier aus derselben Localität. Leider
war das ganze Gelege im hohen Stadium der Bebrütung;
besonders war Nr. 159 fast zum Ausschlüpfen reif, so dass es
bei der Präparation zerbrach. und eine genaue Voruntersuchung
hatte ich leider unterlassen. Die individuellen Merkmale der
Eier vom Weibchen Nr. 26 konnte ich aber doch constatieren,
nämlich gleiche Grösse und Form (beide Pole stumpf abgerundet) und sehr unbedeutende Spuren von gelblichen Fleckchen.

Kapitel V.
Allgemeine Beschreibung der Kuckuckseier.

Als Grundlage möge uns eine Tabelle der wichtigsten
Zahlen dienen, die auf Grund von 234 gemessenen und 183 ge-
wogenen Eiern zusammengestellt wurde.

	Maximum	Minimum	Differenz	Durchschnitt
Länge . . .	25	20·5	4·5	22·67 mm
Breite . . .	18·3	15	3.3	16·58 mm
Index*) .	56	17	39	37
Gewicht .	297	161	136	228·5 mg.
Quotient . .	2.01	1·31	0·70	1·65

1. Grösse der Kuckuckseier.

Dass Kuckuckseier auffallend klein, etwa so gross wie
Sperlingseier sind, ist allgemein bekannt. Und dass diese
geringe Grösse bei der sonderbaren Fortpflanzung des Kuckucks
sehr von Vortheil und ganz zweckentsprechend ist, und dass

*) Eigentlich: 1·56, 1·17, 0·39, 1·37

sie nur durch Naturauslese allmählich entstehen konnte, ist
sehr klar.

Die grösste Länge hat Nr. 215 bei 18 mm Breite
und 297 mg Schwere, ist also das grösste und schwerste Stück
meiner Collection.

Die geringste Länge (20·5) haben 5 Stücke. Ein
echtes Zwergei vom Kuckuck ist mir nicht vorgekommen.

Die grösste Breite hat Nr. 38 bei 23·7 mm Länge;
ausserdem sind 6 Stücke 18 mm breit.

Die geringste Breite hat Nr. 233 bei 21 mm Länge;
die Breite 15·5 haben 6 Eier.

Wir sehen, dass weder die Maxima, noch die Minima der
Masse, ebenso auch die des Gewichtes bei demselben Stücke
zusammentreffen müssen.

Im ganzen sind die Grössendifferenzen meiner Kuckuckseier nicht grösser als z. B. diejenigen der *Lanius collurio*-Eier.
Es ist recht interessant in dieser Hinsicht, die einzelnen
Suiten zu betrachten. Allgemein kann man sagen, dass Eier von
demselben Weibchen, was Masse anbelangt, sehr constant,
manchmal sogar ganz gleich sind. Die maximale Schwankung
innerhalb einer Suite beträgt bei der Länge bis 1 oder
1·8 mm, nur in einem Falle 2·5 mm (Weibchen Nr. 28); bei
der Breite nur bis 1 mm.

2. Form der Kuckuckseier.

Die Gestalt der Kuckuckseier ist zwar recht constant,
gewisse Schwankungen kommen aber dennoch vor. Die grösste
Zahl der Eier zeigt mehr oder weniger das eigene Oval; man
findet jedoch auch dann und wann merklich rundliche, längliche,
sogar walzige Kuckuckseier, und diese Formtypen sind dann
ein stabiles Merkmal des betreffenden Weibchens.

Rundliche Eier legte z. B. Weibchen Nr. 1. 31, etc.
Längliche Eier legte das Weibchen Nr. 2. 5, 11, 15.
18. 35; länglich sind auch Nr. 173, 234 und besonders 244.
Walzige Eier stammen vom Weibchen Nr. 20.

(Fortsetzung folgt.)

Über Ortygometra parva (Scop.), das kleine Sumpfhuhn, in der Mark.

Anfangs Juni 1887 sandte mir der damalige hier stationierte
Bahnmeister Stephany ein kleines Sumpfhuhn zum Skeletieren,
welches sich durch Anfliegen an die Telegraphendrähte getödtet hatte. Da die Zugzeit bereits vorüber war, so ver-
muthete ich das Brüten des Vogels in der Gegend, wo es
gefunden wurde — zwischen Jeserig und Götz. — Alle Bemühungen, das Nest zu finden, blieben jahrelang ohne Erfolg,
bis es mir am 26. Mai 1893 glückte, im kleinen Kreutzer-
Bruch, auf einem mit Riedgras, Rohr und Binsen bewachse-
nem Walle ein Nest mit 6 Eiern zu finden und dann am
20. Juni d. J. ein zweites, bereits stark bebrütetes Gelege von
abermals 6 Stück, welches nicht weit von der ersten Fund-
stelle entfernt stand und wahrscheinlich von demselben Paare
herrührte.

1894 benöthigte ich einige Gelege der schwarzen See-
schwalbe, welche Art bei Brandenburg auf allen Seen und
Torfstichen in grossen Colonien nistet. Beim Sammeln der
Eier dieses Vogels entdeckte ich in einem Theile des Bruches,
welcher mit dünnem Rohr bestanden war, kurz hinter einander
2 Gelege des kleinen Sumpfhuhnes zu 8 und 9 Eiern.

1895 war ich am 24. Juni wieder so glücklich, ein Gelege
von 7 Eiern zu finden, die ich jedoch ihrer hohen Bebrütung
wegen nicht nahm. Nach zwei Tagen waren die Jungen aus-
gekrochen.

Aus diesen Funden lässt sich entnehmen, dass das kleine
Sumpfhuhn bei uns nicht allzu seltener Brutvogel ist und die
Schwierigkeit des Auffindens vorwiegend in der versteckten
Lebens-, bezw. Nistweise des Vogels zu suchen ist.

Brandenburg a H., April 1896.

G. Stimming.

Wanderfalke mit Fessel.

Am 4. April d. J. wurde mir durch Herrn Peters ein im
Forstreviere Wulfringhausen bei Eldagsen — ungefähr 3 Stunden von Hannover — erlegter Wanderfalke *(F. peregrinus)*

gebracht, der an den Fängen die kunstgerecht geschlungenen Fesseln und eine goldene Schelle von indischer Arbeit trug. Der Vogel war ein altes, prachtvoll gefiedertes Weibchen, dessen Kropf die Überreste einer Dohle enthielt.

Hannover, 12. April 1896.

H. Kreye.

Literatur.

Berichte und Anzeigen.

O. Koepert. Die Vogelwelt des Herzogthums Sachsen-Altenburg, Abhandlung zu dem Oster-Programm des herzogl. Ernst-Realgymnasiums zu Altenburg. Progr. Nr. 689. — Altenburg i. S.-A. 1896. Kl. 4. 38 pp.

Eine sehr sorgfältige, hauptsächlich auf Benützung der einschlägigen Literatur basierte Zusammenstellung der Vögel des Herzogthums, die auch viele dem Autor direct zugekommene Angaben enthält. Nach einer kurzen topographischen Schilderung des Gebietes wird die wichtigste einschlägige Literatur hervorgehoben und derjenigen gedacht, die durch ergänzende Beiträge vorstehende Arbeit fördern halfen. In Bezug auf die Nomenclatur folgt Verfasser dem Reichenow'schen System. Verzeichnisse d. Vögel Deutschlands.«

Im ganzen werden 222 Arten aufgezählt, von denen 149 zu den Brutvögeln zu rechnen sind, 73 aber Durchzüglern und Ausnahmserscheinungen angehören. Die beigefügten faunistischen Daten geben, besonders bei den interessanteren Formen, genaue Nachweise. Wir vermissen in obiger Aufzählung: *Certhia familiaris brachydactyla* Br., *Pyrrhula pyrrhula rubicilla* (=*major* Br.), *Acanthis linaria holboelli* (Br.) und *Acanthis linaria leuconotus* (Br.) (=*exilipes Coues*), die aufgenommen werden müssen, da sie von Chr. L. Brehm bei Renthendorf nachgewiesen wurden. Bei Aufzählung der Irrgäste und Durchzügler in den Nachbargebieten muss auch des durch Kammerherrn O. v. Krieger constatierten mehrmaligen Vorkommens von *Buteo buteo deserstorum* um Sondershausen Erwähnung geschehen. Eine Liste der Trivialnamen der häufigeren Arten bildet den Schluss der verdienstvollen Arbeit.　　　T.

F. Koske. Ornithologischer Jahresbericht über Pommern für 1895. (Sep.a.: »Zeitschr. f. Orn. und pract. Geflügelz.« Stettin 1896. 8. 15 pp.)

Bringt die nach Monaten geordneten Zug-, bez. biologischen Daten der Provinz, die eine gute Uebersicht gewähren. Am 15. December wurden auf Hiddensee 2 *Nyctea scandiaca* gefangen, am 20. und 21. December 5 beobachtet, eine den 13. December im Revier Pütt bei Stettin erlegt.

T.

E. Rey. Der Kuckuck als Brutparasit. (Die Natur. XXXXV. 1896. Nr. 17. p. 197—200.

Schildert unter Kennzeichnung der irrthümlichen Angaben das Fort-
pflanzungsgeschäft unseres Kuckucks, an dessen Aufklärung der Verfasser
(vgl. dessen Schrift: Altes und Neues aus dem Haushalte des Kuckucks.
Leipzig, 1892) so hervorragenden Antheil nahm.   T.

—

A. Bonomi. Che cosa è la *Cyanecula orientalis* Chr. L. Br. (Estr. d.:
»Riv. ital. sc. natur.« Siena, 1896. Lex. 8. 4 pp.)
Uebersetzung des vom Herausgeber (Orn. Jahrb. VI. 1895 p. 269-272)
veröffentlichten Artikels: »Was ist *Cyanecula orientalis* Chr. L. Br.?« mit Bemerkungen des Translators.   T.

- - -

L. Lorenz v. Liburnau. Ueber den Vogelzug. (Sep. a.: »Mitth. orn.
Ver.« Wien, XX. 1896. 4. 3 pp.)
    Nach einleitenden Worten über die Begriffe Stand-, Strich- und Zug-
vögel schildert Verfasser die Geschichte unserer Kenntnis des Vogelzuges
und hebt die wichtigsten Annahmen hervor, welche die mit diesem Thema
sich beschäftigenden Autoren vertraten. Verfasser kommt weiters auf die auf
Anregung weiland Sr. kaiserlichen Hoheit des Kronprinzen Rudolf angeregten,
vom »Ornithologischen Vereine« in Wien in's Leben gerufenen »Ornithologischen
Beobachtungs-Stationen« in Oesterreich-Ungarn zu sprechen, welche sich später
dem »Internationalen permanenten ornithologischen Comité« anschlossen, aber
infolge der sistierten Thätigkeit desselben erloschen, während sich in Ungarn
eine »Ornithologische Centrale« bildete, die, unabhängig von dem J. P. O. C.,
die Erforschung des Vogelzuges sich zu ihrer ausschliesslichen Aufgabe gestellt hat. Wir begrüssen mit Freude die Mittheilung, dass vom Autor die
Reactivierung der »Ornithologischen Beobachtungs-Stationen in Oesterreich« im
Ornitholog. Vereine- in Wien angeregt und derselbe damit betraut wurde,
die vorbereitenden Schritte zu unternehmen. Hoffen wir, dass die Schwierigkeiten, die sich dem Unternehmen in den Weg stellten, bald beseitigt sein
werden!   T.

—

W. Schlüter. Systematisches Verzeichnis der Europäisch-Sibirischen
Vögel mit Einschluss der mediterranen Formen, nebst Etiquettenanhang
Halle a S. s. a. (Selbstverlag.) Preis M. 4.80.
    Mit der Herausgabe vorliegenden Verzeichnisses, das 1160 Arten und
Formen mit lateinischen und deutschen Namen anführt und in Bezug der
angewandten Nomenclatur der Priorität Rechnung trägt, sowie der dasselbe
begleitenden gedruckten Etiquetten ist der Verfasser einem vielfach geäusserten
Wunsche nachgekommen. Letztere — im Format 5:3 cm auf feinstem, starken
Carton gedruckt — enthalten die lateinischen und deutschen Namen und haben
genügend freien Raum zur Eintragung von Fundort- und Datum-Angaben
    Sammlern von Vögeln, Nestern und Eiern werden die schön gedruckten
Etiquetten gewiss willkommen sein und wir zweifeln nicht daran, dass sie
auch in den Schulsammlungen die oft schwer leserlichen geschriebenen Eti-
quetten verdrängen werden. Der niedere Preis wird ihnen neben ihren sonstigen
Vorzügen den Weg ebnen.   T.

R. Vitalis et J. Dherbey. Traité de Mise en Peau. — St. Marcellin.
1896. 8. 17 pp.

Anschaulich geschriebene, kurzgefasste Anleitung der Behandlung des
erlegten Vogels, des Abbalgens und Bereitens von Vogelbälgen, sowie des
Reinigens schmutzigen oder blutigen Gefieders. T.

O. Kleinschmidt. Der nordische Jagdfalk. Mit 2 Buntbildern von
Prof. A. Goering und Textillustrationen vom Verfasser (Sep. a.: »Orn. Monatsschr.« XXI. 1896. 11 pp.)

Die Erlegung eines Gerfalken im vorigen Jahre in Schlesien gibt dem
Verf. Veranlassung, näher auf die Jagdfalken einzugehen. Er gibt die durch
gute Holzschnitte erläuterten Kennzeichen — Tarsusbefiederung und Zehen-
länge — an, wodurch sich die Jagdfalken jederzeit leicht von den ihnen in
manchen Kleidern ähnlichen Würg- und Wanderfalken unterscheiden lassen.
Verf. tritt weiters der Frage näher, wie viel Arten von Jagdfalken man zu
unterscheiden habe und neigt sich nach Erwägung der plastischen Verschiedenheiten, der Unterschiede in der Grösse, der Form und Ausdehnung der
Zeichnung, sowie der Färbung der Anschauung zu, nur eine Art — Falco
islandus Brünn. — anzunehmen, die in vier Formen: F. islandus albus Brünn.,
rusticolus (L.), obsoletus (Gm.), und gyrfalco (L.) zerfällt. Zwei gute, von A.
Goering gemalte, chromolithographierte Tafeln stellen drei Exemplare der
zweiten und einen sehr alten Vogel der ersten Form dar. T.

P. Leverkühn & R. Blasius. Ornithologische Beobachtungen aus
dem Herzogthume Braunschweig 1885—1894. (Sep. a.: »Ornis«. VIII. 1896. p.
373—476 m. 1 Karte).

Bildet die Fortsetzung der von 1876—1886 reichenden und vom »Aus-
schusse f. Beobachtungs-Stationen der Vögel Deutschlands« im Journ. f. Ornith.
publicierten Jahresberichte aus dem Herzogthume, nach Jahrgängen und Beob-
achtungsorten in alphabetischer Reihenfolge zusammengestellt. 153 Arten werden
behandelt. Eine Tabelle der Beobachtungs-Stationen mit Angabe ihrer geogr.
Lage und Höhe, sowie eine Karte, welche die Lage und Vertheilung der Stationen aufweist, schliesst die Arbeit ab. T.

R. Blasius. Leopold v. Schrenck. Nachruf. (Sep. a.: »Ornis« VIII. 1896.
p. 532—544).

Ein warm empfundener, den Lebensgang des berühmten russischen
Forschers eingehend schildernder Nekrolog, dem eine Liste der Werke desselben beigefügt ist. T.

R. Blasius. Vogelleben an den deutschen Leuchtthürmen. X. 1894
(Sep. a.: »Ornis«. VIII. 1896. p. 577—592.)

R. Blasius. Schlussfolgerungen aus den ornithologischen Beobachtungen
an den deutschen Leuchtthürmen in dem zehnjährigen Zeitraume von 1885—
1894. (Sep. a.: »Ornis«. VIII. 1896. p. 593—620).

Erstere Publication umfasst die Aufzeichnungen über die im Jahre 1894 an den deutschen Leuchtthürmen beobachteten Vogelarten mit Angabe des Datums, der Tageszeit, der Windrichtung, sowie weiterer meteorologischer Daten.

Letztere befasst sich mit den Resultaten, welche die erste Decade der vorgenannten Beobachtungen ergibt.

An 40 deutschen Leuchtthürmen wurden Beobachtungen angestellt, doch nur von 5 derselben liegen regelmässige Aufzeichnungen vor.

Aus Tabelle I ist ersichtlich, wo und wann Beobachtungen ausgeführt wurden und ob ein Anflug von Vögeln zu constatieren war, eventuell in welcher Stärke. Die den Inseln Bornholm und Möen zunächst liegenden Leuchtfeuer der deutschen Ostseeküste erwiesen sich als diejenigen, welche den stärksten Anflug hatten, woraus angenommen werden kann, dass wahrscheinlicherweise der Hauptzug der Vögel von und nach Schweden in dieser Richtung erfolgt. Den äussersten N.-Osten Deutschl. scheint der Zug weit stärker im Herbst zu berühren. Während von der Ostküste Schleswig-Holsteins nur ein geringer Anflug gemeldet wurde, erwies sich dieser an der Westküste stärker, namentlich in Amrum; dagegen zeigten die westlich-gelegenen Leuchtfeuer bis Borkum nur geringen Anflug. Verfasser schliesst daraus, dass die Vögel Dänemarks und Norwegens mehr der Westküste Schleswig-Holsteins auf ihrem Zuge folgen. Der Anflug an die Leuchtthürme erfolgte vorwiegend bei nebeligem, trübem oder regnerischem Wetter, während er in hellen Nächten fast gar nicht beobachtet wurde. Dies findet nach des Verfassers Ansicht darin seine Erklärung, dass im letzteren Falle die Vögel hoch, in ersterem Falle niedrig ziehen; während sie in jenem den Feuern zuweit entrückt sind, als dass selbe ihre verderbliche Attraction zu äussern vermöchten, werden sie in diesem von den Leuchtfeuern geblendet und angezogen.

Als Nachtwanderer wurden 77 Arten, die an den Leuchtthürmen verunglückten, nachgewiesen, vorwiegend Singvögel.

Tabelle II verzeichnet nach den Jahren die Arten und deren Zahl, die durch Anfliegen an die Leuchtthürme getödtet bez. constatiert werden konnte. Sie beträgt von 1885–1894 mindestens 12.737 Stück und sind die Opfer zur Herbstzeit am zahlreichsten. Das grösste Contingent hiezu lieferten die Stare (2728), dann die Drosseln (1961), Rothkehlchen (1726), Goldhähnchen (820), Stieglitze (369), Rothschwänzchen (320), Meisen (228), Enten (188) etc. Eine Anpassung an die Leuchtthürme, bez. Vermeidung des Anfliegens an selbe infolge von Gewöhnung, hat sich, wie dies begreiflich, nicht ergeben.   T.

R. Blasius. Die Vögel des Herzogthums Braunschweig und der angrenzenden Gebiete (Sep. a.: »Ornis«. VIII. 1896. p. 621 688).

Nahezu neun Decennien umfasst das Material, welches in dieser Arbeit niedergelegt ist. Mit den von 1807—1848 reichenden handschriftlichen Aufzeichnungen des Holzverwalters Busch beginnend, sind es ganz besonders die Beobachtungen von J. H. Blasius, welche die Zeit von 1836—1870 umfassen, und die seiner Söhne Wilhelm und Rudolf, die an jene anschliessen, welche den Grundstock zu dieser Ornis bilden. Durch sorgfältige Benützung der Literatur, genaue Durchsicht der Sammlungen, sowie durch die dem Autor zugekommenen Mittheilungen wurde die Arbeit nach Möglichkeit vervollständigt.

Im ganzen werden 257 Arten angeführt, darunter: *Falco islandus* (zweimal beobachtet), *F. lanirius, Aquila clanga, Circus pallidus* (hat einmal gebrütet), *C. cineraceus* (Brutvogel), *Nyctea nivea, Surnia nisoria, Athene passerina, Certhia* (beide Formen Brutvögel), *Lanius major, Muscicapa parva, Turdus sibiricus, obscurus, atrigularis* (je einmal), *Cyanecula suecica* (zu beiden Zugzeiten, aber sehr selten), *Loxia bifasciata, Tetrao bonasia* (seit 1870 ausgestorben). *Syrrhaptes paradoxus* (1882 und 1888), *Nesaeus cinereus* (einmal erlegt), *Cygnus musicus minor, Somateria mollissima, Mergus anatarius (=Clangula glaucion* X *Mergus albellus), Colymbus glacialis, Pelecanus onocrotalus.*

Jeder Species sind ausreichende biologische Angaben, bei selteneren Arten auch genaue Daten über Ort und Zeit der Erlegung beigefügt.   T.

E. Arrigoni degli Oddi. Le ultime apparizioni dell' *Actochelidon sandvicensis.* (Lath.) nel Veneziano. (Sep. a.: Atti Soc. it. Sc. nat. Vol. XXXVI. 8. 16 pp.)

In vorliegenden Blättern verzeichnet der bekannte ital. Ornithologe Graf Arrigoni alle Nachrichten über das Erscheinen der Brandmeerschwalbe im Venetianischen insbesonders, dann aber auch ihr Auftreten in allen übrigen Theilen Italiens und Europas unter Beifügung genauer literarischer Nachweise. Die Brandmeerschwalbe, welche bisher für das Venetianische als Seltenheit galt, zeigte sich 1894 in den dortigen Häfen so zahlreich, dass zu verschiedenen Zeitpunkten 57 Stück gesehen, 11 davon erbeutet werden konnten.

Als bemerkenswert wird hervorgehoben, dass die Art im Venetianischen — Februar und Juli ausgenommen — während aller übrigen Monate erbeutet wurde, weshalb sie als Standvogel zu betrachten wäre, obwohl es bisher nicht gelang, ihr Nisten in der Provinz nachzuweisen. Da sie fast nie auf den Binnengewässern erscheint, wird sie wohl für seltener gehalten, als sie es in der That wirklich ist.   A. Bonomi.

An den Herausgeber eingelangte Druckschriften.

L. Lorenz v. Liburnau. (Demonstration von *Pteridophora alberti* und *Parotia carolae).* (Sep. a.: Verh. k. k. zool.-bot. Ges. XLVI. 1896. Sitzungsb. 3 pp.) Vom Verf.

— Ueber den Vogelzug. (Sep. a.: Mitth. orn. Verein. XX. 1896. 3 pp.) Vom Verf.

F. Koske. Ornith. Jahresbericht über Pommern für 1895. (Sep. a.: Zeitschr. Orn. u. Geflglz. 1896. 15 pp.) Vom Verf.

J. A. Allen. Alleged Changes of Color in the Feathers of Birds without Molting (Sep. from.: Bull Americ. Mus. Nat. Hist. VIII. 1896. p. 13—44.) Vom Verf.

A. Bonomi. Che cosa è la *Cyanecula orientalis* Chr. L. Br.? (Sep. a.: Riv. ital. Sc. nat. XVI. 1896, 4 pp.) Vom Verf.

E. Rey. Der Kuckuck als Brutparasit. »Die Natur«. XXXXV. 1896. No. 17
p. 197—200.) Vom Verf.

W. Schlüter. Systematisches Verzeichnis der Europäisch-Sibirischen Vögel
mit Einschluss der mediterranen Formen nebst Etiquettenanhang. —
Halle a. S. (s. a.) 8. 25 pp. Vom Verf.

E. Arrigoni degli Oddi. Le ultime apparizioni dell' Actochelidon sandvicensis (Lath.) nel Veneziano. (Estr. d.: »Atti Soc. Ital. sc. nat.« Vol.
XXXVI. 8. 16 pp.) Vom Verf.

R. Biedermann. Ueber Fusshaltung im Fluge. (Sep. a.: »Orn. Jahrb.« VII.
1896. 16 pp. m. Taf. 1) Vom Verf.

O. Kleinschmidt. Der nordische Jagdfalk. Mit 2 Buntbildern von Prof.
A. Goering und Textillustr. vom Verlasser. (Sep. a.: »Orn. Monatsschr.«
XXI. 1896. 11 pp.) Vom Verf.

Aquila. Zeitschrift f. Ornithologie. — Budapest 1896. III. Nr. 1. 2. Von d.
U. O. C.

R. Blasius. Ueber den Vogelzug auf Barbados im Jahre 1886 von Dr. C. J.
Manning. (Sep. a.: »Ornis«. VIII. 1896. p. 365—372.) Vom Verf.
u. R. Leverkühn. Ornith. Beobachtungen aus dem Herzog-
thum Braunschweig 1885 1894. (Sep. a.: Ornis«. VIII. 1896.
p. 373—476 m. Karte.) Vom Verf.

— Leopold v. Schrenck. Nachruf. (Sep. a.: »Ornis«. VIII. 1896. p.
532—544.) Vom Verf.

— Vogelleben an den deutschen Leuchtthürmen. X. 1894. (Sep. a.:
»Ornis«. VIII. 1896. p. 577--592.) Vom Verf.

— Schlussfolgerungen aus den ornithologischen Beobachtungen
an deutschen Leuchtthürmen in dem zehnjährigen Zeitraume
von 1885—1894 (Sep. a.: »Ornis«. VIII. 1896. p. 593—620.)
Vom Verf.

Die Vögel des Herzogthums Braunschweig und der angrenzenden
Gebiete. (Sep. a.: »Ornis«. VIII. 1896. p. 621—688.) Vom Verf.

Corrigenda.

p. 9, Zeile 13 von unten steht: Meterolol., statt Meteorol.

p. 9, „ 3 „ „ muss es heissen: Mittheil. d. Aussch. a. d. Mitgl. d.
Ornith. Ver. in Wien. 1. 1877. No. 5 p. 7—8.

p. 92, Anm. Zeile 2 steht Mertula, statt Merula und ausnahmsweise, statt
ausnahmslos.

p. 94, Zeile 10 von oben muss nach: »beim schiefen Stoss« eine neue
Zeile folgen.

p. 95, Zeile 4 von unten steht spähendes, statt spätendes.

Verantw Redacteur Herausgeber und Verleger: Victor Ritter von Tschusi zu Schmidhoffen Hallein
Druck von Ignaz Hartwig Freudenthal Kirchenplatz 13

Ornithologisches Jahrbuch.

ORGAN

für das

palaearktische Faunengebiet.

| Jahrgang VII. | September-October 1896. | Heft 5. |

Beiträge zur Fortpflanzungsgeschichte des Kuckucks.

Von **V.** **Čapek.**

(Schluss.)

Die Gestalt des Eies ist wesentlich durch drei Momente bedingt, nämlich: a) durch das gegenseitige Grössenverhältnis beider Achsen, b) durch die Dopphöhe, c) durch das Abfallen der Bahn zum spitzen Pole.

Ad a). Das erste Moment trachte ich durch e i n e Zahl — den Index — zu veranschaulichen (siehe darüber die „Erläuterungen zur Haupttabelle," Punkt 11). Hier noch einiges zum Vergleiche:

Je länger das Ei, desto grösser der Index und umgekehrt. Der Index eines Eies von *Alca torda* aus meiner Collection ist 77, d. h. dieses Ei ist 1·77 mal (rund 1³/₄ mal) so lang als breit. Den kleinsten Index fand ich bei einem *Syrnium aluco*-Ei, nämlich 15. Von 15 bis 77 ist also Spielraum genug, um die verschiedenen Verhältnisse auszudrücken. Ich führe einige Extreme an:

Alca torda . .	Index 77.	*Struthio camelus*	Index 22.
Cypselus melba .	68.	*Bubo maximus* .	„ 19.
Sula bassana .	62.	*Alcedo ispida* .	„ 18.
Carbo pygmaeus .	„ 59.	*Pernis apivorus*	„ 17.
Podiceps rubricollis	„ 58.	*Syrnium aluco* .	„ 15.

Die meisten Indices der Kuckuckseier sind nicht weit vom Durchschnitts-Index 37. Den grössten Index (56!) hat das Ei Nr. 244, welches in Bezug auf Form ein Unicum ist.

Für die Kuckuckseier kann ich nach meinem Material folgende Norm aufstellen:

Rundliche Eier haben den Index (von 17 bis 30, ovale von 31 bis 43, längliche von 44 bis 56.

Innerhalb derselben Suite ist der Index (wenn auch die einzelnen Stücke recht ungleiche Dimensionen zeigen) sehr constant, was deutlich für die Wichtigkeit dieses Wertes spricht. Die meisten Differenzen bleiben unter 10 (recte 0·10), wenige gehen bis 12, nur einmal bis 16 und zwar bei dem Weibchen Nr. 21.

Ad *b*). Die Dopphöhe ist die Entfernung vom Schneidepunkte der beiden Achsen zum stumpfen Pole. Auf dem zweiten ornith. Congresse zu Budapest (1891) wurde von Dr. R. Blasius mit Recht auf diesen Wert besonderer Nachdruck gelegt, da er ein wichtiges Hilfsmittel zur Veranschaulichung der Eigestalt repräsentiert. Die genaue Bestimmung der Dopphöhe ist bei kleinen Eiern jedoch sehr umständlich und schwierig, und ich konnte mich jetzt dieser Arbeit nicht unterziehen. Im ganzen zeigen sich bei den Kuckuckseiern, was Dopphöhe anbelangt, nur unbedeutende Verschiedenheiten.

Ad *c*). Was endlich den Bogen der Bahn anbelangt, kann ich mich vollkommen dem anschliessen, was darüber von Dr. Rey (l. c. p. 8) kurz gesagt worden ist.

3. Textur der Schale.

Die Kuckuckseier sind nur schwach glänzend; nach längerer Bebrütung erscheint der Glanz — gleich den Eiern anderer Vögel — wie fett. Die Oberfläche der Schale ist glatt, dicht feinporig; kleine Erhabenheiten der Schale kommen auch vor.

Die Schale selbst ist nicht besonders dick, zeichnet sich jedoch durch besondere Härte und Festigkeit aus, welche diejenige der gleich grossen Singvogeleier bedeutend übertrifft, und die der Präparator sogleich wahrnimmt, wenn er mit dem Bohrer zu arbeiten beginnt.

Die Festigkeit der Schale ist ein sehr wichtiges Criterium der Kuckuckseier; ihre Ursache haben wir in der compacten Masse der Schale zu suchen. Gewiss ist der Umstand, dass Kuckuckseier ursprünglich naturgemäss grösser

waren, die eigentliche Ursache dieser merkwürdigen Textur
der Schale; die Eier verkleinerten sich, aber das Quantum der
Kalkmasse ist verhältnismässig gross geblieben, wodurch die
Schale compacter wurde.*)

Dass diese Festigkeit der Schale zur Erhaltung des Eies
und somit auch der Art von Vortheil ist, wird jedermann ein-
sehen. Bei dem Legen des Eies auf den Erdboden und bei
dem oft mit Hindernissen verbundenen Transporte in's Nest
leistet sie schon gute Dienste.

Auf die grosse Resistenzfähigkeit der Kuckuckseier mache
ich besonders aufmerksam; denn dieselbe zeigt sich nicht nur
in der Widerstandskraft gegen (jetzt erwähnte) schädliche m e-
c h a n i s c h e Einwirkungen, sondern auch gegen die ungünstigen Einflüsse von Kälte, Feuchtigkeit etc.

Ich bin der Ansicht, dass die compactere Textur der
Schale eine von den Ursachen der verhältnismässig schnellen
Entwickelung des Embryos bildet. Schon das blosse n ä c h t-
l i c h e Sitzen des Vogels (so lange das Gelege nicht vollzählig ist), wirkt auf die Kuckuckseier bedeutend ein, während an
den Nesteiern sehr wenig davon zu bemerken ist.

Oft kommt der Brutpfleger bei ungünstiger Witterung
nicht auf das Nest, aber das einmal geweckte Leben in dem
Kuckucksei leidet dadurch gar nicht. Auch im Laufe der späteren Bebrütung findet man das Kuckucksei gewöhnlich i m
h ö h e r e n S t a d i u m d e r E n t w i c k l u n g als die Nesteier.

Öfters kommt es vor, dass der Sammler ein schon lange
verlassenes Kuckucksei findet; und doch hat dieses ein recht
frisches Aussehen, kann ganz gut ausgeblasen werden, während
der Inhalt der N e s t e i e r meist schon verdorben und zersetzt ist,
so dass dieselben nur mit Mühe präpariert werden können
(siehe Nr. 11, 96, 227 etc.).

Zwei Eier entdeckte ich sogar (Nr. 21 bei *Erithacus* in einem
offenen Neste, Nr. 224 bei *Mot. alba* in einem Steindamme);
nachdem sie ein g a n z e s J a h r im Neste gelegen waren, und
doch konnte ich dieselben ganz gut ausblasen.

*) Derselbe Vorgang findet bei den meisten Zwerg- oder Spareiern
statt und zwar auch in Bezug auf die Dichtigkeit der Färbung; aus derselben
Ursache ist der eventuelle Fleckenkranz in v e r k e h r t e r Lage immer sehr dicht.

Hieher gehört auch der Fall, den A. Schering (Z. f. Ool., 1893, p. 43 erzählt. Selber fand anfangs August ein Kuckucksei mit dem *Ruticilla* Gelege in einer Baumhöhlung, ganz im Wasser; die Nesteier waren verdorben, das Kuckucksei jedoch wie frisch.

4. Gewicht der Kuckuckseier.

Auch das Gewicht (des entleerten Eies) ist ein wichtiger Behelf zur Bestimmung der Kuckuckseier. Es ist nämlich ein charakteristisches Merkmal derselben, dass sie (wieder infolge der compacten Textur) bedeutend schwerer sind als gleich grosse Singvogeleier.

Das grösste Gewicht hat das grosse Ei Nr. 215, nämlich 297 mg.; das leichteste Stück ist Nr. 209 mit 161 mg. Leichte Eier legte das Weibchen Nr. 32. Die Schwankung des Gewichtes ist bei vielen Suiten gering, bei anderen wieder recht bedeutend; bei der Suite Nr. 1 beträgt sie bis 20% des Durchschnittsgewichtes.

Der Quotient ist innerhalb derselben Suite sehr constant; die Schwankung beträgt als Maximum 0·27 mg. oder 14·5%. Infolge des geringen Gewicntes sind bei dem Weibchen Nr. 32 die höchsten Quotienten zu finden, nämlich 1·83 bis 2·01, was zu den grössten Seltenheiten gehört.

Kapitel VI.
Die Färbung der Kuckuckseier.

A. Allgemeine Beschreibung.

Es ist kein Vogel bekannt, dessen Eier solche Verschiedenheiten in der Färbung aufweisen würden, wie sie an den Kuckuckseiern zu sehen sind.

Die Grundfarbe ist selten rein weiss, öfters aber gelblich-, graulich- oder röthlichweiss, meist jedoch grünlich, grünlichweiss oder grünlichgrau, manchmal röthlich-, violett- oder chocoladegrau, bräunlich oder einfach lichtblau.

Der grünliche Ton ist in der Grundfarbe entschieden vorherrschend. Nicht nur, dass er bei den meisten lichteren Typen schon äusserlich in verschiedener Intensität zu bemerken ist, auch bei den dunkelgefärbten Kuckuckseiern verräth er sich, wenn man durch das Bohrloch blickt. Nur bei zwei Suiten vom weisslichen *L. collurio*-Typus ist das Durchscheinen gelblichweiss, bei zwei Suiten vom röthlichen *Syl. atricapilla*-Typus röthlichweiss. Über das Durchscheinen der blauen Kuckuckseier siehe bei Weibchen Nr. 19. T y p e n d e r F ä r b u n g. Es gibt einfarbige und gefleckte Kuckuckseier.

Rein w e i s s e Kuckuckseier sind nur wenige aus der Fachliteratur bekannt; einige davon sind zweifelhaft. Zwei weisse Kuckuckseier fand B l. H a n f in Steiermark bei *Phyll. bonellii*; auch aus dem Riesengebirge werden weisse Kuckuckseier erwähnt.

Einfarbige l i c h t b l a u e Kuckuckseier sind sehr häufig. Siehe darüber bei den Weibchen Nr. 19, 20, 23. — Herr P. R. K o l l i b a y erwähnt (in litt.) ein g r ü n e s Kuckucksei, welches im Jahre 1895 bei *Anthus spipoletta* in Ober-Ungarn gefunden wurde.

G e f l e c k t e Kuckuckseier bilden die bei weitem grössere Majorität. Aber wie die Grundfarbe, so ist auch die Fleckung sehr verschieden. Die Flecke sind nämlich grau, graugrün, grünlich, roth- oder graubraun, rostroth, violett, aschgrau, hell- oder dunkelbraun, schwarz. In vielen Fällen sind die Flecke mit der Grundfarbe recht harmonisch übereinstimmend.

Eine R e g e l m ä s s i g k e i t ist in der Zeichnung und Färbung der Kuckuckseier leicht wahrzunehmen. Die Flecke sind nämlich meist d r e i e r l e i A r t :

1. Z u u n t e r s t finden sich graue oder violettgraue Schalenflecke, matter oder dunkler, je nachdem sie tief in der Kalkmasse eingelagert sind. Sie sind meist kranzförmig um die Basis angehäuft.

2. Darauf folgen unregelmässige Flecke und Wölkchen, Spritzer und Punkte sehr verschiedener Grösse, die zwar über das ganze Ei zerstreut, aber auf der basalen Hälfte doch gewöhnlich etwas dichter gehäuft stehen. Die Farbe dieser Mittelflecke ist bei einzelnen Suiten verschieden, am häufigsten findet sich b r a u n, heller oder dunkler nuanciert; freilich sind bei einzelnen Suiten auch a n d e r e T ö n e beigemischt.

3. Zu oberst stehen endlich f e i n e r u n d e P ü n k t - c h e n oder kleine unregelmässige Flecke von d u n k l e r Farbe, die scharf umgrenzt sind und nur in seltenen Fällen

vollständig fehlen. Diese Flecke sind für Kuckuckseier ein recht charakteristisches Merkmal. Je feiner sie sind, desto dichter treten sie auf. Von Farbe sind sie schwarzbraun oder schwarz; bei röthlich gefleckten Eiern spielen sie (besonders am Rande) in's Röthliche. Ihre Vertheilung ist dieselbe wie bei denen der ersten Art.

Im Grunde genommen ist das Pigment aller dieser drei Arten von Flecken fast dasselbe. Namentlich sind die Flecke der 1. und 3. Art identisch, wovon ich mich durch A b - s c h a b e n d e r K a l k m a s s e von den grauen Grundflecken überzeugt habe, die dabei ganz dunkel zum Vorschein kamen; auch durch das Bohrloch betrachtet, erscheinen die oft ganz matten Schalenflecke viel dunkler. Die Flecke der 1. und 3. Art sind als — durch Schwarz verstärkte — Anhäufungen des Farbstoffes zu betrachten, dem die Flecke der mittleren Art angehören. In der Auftragung derselben ist keine Pause wahrzunehmen.

Gewöhnlich ist die Fleckung über die ganze Schalenfläche der Eier vertheilt, doch in den meisten Fällen um den stumpfen Pol herum etwas dichter angehäuft; die eigentliche Kranzbildung ist aber recht selten.

B. J e d e s K u c k u c k s w e i b c h e n l e g t z e i t l e b e n s g l e i c h e E i e r.

Dass die Eier eines jeden Weibchens einer beliebigen Vogelart ihren i n d i v i d u e l l e n C h a r a k t e r durch das ganze Leben des Vogels beibehalten, bedarf für einen Oologen keiner Beweise mehr.

Auch der Kuckuck macht, wenigstens in dieser Hinsicht, keine Ausnahme, was hinlänglich von vielen Beobachtern dargethan ist. Umgekehrt beweisen also gleiche Eier die Identität des Weibchens.

Alle Charaktere einer bestimmten Suite sind im hohen Grade constant, nicht nur in Grösse, Form, Gewicht und Färbung, sondern selbst in Anomalieen, wie Deformitäten, Erhabenheiten der Schale, ein auffallender Fleck u. dgl. So zeigt z. B. die Suite des Weibchens Nr. 2 vier Jahre hindurch auf den meisten Stücken einen markanten dunklen Fleck auf der

spitzigen Hälfte, desgleichen die Suite des Weibchens Nr. 11
durch drei Jahre. Meine mehrjährigen Suiten erstrecken sich beim Weibchen Nr. 1 auf 9 Jahre, bei Nr. 18 auf 7 Jahre, bei Nr. 30
auf 5 Jahre und mehrere auf 4, 3 und 2 Jahre.

Kleine, unwesentliche Verschiedenheiten in jeder Richtung
sind i n n e r h a l b d e r s e l b e n S u i t e ganz natürlich. Aber
die einzelnen Eier wechseln n i c m e h r, als die einzelnen
Stücke d e s s e l b e n G e l e g e s bei einer beliebigen, w e n i g
v a r i a b l e n Vogelart. Es sind mir keine Merkmale vorgekommen, nach welchen man die Eier selbst aus den extremen
Jahrgängen unterscheiden könnte.

C. Erblichkeit der Typen.

Das Princip der Erblichkeit ist eines der fundamentalen
Gesetze der organischen Welt.

Dass auch die Charaktere der Vogeleier (und zwar nicht
nur jene der Species als einer solchen, sondern in gewisser
Masse auch die individuellen eines bestimmten Weibchens) erblich sind, wird wohl niemand bezweifeln.

Die im letzten Abschnitte festgestellte Thatsache, dass
sich die sämmtlichen in einer ganzen Reihe von Jahren gesammelten Eier eines Kuckucksweibchens als vollständig übereinstimmend erwiesen, ist ein Beweis einer g e h ö r i g b e f e -
s t i g t e n und regelmässigen Function der sämmtlichen sexuel-
len Organe. Diese Übereinstimmung kann nicht das Werk
e i n e s individuellen Lebens sein, sie ist vielmehr das Resultat
einer durch ganze Generationen fortschreitenden allmählichen
Entwickelung. In diesem Sinne ist die Erblichkeit der Eiercha-
raktere ein theoretisch erwiesener Factor.

Dem entspricht auch die Erfahrung. Die Charaktere der
Kuckuckseier sind erblich, aber die Erblichkeit ist in Einzeln-
heiten nicht so durchgreifend, dass man Verwandte nicht unterscheiden könnte.

D r. R e y sagt,*) dass ihm nie ein Weibchen vorgekommen ist, welches er als eine Tochter der dortigen altberech-
tigten Mütter hätte ansehen können, und dass bei Leipzig nie eine
Familienähnlichkeit bei den Kuckuckseiern constatiert wurde.

---

*) „Beobacht. über den Kuckuck bei Leipzig aus d. Jahre 1893."

Mir sind, freilich als Seltenheiten, doch einige solche Fälle vorgekommen.

Wenn wir aus begreiflichen Gründen von b l a u e n Kuckuckseiern gänzlich absehen, müssen wir zugeben, dass schon die bei *Erithacus* gefundenen Eier sich manchmal in näher oder weiter von einander stehende G r u p p e n sortieren lassen, was schon auf einen gewissen Grad von Verwandtschaft hinweist. Wichtig sind jedoch folgende Funde:

1. Die Weibchen 2 und 11 zeigen eine deutliche Familien-ähnlichkeit; selbst einen charakteristischen Fleck haben ihre Eier-Suiten gemeinsam. Die Reviere der beiden Weibchen waren 7 km. von einander entfernt und gar nicht zusammenhängend.

2. Auch das Weibchen Nr. 12 kann nur eine nahe Ver-wandte des Weibchens sein, von dem das Ei Nr. 88 stammt, was das erfahrene Auge eines Fachmannes gewiss bestätigen würde. Die Funde waren 3 km. auseinander.

3. Auch die Eier Nr. 84, 87 und 94 stammen von ver-wandten Weibchen.

4. Sehr wichtig ist in dieser Beziehung das Ei Nr. 171. Siehe dort! Im geringeren Masse gilt dies auch von Nr. 172.

Durch diese Erblichkeit entstehen in einem bestimmten Ge-biete g a n z e S t ä m m e von Kuckucksweibchen, deren Eier eine gemeinschaftliche Abstammung voraussetzen lassen, und die in der Regel auch denselben Brutpfleger benützen, wenn sie sich auch recht weit von einander ansiedeln. Bei mir sind es Stämme, die zu *Erithacus* (Sylvien-Typen) und zu *Ruticilla* (blaue Eier) legen. Einen ähnlichen Stamm erwähnt z. B. A d. W a l t e r aus Pommern (dunkle Eier bei *Troglodytes*). Hieher gehören die Eier mit *Fringilla montifringilla*-Typus (bei diesem Pfleger) aus Lappland. Eier mit *Fringilla coelebs*-Typus aus Ober-Ungarn (K o l l i b a y in litt.), Eier mit *Motacilla*- oder *Anthus*-Typus aus England (R e y). Unter günstigen Verhältnissen gibt es solche Stämme auch bei *Motacilla*, bei Rohrsängern, sogar (K u h l m a n n) bei *Agrodroma*, etc.*)

---

*) Über die Anpassung der Färbung an die Nesteier, dann über den Ursprung der mannigfaltigen Färbung der Kuckuckseier werde ich mir später erlauben, meine Ansichten vorzubringen.

Kapitel VII.

Unsere Brutpfleger des Kuckucks.

Dr. R e y zählt 119 Vogelarten aus der palaearktischen Region auf, in deren Nestern Kuckuckseier gefunden worden sind, bemerkt jedoch mit Recht, dass zu mancher Art das Ei nur durch Zufall gelangte.

In Bezug auf die Brutpfleger ist der Kuckuck der Ornis des betreffenden Gebietes gut accomodiert. Andere Länder, andere Pfleger, könnte man hier sagen. Weit verbreitete, wenig empfindliche und geeignet bauende Arten *(Rutic. phoen., Erithacus, Mot. alba* etc.) werden natürlich überall vom Kuckuck aufgesucht und erziehen somit zahlreiche Stämme von Kuckucken. Dem entgegen haben heikelige Vögel *(Anthus arboreus, Luscinia, Phylloscopus, Conirostres* etc.) Kuckuckseier selten angenommen, weshalb nun auch ihre Nachkommen von dem Parasiten weniger belästigt werden.

Die Zahl der Brutpfleger ist in derselben Gegend nicht gross. Es ist ganz naturgemäss, dass jedes Kuckucksweibchen zu demjenigen Vogel legt, bei dem es selbst erzogen wurde; das ist also der eigentliche (primäre) Brutpfleger des betreffenden Weibchens.

Nur ungern, man kann sagen, nur in g r ö s s t e r N o t h (etwa 20%) der sämmtlichen Funde legt das Weibchen zu einem anderen (secundären) Brutpfleger. Bei 13 Weibchen habe ich e i n e n, bei 1 Weibchen z w e i, bei 2 Weibchen sogar d r e i s e c u n d ä r e Brutpfleger constatiert. Bei der Nester- suche und -Wahl zeigt sich der Kuckuck als ein zu gut un- terrichteter Oologe, als dass man berechtigt wäre anzunehmen, dass er aus I r r t h u m zum s e c u n d ä r e n Pfleger lege.

Aber was den secundären Ziehvogel anbelangt, ist das Weibchen recht wählerisch. In erster Linie ist dabei die B a u a r t und U n t e r b r i n g u n g d e s N e s t e s entscheidend. Freilich ist auch diese Regel nicht ohne Ausnahme; so haben drei sonst zu *Erithacus* legende Weibchen 5 Eier zu *Syl. atri- capilla* und *S. hortensis* gelegt.

In den seltensten Fällen wird das Ei gelegt, w o e s g e r a d e m ö g l i c h i s t; nur so sind die Funde bei *Parus maior, Merula vulgaris* etc. zu verstehen.

Dass ein Kuckucksweibchen, welches bei einem s e c u n -
d ä r e n Brutpfleger erzogen wurde, denselben dann für
seine Nachkommen zum primären Pfleger wählt, ist selbstverständlich; so kann aus einem einzigen Ausnahmsfalle ein
ganzer Stamm von Weibchen entstehen, die eine früher vielleicht unbeachtete Art als Ziehvogel benützen. Auch durch
das Erscheinen eines neuen Weibchens im Rayon entsteht
öfters ein neuer Ziehvogel.

Aus diesen Verhältnissen ist es erklärlich, dass es neben
einem stabilen Stab local ganz specielle Brutpfleger gibt, die
in einem anderen Lande vielleicht gar nicht, oder nur selten
in Anspruch genommen werden.

Nun speciell zu meiner Gegend!

Meine Tabellen enthalten zusammen 273 Funde von etwa
92 Weibchen.

Ü b e r s i c h t   d e r   F u n d e   n a c h   d e n   N e s t v ö g e l n.

Bei dem Brutpfleger	wurden gefunden				Von wie viel		
	Eier	Junge	zu- sam- men	% aller Funde	pri- mären ?	secun- dären ?	der prim ?
Erithacus rubeculus .	79	13	92	33·7	48		52 17
Ruticilla phoenicura . .	76	12	88	32 23	18	1	19 56
Lanius collurio	40	—	40	14·65	9	—	9·80
Motacilla alba	10	1	11	4·	7	...	7 60
Phyll. sibilator . .	17		17	6 22	4	9	4·34
„ trochilus . . .	5		5	1 83	1	3	1 08
Sylvia atricapilla . . .	4		4	1·46	1	2	1·08
„ curruca	2		2	0·73	2	--	2 17
„ nisoria	2		2	0 73	2	—	2 17
„ hortensis . .	1	1	2	0·73	1		—
Emberiza citrinella .	2		2	0·73	2	—	
Motacilla melanope . .	3		3	1·00	—	3	—
Luscinia minor	1		1	0·36	1		—
Ruticilla titis	—	1	1	0·36	1		—
Anthus arboreus . . .	1	--	1	0 36	—	1	
Parus maior	1	—	1	0·36	--	1	
Merula vulgaris . . .	1	—	1	0 36	—	1	—
Zusammen .	245	28	273		92	26*)	—

*) Von diesen 26 secundären Weibchen sind 21 mit bestimmten pri-
mären Weibchen identisch; nur 5 sind sonst unbekannt, und ich habe dieselben zu Erithacus rub. zugezählt.

Betrachten wir nun die einzelnen Pfleger aus meiner Gegend.

1. *Erithacus rubeculus*. Das Rothkehlchen wird wohl überall, wo es mit dem Kuckuck zusammen lebt, als Pfleger aufgesucht. Bei mir ist es der häufigste Ziehvogel, denn über 52% der sämmtlichen Kuckucksweibchen legen zu ihm. Auch anderwärts in Mähren, in Schlesien, Steiermark (R e i s e r), bei Kassel etc. ist es der bevorzugte Brutpfleger. Unter diesen Verhältnissen ist es kein Wunder, dass die zum Rothkehlchen legenden Kuckucksweibchen nicht immer imstande sind, ihre Eier in passenden Nestern dieses Vogels unterzubringen, weshalb sie sich mit einem secundären Ziehvogel begnügen müssen. Nicht weniger als 23% der von diesen Weibchen gelegten Eier fand ich in secundären Nestern und zwar: 6 Eier von 6 Weibchen bei *Phyll. sibilator*, 2 Eier von 2 Weibchen bei *Phyll. trochilus*, 3 Eier von 2 Weibchen bei *Sylv. atricapilla*, 3 Eier von 3 Weibchen bei *Mot. melanope*, 2 Eier von 2 Weibchen bei *Ember. citrinella*, 2 Eier von 1 Weibchen bei *Rut. phoenicura* (!), je 1 Ei von je 1 Weibchen bei *Syl. hortensis*, *Luscinia minor*, *Anthus arboreus*, endlich ganz zufällig bei *Parus maior* und *Merula vulg.* Umgekehrt ist mir aber kein Weibchen bekannt, welches den *Erithacus rubec.* als s e c u n-d ä r e n Brutpfleger benützt hätte.

2. *Ruticilla phoenicura* ist der zweite wichtigste Ziehvogel des Kuckucks bei mir; 19% der Kuckucksweibchen legten zu ihm, und nur 5 Eier von denselben fand ich bei secundären Brutpflegern, nämlich 3 Eier von 3 Weibchen bei *Phyll. sibilator* und 2 Eier von einem Weibchen bei *Ph. trochilus*. Auch der junge Kuckuck bei *Rut. titis* wird ein solches Weibchen zur Mutter gehabt haben. — Umgekehrt legt kein „fremdes" Weibchen zu *Rut. phoenicura*, und die beiden rothen Eier Nr. 15 und 16 bleiben eine äusserst seltene Anomalie.

3. *Lanius collurio*. Der Dorndreher ist bei mir als Ziehvogel des Kuckucks selten; nur 10% der Weibchen gehören hieher, und im Jahre 1895 legte nur ein einziges Weibchen zu ihm. Die zum Dorndreher legenden Kuckucksweibchen hatten k e i n e n secundären Ziehvogel, und umgekehrt legte auch kein „fremdes" Weibchen zu demselben. In den Rayons der Weibchen Nr. 30

und 32 nisteten z. B. neben *L. collurio* sehr zahlreich *Sylvia nisoria*, und doch ist mir kein Kuckucksei bei diesen vorgekommen.

4. *Motacilla alba* wird wohl überall vom Kuckuck belästigt. Auch dieser Vogel hat seine speciellen Kuckucksweibchen, die n u r zu ihm legen. 7" ₀.)

5. *Phylloscopus sibilator.* Bei dieser Art sind die Verhältnisse ganz eigenthümlich. Mit Rücksicht auf den Umstand, dass der Vogel sein vom Kuckuck bedachtes Nest fast immer verlässt. dass weiter von den 13 zu ihm legenden Weibchen nicht weniger als 9 eigentlich den *Erithacus* oder *Ruticilla* zum Pfleger hatten, bin ich der Ansicht, dass von den übrigen 4 Weibchen höchstens nur 2 (Weibchen Nr. 35 und 36) den *Ph. sibilator* zum primären Ziehvogel hatten, – da sie ausnahmsweise bei ihm ausgebrütet wurden , und dass sie nebenbei vielleicht auch zu *Erithacus* legten. Auch anderwärts ist der Waldlaubvogel als Ziehvogel des Kuckucks eine Ausnahme.

6. *Phyll. trochilus* ist mit 5 Eiern von 4 Weibchen vertreten; weil aber dieselben sonst zu *Erithacus* oder *Ruticilla* legten, hat auch der *Ph. trochilus* kein eigenes Kuckucksweibchen, obzwar er nicht sehr empfindlich ist.

7. und 8. Die bei *Sylv. atricapilla* und *S. hortensis* gefundenen Eier (4 + 2 Stücke) stammen von Weibchen, die eigentlich zu *Erithacus* legten, so dass auch diese Grasmücken bei mir kein specielles Kuckucksweibchen besitzen.

9. *Sylv. curruca.* Zwei Eier von sonst ganz unbekannten Weibchen.

10. *Sylv. nisoria.* Dasselbe wie bei *S. curruca.* Es ist recht merkwürdig, dass die soliden Nester der Sperbergrasmücke bei mir vom Kuckuck gar nicht beachtet werden! Überhaupt sind bei mir *Sylvien* als Ziehvögel nur selten, ja bei *S. cinerea* fand ich noch kein Kuckucksei, obgleich dieselbe stellenweise in Deutschland (nach *S. hortensis*) recht oft gewählt wird.

11. *Emberiza citrinella.* Bei den *Conirostres* werden Kuckuckseier nur ausnahmsweise untergebracht. Abgesehen von einigen eigenthümlichen Fällen (z. B. bei *Fringilla montifringilla* in Lappland) werden die Kegelschnäbler kaum irgendwo ihre speciellen Kuckucksweibchen haben. Verhältnismässig sind Kuckuckseier bei dem Goldammer am häufigsten zu finden;

ich sammelte bei ihm 2 Eier, eines davon stark bebrütet. Auch
für Steiermark wird der Goldammer von Bar. Washington
und Grimm als Brutpfleger des Kuckucks angeführt.

12. *Motacilla melanope.* In zwei verlassenen Nestern entdeckte ich 3 Eier von 3 verschiedenen Weibchen, die sonst zu
Erithacus legten.

13. *Luscinia minor.* Es ist recht merkwürdig, dass der
Kuckuck Nachtigallennester so meidet. Mir ist bloss ein Ei
vorgekommen, aber das betreffende Weibchen legte sonst zu
Erithacus. Der bekannte Wiener Oologe, H. Fournes, fand
ein Kuckucksei bei *Luscinia philomela,* ein zweites von demselben Weibchen bei *Locustella naevia.*

14. Bei *Ruticilla titis* ist mir bloss ein junger Kuckuck
vorgekommen, dessen Mutter gewiss eigentlich zu *Rut. phoenicura* legte. *Rut. titis* ist (besonders in seiner ursprünglichen
Nistweise in Felsen u. dgl.) für den Kuckuck als Brutpflegerin
recht geeignet. In Steiermark wird sie auch nach überein-
stimmenden Nachrichten von Bl. Hanf, Grimm und Bar.
Washington häufig vom Kuckuck belästigt. Auch in den
Sudeten und Karpathen wird der Kuckuck gewiss zu *Rut. titis*
legen; in diesem Falle sind ganz weisse Kuckuckseier nicht
ausgeschlossen. Die beiden weissen Eier, die von Hanf bei
Phyll. bonellii entdeckt wurden, legte höchst wahrscheinlich
ein Weibchen, welches das Hausrothschwänzchen zum primären
Pfleger hatte.

15. *Anthus arboreus.* Ein einziges Ei von einem Weibchen,
welches meist zu *Erithac. rubec.* legte. Es ist sonderbar, dass
der Baumpieper so selten vom Kuckuck benützt wird; und
doch wären die dunklen Typen den Piepereien sehr angepasst.
Aus Pommern und England sind nach Dr. Rey mehrere
Funde bekannt, so dass wir es da mit localen Eigenthümlichkeiten zu thun haben.

16. *Parus maior.* Nur durch blinden Zufall, resp. aus
grösster Noth, konnte das einzige Kuckucksei in das Kohl-
meisennest gelangen. Auch für Deutschland notiert Dr. Rey
einen einzigen Fund bei diesem Pfleger.

17. *Merula vulgaris.* Kuckuckseier in Nestern der

12

drosselartigen*) Vögel gehören zu den grossen Seltenheiten. Auch das von mir gefundene Ei wurde in das verlassene Amselnest nur aus Noth gelegt

Kapitel VIII.

Wie viel Eier legt der Kuckuck jährlich und in welchen Abständen?

Gegen die frühere noch von B a l d a m u s vertheidigte Ansicht, dass der Kuckuck jährlich 5 bis 7 Eier und zwar in 6—8-tägigen Pausen lege, wandte sich in seiner Arbeit Dr. E. R e y und erklärte, dass unser Parasit im Jahre bis einige z w a n z i g Eier legt, und dass die Ablage derselben e i n e n T a g u m d e n a n d e r e n e r f o l g t.

Die Analyse meiner wichtigsten Suiten bestätigt i n d e r H a u p t s a c h e die Conclusionen dieses verdienstvollen Autors; doch bin ich gezwungen, dieselben für mein Gebiet folgendermassen zu modificieren:

1. Das in voller Lebenskraft stehende Kuckucksweibchen l e g t i n d e r e r s t e n P e r i o d e d e r S a i s o n etwa 5--7 E i e r i n z w e i t ä g i g e n I n t e r v a l l e n, also sozusagen das erste Gelege. Diese Periode fällt mit jener zusammen, wo die m e i s t e n Paare des primären Ziehvogels vom betreffenden Weibchen legen; zu dieser Zeit hat es also das Kuckucksweibchen sozusagen eilig, seine Eier gehörig unterzubringen, und es bietet sich ihm dazu auch die meiste Gelegenheit.

2. Nach einer geringen Pause beginnt für jedes Kuckucksweibchen die z w e i t e P e r i o d e m i t e t w a s g r ö s s e r e n u n d w a h r s c h e i n l i c h u n r e g e l m ä s s i g e n I n t e r - v a l l e n u n d m i t e i n e r k l e i n e r e n (1—5) E i e r z a h l. Zu dieser Zeit sind die (bereits geschwächten) Kuckucksweibchen nur an die zweiten (resp. dritten) Bruten ihrer Pfleger angewiesen, diese legen jedoch nicht so gleichzeitig wie bei der ersten Brut.

Diese beiden Sätze haben bei mir namentlich für die zu *Erithacus rub.* und *Rut. phoenicura* legenden Kuckucksweibchen

*. Nach Harald Baron Loudon (Corresondenzbl. Naturf. Ver. in Riga, XXXVIII 1895 .legt der Kuckuck (in den Ostseeprovinzen) mit Vorliebe sein Ei in das Nest der Drossel *Turdus pilaris* L.) Nur einmal habe ich 2 Kuckukseier in einem Neste von T. pilaris gefunden."   D. Herausgeb.

ihre Giltigkeit. Für die Weibchen (z. B. Nr. 30 und 32), welche Dorndrehernester benützen, werden die beiden Perioden kürzer und mehr zusammengeschmolzen sein, was ganz gut dem einmaligen Brüten des Dorndrehers entspricht und eine durch Vererbung entstandene Eigenthümlichkeit dieser Stämme von Kuckucksweibchen sein wird. Für die zu *Mot. alba* legenden Weibchen steht mir kein genügendes Material zur Verfügung; ich glaube jedoch, dass auch hier eine Anomalie vorkommen könnte, indem die betreffenden Weibchen die ersten Gelege der Bachstelze fast gar nicht benützen können. Dass auch individuelle Eigenthümlichkeiten eine Rolle spielen werden, halte ich für sehr wahrscheinlich.

Die einzelnen Weibchen beginnen nicht jedes Jahr zu derselben Zeit zu legen, was hauptsächlich mit den Temperaturverhältnissen und infolge dessen mit der ungleichen Ankunft des Kuckucks und dem ebenso wechselnden Beginne der Legezeit der Brutpfleger im Zusammenhange steht; die Differenz beträgt in den einzelnen Jahren höchstens 10 bis 14 Tage, meist jedoch viel weniger.

Was die Dauer der Legezeit bei bestimmten Weibchen anbelangt, so ist dieselbe individuell verschieden. Starke Weibchen im besten Alter legen gewiss länger und mehr Eier als schwache, „erst-" oder „letztlegende" Individuen.

Aus meinen Suiten ergab sich folgende Legezeitdauer:

1. Weibchen Nr. 18 im Jahre 1892 . . 30 Tage
     „   „   1894 . . 40 „   Bei *Ruticilla phoenicura*
   „   19 „   „   1892 . . 40 „   durchschnittlich
     „   „   1893 . . 32 „   36 Tage.
   „   24 „   „   1895 . . 39 „

2. Weibchen Nr. 1 im Jahre 1892 . . 27 Tage   Bei *Erithacus rubeculus*.
   „   9 „   „   1893 .   28 „

3. Weibchen Nr. 30 im Jahre 1890 . . . 28 Tage
     „   „   1891 . . . 23 „   Bei *Lanius collurio*
   „   22 „   „   1894 . . 17 „   durchschnittlich
     „   „   1895 . . . 21 „   22 Tage.

Die Zahl von 40 Tagen ist also das Maximum; auch die zu *Erithacus rubeculus* legenden Weibchen werden dieselbe Legezeit haben, doch ist die Controle bei diesem Pfleger recht schwer.

12*

Analyse der wichtigsten Suiten*)

1. Weibchen Nr. 1 im Jahre 1892. (Bei *Erithacus rubec.*)

Ei Nr. 4 gefunden am 7.5., wurde gelegt am 4.5.

„ „   5 „   „ 11.5., „   „   „ 8.5.

„ „   6 „   „ 12.5., „   „   „ 10.5.

„ „   7 „   „ 12.5., „   „   6.5

„ „   8 „   14.5.,   „   „ 12.5.

„ „   9   14.5.,   14.5.

„ „ 10 „   18.5.,   „ 16.5.

„ „ 11 „   „ 22.6., „   „ etwa 20.5.

Junger Kuckuck Nr. 14, das Ei „   „ am 1.6.

Wir sehen aus dieser wichtigen Suite, dass ich in 12 Tagen 7 Eier entdeckte, die sehr gut auf die angegebenen Data passen, und ich kann mit gutem Gewissen behaupten, dass die Reihe der ersten 7 Stücke nicht zerrissen ist. Die letzten zwei Funde stehen vereinzelt da.

2. Weibchen Nr. 18, im Jahre 1894 (Bei *Ruticilla phoenic.*)

Ei Nr. 111 gefunden am 1.5., wurde gelegt am 1.5.

„ „ 112 „   „ 7.5., „   „   „ 3.5. (5.5.)

„ „ 113 „   „ 9.5., „   „   „ 9.5.

„ „ 114 „   . 20.5., „   „   „ 13.5.

„ „ 115 „   „ 23.5., „   „   „ 23.5.

„ „ 116 „   „ 25.5., „   „   „ 25.5.

„ „ 118 „   „ 22.6.,   „ Ende Mai.

„ „ 117 „   „ 9.6., „   „ am 9.6.

Aus der ersten Periode (1. bis 13. Mai) fehlen also 3 Stücke. Die Pause zwischen dem 13. und 23. Mai ist ganz ersichtlich. Nur hier ist es mir vorgekommen, dass die b e i d e n e r s t e n Eier der z w e i t e n Periode (115 und 116) ebenfalls einen Tag um den anderen gelegt wurden. Die Legezeit dauerte bei diesem starken Weibchen 40 Tage, aber 20 Eier hat es unmöglich legen können; 12 Eier hätten in meinem „Hausreviere" nicht unentdeckt bleiben können, da ich die Brutpflegerpaare fast alle kannte.

3a. Weibchen Nr. 30, im Jahre 1889. (Bei *Lanius collurio.*)

Ei Nr. 179 gefunden am 23.5., wurde gelegt am 21.5.

„ 180 „   „ 23.5.,   „   „ 23.5.

„ „ 181 „   „ 27.5.,   „   „ 27.5.

„ „ 182 „   „ 27.5., „   „ 25.5.

„ „ 183 „   „ 3.6., „   „   „ 2.6. (3.6.)

Also 4 frische Eier in 5 Tagen! Das Ei vom 2.6. wäre das 7. Stück in der Reihe, wenn das Weibchen nicht pausiert hätte.

*) Nach den „Bemerkungen zum Kataloge."

3b. Dasselbe Weibchen im Jahre 1890.

Ei Nr. 184 gefunden am 15.5., wurde gelegt am 14.5.
„   „ 185   „   „ 18.5.,   „   „   „ 16.5.
„   „ 186   „   „ 29.5.,   „   „   „ 24.5.
„   „ 187   „   „ 18.6 ,   „   „   „ 11.6.

Zwischen dem 16. und 24. Mai fehlen 3 Eier, die mir entgangen sind. Bei durchwegs 2-tägigen Intervallen würden vom 24. Mai bis 11. Juni 8 Eier fehlen, was unmöglich ist.

3c. Dasselbe Weibchen im Jahre 1891.

Ei Nr. 188 gefunden am 24.5., wurde gelegt am 24.5.
„   189   „   „ 30.5.,   „   „   „ 26.5.
„   „ 190   „   „ 8.6.,   „   „   „ 28.5.
„   „ 191   „   „ 15.6.,   „   „   „ 15.6.

Die Pause vom 28. Mai bis 15. Juni verlangt 8 Eier, die gewiss nicht alle unentdeckt geblieben wären. Bei allen diesen drei Suiten sind die Lücken zum Schlusse der Legezeit bemerkbar. Es ist zu viel, wenn ich zugebe, dass mir jedes Jahr in dem recht gut controlierbaren Rayon dieses Weibchens 3 bis 5 Eier (durch Zerstörung der Nester von Buben) entgangen sind.

4a. Weibchen Nr. **32** im Jahre 1894. (Bei *Lanius collurio*.)

Ei Nr. 197 gefunden am 18.5., wurde gelegt am 17.5.
„   „ 198   „   „ 20.5.,   „   „   „ 19.5.
„   „ 199   „   „ 22.5.,   „   „   „ 21.5.
„   „ 200   „   „ 23.5.,   „   „   „ 23.5.
„   „ 201   „   „ 27.5.,   „   „   „ 27.5.?
„   „ 202   „   „ 29.5.,   „   „   „ 29.5.
„   „ 203   „   „ 2.6.,   „   „   „ 1.6. oder 2.6.

Eine wichtige Reihe. In 7 Tagen wurden positiv 4 Eier gelegt, oder im ganzen 7 Stücke in 17 Tagen. Hätte das Weibchen nicht zum Schlusse ein wenig pausiert, wäre das letzte Stück das 9. in der Reihe.

4b. Weibchen Nr. **32** im Jahre 1895.

Ei Nr. 204 gefunden am 2.6., wurde gelegt am 26.5.
„   „ 205   „   „ 2.6.,   „   „   „ 28.5.
„   „ 206   „   „ 2.6.,   „   „   „ 30.5.
„   „ 207   „   „ 4.6.,   „   „   „ 4.6.?
„   „ 208   „   „ 8.6.,   „   „   vom 6. bis 8. Juni
„   „ 209   „   „ 17.6.,   „   „   am 15.6.

Bei durchwegs 2-tägiger Legeperiode müsste die Reihe 11 Stücke enthalten, was jedoch unmöglich ist, da mir in diesem gut controlierten und wenig beunruhigten Rayon 5 Eier nicht entgehen konnten; zu einem anderen Pfleger hat dieses Weibchen absolut nicht gelegt.

Die Richtigkeit meines e r s t e n Satzes erhellt aus den vorgeführten Suiten. Dass wenigstens einige Eier einen Tag um den anderen gelegt werden, ist schon von Dr. R e y genügend bewiesen worden. Hier noch einige Belege aus meinem Kataloge!

1. Kat.-Nr. 21 und 22. An demselben Tage 2 Eier, die in den letzten 3 Tagen gelegt wurden.
2. Kat.-Nr, 108 und 109. In 5 Tagen 2 Eier.
3.   „   128 und 129. In 3 bis 4 Tagen 2 Eier.
4.   „   132 und 133. An demselben Tage 2 fast ganz gleich entwickelte Eier.
5.   „   139 und 140. Zwei frische Eier an demselben Tage.
6.   „   151 und 152. Zwei gleichentwickelte Eier an demselben Tage.
7.   „   169 und 170. Dasselbe.
8.   „   177 und 178. In 5 Tagen 2 frische Eier.

Eine d u r c h w e g s z w e i t ä g i g e P e r i o d e f ü r a l l e E i e r kann ich unmöglich annehmen, namentlich aus dem Grunde, weil die dem entsprechende Zahl von etwa 20 Eiern von keinem Weibchen in meinem Gebiete gelegt wurde.

Freilich kann ich für meinen zweiten Satz über das „zweite Gelege" mit unbestimmten Intervallen und geringer Stückzahl) nur die lückenhaften Reihen aus der Schlussperiode der Legezeit und andere, eigentlich nur negative Beweise, anführen; aber auch diese haben ihre Berechtigung. Ich erlaube mir, Folgendes zu bemerken:

1. Indem die Reihen aus der e r s t e n Periode (bei stabilen und gut bekannten Weibchen) oft recht continuierlich sind, sind die späteren Funde nur sporadisch, trotzdem ich gerade bei diesen Weibchen mit doppeltem Eifer nachforschte. Wenn ich mir auch gar nicht einbilde, a l l e Pflegernester entdeckt zu haben, und wenn ich auch gehörig berücksichtige, dass viele Nester durch verschiedene Calamitäten zugrunde gehen, muss ich doch behaupten, dass mir s o v i e l e Eier, wenigstens in gut bekannten und oft besuchten Revieren, n i c h t e n t g e h e n k ö n n t e n. Von den 5 im Jahre 1894 im Reviere B legenden Weibchen machte ich 26 Funde; wo wären denn die übrigen 50—70 Eier hingekommen?

2. Sollte jedes Weibchen etwa 20 Eier legen, so müssten die sämmtlichen Pflegernester vom Kuckuck besetzt sein, ja

sie würden oft kaum genügen. Im Jahre 1895 legten z. B.
im Reviere B zu *Erithacus* die beiden Weibchen Nr. 2 und 7,
und ich fand von beiden zusammen 8 Eier; das Rothkehlchen
war in der betreffenden Abtheilung in 10 Paaren vertreten.
Wohin wären denn die übrigen, etwa 30 Eier gelegt worden,
da ich sogar 3 vom Kuckuck ganz verschonte *Erithacus*-Nester
vorfand und auch die secundären Pfleger gut controlierte!

Von den beiden zu *Ruticilla* legenden Weibchen Nr. 18
und 19 fand ich im Jahre 1894 (Revier B) zusammen 12 Eier
und einen jungen Kuckuck. Der Pfleger war da in etwa 16 Paaren
angesiedelt; da genügen auch die zweiten Gelege nicht, und
ausserdem fand ich einige vom Kuckuck nicht besetzte Nester.
Anderwärts legten diese Weibchen bestimmt nicht.

Bei durchwegs 2-tägiger Legeperiode wäre der Mangel
an Nestern sehr gross; die Doppelfunde müssten häufig vorkommen, die secundären Pfleger müssten (was Arten anbelangt)
viel zahlreicher sein und häufig in Anspruch genommen werden;
und doch wissen wir, dass sie bloss eine Ausnahme sind, ja für
manche Weibchen gar nicht nachgewiesen wurden.

3. Umgekehrt haben die zu *Lanius collurio* legenden
Weibchen bei mir Nester im Überfluss zur Verfügung. So
nisteten im Rayon des Weibchens Nr. 32 etwa 26 Dorndreher-
paare; und doch fand ich nur 6 Eier des Weibchens, obzwar
die Nester fast gar nicht von Buben zu leiden hatten. —

Aus allem ist ersichtlich, dass diese Sache noch nicht
vollständig aufgeklärt ist, und dass noch weitere Beobachtungen gemacht werden müssen.*)

Bemerkenswertere Vogelarten des Trentino (Süd-Tirol).
1890—1895.
Von Aug. Bonomi.

Milvus milvus (L.)

Der fleissige Ornithologe, Herr Hauptmann Panzner, berichtet (Mitth. orn. Ver. XVI. 1892, p. 243), dass er ein Paar
gesehen, welches auf dem Rochetta-Berge bei Riva genistet hatte.

---

* Ich werde mir erlauben, in dieser Zeitschrift nach und nach Ergänzungen zu dem behandelten Gegenstande zu veröffentlichen, wobei verschiedene
diesbezügliche Themata (der Urtypus der Kuckuckseier, die Anpassung der
Kuckuckseier an die Nesteier, der Ursprung der mannigfaltigen Färbung der
Kuckuckseier, die Schicksale des jungen Kuckucks etc.) besprochen werden
sollen.

Falco vespertinus L.

Ich bekam ♂ und ♀ im prächtigen Hochzeitskleide, die am 2. Mai 1891 bei Riva erlegt und sah zwei ♂, die in der Nähe von Trient am 1. Mai 1892 gefangen worden waren.

Falco peregrinus Tunst.

Von dem für uns ziemlich seltenen Wanderfalken wurden während der letzten sechs Jahre folgende Exemplare erlegt:

Weibchen, 30. April 1890 zu Bleggio in Judicarien.

Männchen, 21. Mai 1893 in Trient.

Weibchen, 19. October 1893 in Vallunga bei Rovereto.

Männchen, 7. Januar 1894 in Predazzo.

Weibchen, 24. April 1895 bei Castello della Pietra.

Pandion haliaëtus (L.)

Seit mehr als 40 Jahren*) sah man bei uns kein einziges Exemplar dieser Art. Am 5. October 1895 erlegte Herr Gabr. v. Lindegg ein prächtiges Männchen am Etschfluss bei Marco, das derselbe dem hiesigen Museum übergab.

Aquila fulva (L.)

In den letzten sechs Jahren gelangten folgende Fälle zu meiner Kenntnis:

Ein Stück vom Monte Baldo, Februar 1891.

Zwei Junge vom Monte S. Martinoober Saone (Judicarien), 10. Juli 1893. In derselben Örtlichkeit wurden den 9. Juli 1889 zwei Stück gefangen.

Männchen von Vervò (Nonsberg), 18. Februar 1891.

Ein Exemplar von den Bergen von Pinzolo, Ende Februar gl. J.

4 Exemplare wurden nach der „Riv. ital. Sc. nat." (Siena) im November 1894 auf den den Gardasee umgebenden Bergen erlegt.

Männchen jun. in Valle dei Ronchi ober Ala, am 19. Juli 1895 gefangen.

Männchen auf dem Monte le Pale bei Monclassico (Malè), 28. August 1895.

Ein Stück in Avio, den 10. September gl. Jahres.

Es ist aus dieser Aufzählung ersichtlich, dass der Steinadler seit einigen Jahren bei uns wieder häufiger wird.

*) Auf einer Kahnfahrt auf dem Garda-See zum Ponale-Fall, unfern von Riva, beobachte ich den 5. Mai 1871 längere Zeit einen Fischadler.
                                                                    Der Herausgeb.

Pernis apivorus (L.)

Ein Exemplar wurde den 19. Juni 1893 zu Marano d'-
Isera gefangen und dem hiesigen Museum geschenkt.

Circus cyaneus (L.)

Ein jüngeres Exemplar wurde am 12. November 1890
auf den Markt nach Rovereto gebracht und für das Museum
erworben.

Carine passerina (L.)

Von dieser äusserst seltenen Species sah ich zwei Exemplare, beide in der Nähe von Predazzo Fleimsthal) gefangen,
und zwar das eine am 7. December 1894, das andere am 16.
Mai 1895. Beide Stücke stehen im Museum in Trient. Seit
ungefähr 30 Jahren gelangten keine Fälle des Vorkommens
der Sperlingseule im Trentino zu unserer Kenntnis.

Nyctala tengmalmi (Gm.)

Ich bin in der angenehmen Lage, folgende Fälle anzuführen, wo diese bei uns für selten gehaltene Eule erlegt wurde:
Männchen. Terragnolo-Thal (Rovereto). 27. September 1891.
Weibchen. Valsugana, 7. November 1892.
Weibchen, Serrada (Rov.). 17. November 1892.
1 Stück aus Terragnolo bekam am 17. November 1892
der hiesige Präparator Refatti.

1 Exemplar aus Serrada. 8. December 1892.
1 jun. Terragnolo. 19. October 1893.
1 ad. Pradelalbi bei Castellano (Rov.). 28. October 1893.

Merops apiaster L.

Wie man mich versicherte, wurden Ende Mai 1892 einige
Bienenfresser bei Lavis gesehen und einer davon erlegt.

Coracias garrula L.

Von der für uns seltenen Blauracke wurden erbeutet:
7. Mai 1893 ein Weibchen zu Campo maggiore.
Um dieselbe Zeit ein Stück von Herrn A. Grillo in
Rovereto.
27. Mai 1894 bei Rovereto.
24. April 1895 Weibchen zu Castello della Pietra.

Pastor roseus (L.)

Ein schönes Männchen wurde in Vallunga bei Rovereto
am 3. Juni 1895 aus einer Gesellschaft von 6—7 Individuen
erlegt.

Pica pica (L.)

Ich sah ein am 29. November 1890 in Vallunga gefangenes Männchen und ein zweites im Frühling 1895 beim Präparator Refatti.

Dryocopus martius (L.)

Am 11. November 1891 erhielt ich ein Männchen aus Terragnolo, ein zweites gelangte am 10. October 1895 von Trambileno auf den hiesigen Markt.

Tichodroma muraria (L.)

Der schöne Alpenmauerläufer ist bei uns nicht gerade selten. In den letzten sechs Jahren bekam ich folgende Exemplare:

9. November 1890 1 Stück aus der Umgebung Roveretos.
4. December 1891 1 Stück aus Arco.
27. November 1892 1 Stück aus der Umgebung Roveretos.
14. Januar 1894 1 Stück aus der Umgebung Roveretos.
8. November 1894 1 Stück aus Terragnolo.

Lanius collurio L.

Am 6. August 1891 sandte mir Herr T. v. Steffanini aus Storo ein ganz weisses Exemplar.

Ampelis garrulus L.

Herr Joh. Franzelin. k. k. Forstverwalter in Cavalese. sandte mir ein Exemplar dieser für uns sehr seltenen Art. welches dort am 11. Februar 1893 erlegt wurde und bemerkte. dass der Seidenschwanz zahlreich erschien und sich durch einige Tage aufhielt.

Acredula irbi Sh. & Dr.

Unter verschiedenen Schwanzmeisen. die am 19. September 1893 um Bleggio in Judicarien gefangen wurden. fand ich ein Exemplar, das ich für *A. irbi* halte. Ich sandte das Stück zur Vergleichung an Herrn Grafen A. Ninni nach Venedig. bekam jedoch keine Antwort und einige Zeit darauf starb derselbe.

Locustella naevia (Bodd.)

Ein schönes Exemplar dieser für uns ziemlich seltenen Species schoss ich den 4. September 1890 bei Cavrasto (Judicarien). von wo ich am 28. September 1895 ein zweites Stück erhielt. das ich dem hiesigen Museum übergab.

Anthus richardi Vieill.

Von diesem seltenen Pieper wurde den 26. October 1892

ein prächtiges Männchen bei Rovereto gefangen und ist dasselbe in unserem Museum aufgestellt.

Galerida arborea (L.)

Am 4. November 1891 wurde in Vallunga ein partieller Albino gefangen.

Alauda brachydactyla Leisl.

Ein zu Lavis am 12. November 1892 gefangenes Weibchen hielt ich durch 6 Monate im Käfige.

Emberiza cirlus L.

Das einzige Exemplar, welches mir in die Hände kam, war ein in der Nähe Roveretos am 20. December 1890 gefangenes Männchen, das nun die hiesige Sammlung ziert.

Emberiza leucocephala Gm.

Ein im Netze bei der Bahnstation Lavis am 22. November 1890 gefangenes Männchen jun. gelangte in unser Museum.

Emberiza pusilla Pall.

Zwei Exemplare dieser seltenen Art wurden bei Rovereto gefangen und zwar eines am 25. October 1894, das andere am 16. October 1895.

Calcarius lapponicus (L.)

Drei Exemplare wurden erbeutet:

20. November 1890 bei Marco.

12. November 1891 bei Valdiriva. (Rov.)

24. October 1892 bei S. Giorgio. (Rov.)

Calcarius nivalis (L.)

Zwei Exemplare, die sich in Gesellschaft anderer befanden, wurden am 23. Februar 1893 an der Leno-Mündung gefangen. Es sind die zwei einzigen, die ich in den letzten 20 Jahren sah.

Sylvia orphaea Temm.

Ein bei Rovereto im halben September 1890 gefangenes Exemplar dieser für uns seltenen Art gelangte in unser Museum.

Turdus torquatus torquatus L.

Unter den vielen einheimischen Alpenringamseln finden sich manchmal auch einige der nordischen Form, die, obwohl hier selten, den Vogelfängern jedoch gut bekannt ist. Das letzte Exemplar, das ich sah, wurde den 31. December 1894 bei Rovereto gefangen.

Turdus musicus L.

Eine vom Neste im Sommer 1889 aufgezogene Singdrossel nahm nach einjähriger Gefangenschaft ein ganz schwarzes Kleid an, so dass sie flüchtig betrachtet, einer Kohlamsel ähnlich sah. Am 29. October 1891 wurde bei Isera ein isabellfarbiges Stück gefangen und ein gleiches den 19. October bei Rovereto. Beide Vögel stehen im hiesigen Museum.

Monticola saxatilis (L.)

Im Sommer der Jahre 1891. 1892, 1894 fand ich das Steinröthel noch zahlreich zu Bleggio (Judicarien).

Cyanecula cyanecula (Wolf.)

Ich erhielt ein Weibchen aus Lizzanella am 19. April und ein Weibchen aus der Umgebung Roveretos anfangs October 1890, dann ein Männchen mit kleinem weissen Stern aus Sacco am 28. März 1891. Zu dieser Zeit waren die Blaukehlchen ziemlich zahlreich. Die rothsternige Form (*Cyanecula caeruleeula* (Pall.) wurde bei uns noch nicht constatiert.

Fringilla nivalis L.

Der Schneefink soll noch ziemlich zahlreich auf unseren Bergen vorkommen. Mir kamen verschiedentlich Exemplare in die Hände, aber immer im Winter (December, Januar und März).

Passer petronius (L.)

Ich bekam 1 Exemplar dieser für uns seltenen Species aus Vallunga am 12. October 1894. In derselben Localität fieng Herr v. Antonini am 16. October 1895 23 Steinsperlinge aus einem Fluge von mehr als 50 Individuen.

Passer italiae (Vieill.)

Von dieser indigenen Art wurde den 12. Februar 1894 zu Ala ein halb melanistisches Exemplar gefangen.

Fringilla coelebs L.

Im Jahre 1890 erhielt unser Museum 3 Stück, deren zwei albinistisch waren, während das dritte ein isabellfarbiges Kleid trug. Am 27. September 1891 fieng Don J. Salvadori ein Exemplar, das ich für einen Bastard von *F. coelebs* mit *F. montifringilla* halte. Am 7. October 1895 fand ich auf dem hiesigen Markte ein albinistisches Exemplar.

Chrysomitris citrinella (L.)

Diese Art ist seit mehreren Jahren selten geworden. Ein Stück wurde 1890 von Herrn Ambrosi aus Villa Lagarina dem hiesigen Museum geschenkt, ein zweites wurde am 18. October 1892 bei Noriglio, ein drittes zu Bleggio von Abgeordneten Don Salvadori gefangen und Herrn Baron Ciani in Trient verehrt.

Acanthis cannabina (L.)

Se. Hochwürden Herr Garbari zu Trient erhielt 8 aus dem Neste genommene Bluthänflinge. Einer wurde beim ersten Federwechsel ganz weiss und behielt diese Färbung, bis er nach 5 Jahren verendete.

Acanthis flavirostris (L.)

Ein Männchen jun. dieser seltenen Art fand ich unter verschiedenen Erlenzeisigen, die auf den umliegenden Bergen gefangen wurden, am 2. October 1891 auf dem Markte von Rovereto.

Acanthis linaria linaria (L.)

Der nordische Leinzeisig ist für uns fast eine Seltenheit; die letzten wurden im Trentino 1862 und früher 1825 in Menge gesehen. Erst im Jahre 1893 trat er wieder zahlreich auf und wurden im November sehr viele gefangen. Auch im Herbste 1895 war die Art nicht zahlreich, doch wurde sie vom halben October bis 20. December beobachtet. Ich bekam ein Stück am 17. November 1892 und zwei weitere am 2. December 1894.

Pinicola erythrinus (Pall.)

Ein junges Exemplar dieses seltenen Vogels wurde am 17. September 1890 zu Bleggio (Judicarien) gefangen. Ich sah noch ein junges, bei S. Giorgio (Rov.) am 7. October 1892 gefangenes Weibchen. Beide Stücke stehen in unserem Museum.

Tetrao urogallus L.

Diese Art, welche noch vor 15 Jahren fast ausgerottet schien, nimmt in letzterer Zeit wieder an Zahl zu. In meinen beiden letzten Arbeiten*) finden sich die 15 Fälle alle angeführt, welche zu meiner Kenntnis gelangten

---

*) Mater. p. l'Avif. Tridentina   Rovereto, 1891.
Quarta contrib. Avif. Tridentina. — Rovereto, 1895.

Tetrao bonasia betulina (Scop.)

Das Haselhuhn kann schon als Seltenheit bei uns bezeichnet werden. Ich bekam von folgenden Fällen Nachricht:

11. October 1890. Männchen aus St. Michael a. E.

31. October 1892, } 3 Stück aus Val di Ledro.
2. November 1892, }

7. November 1893. Männchen aus Caldes.

Januar 1893 ein Exemplar aus St. Michael a. E.

Coturnix coturnix (L.)

Als besondere Verspätung im Durchzuge bemerke ich, dass eine Wachtel noch am 8. November 1890 bei Alle Porte (Rov.) gefangen wurde.

Oedicnemus oedicnemus (L.)

Ich sah ein zu Valdiriva (Rov.) am 28. October 1892 gefangenes Männchen.

Charadrius morinellus L.

Gegen Ende August 1895 wurde zu Brentonico ein Mornell gefangen. Diese Art ist für uns ziemlich selten.

Haematopus ostrilegus L.

Nach Mittheilung des Veroneser Präparators Dal Nero wurde ein Männchen jun. am 12. April 1890 am Gardasee zu Lazise gefangen.

Ciconia ciconia L.

Ein weisser Storch wurde am 7. Mai 1892 zu Mezzolombardo gefangen, drei weitere nach Bekanntgabe des Dr. R. Ferrari aus Trient in der ersten Septemberhälfte 1894 bei Arco.

Ardea cinerea L.

Ich sah ein zu Nomi am 30. März 1894 gefangenes zweijähriges Männchen und mein Freund, Apotheker Foletto in Pieve di Ledro, bekam ein Stück im Jahre 1895.

Nycticorax nycticorax (L.)

Ein Männchen ad., zu Calliano am 1. Mai 1891 gefangen, erhielt das hiesige Museum.

Scolopax rusticula L.

Im Mai 1892 fand ein Jäger zu Cei bei Rovereto ein Jäger zu Cei bei Rovereto ein Nest mit 4 Jungen. Einzelne Individuen überwintern bei uns fast alljährlich.

Totanus totanus (L.)

Ein Stück dieser für uns seltenen Art wurde mir am 15.
Juni 1895 gebracht. Es war ein bei Rovereto erlegtes Weibchen.

Totanus pugnax (L.)

Graf Arrigoni in Padua bekam von Dr. C. Limana ein
am 15. Mai 1893 bei Trient erlegtes altes Männchen. Ich sah
ein am 4. April 1895 an der Etsch bei Rovereto erlegtes Männchen ohne Federkragen.

Phoenicopterus roseus (Pall.)

Drei Exemplare dieser äusserst seltenen Art wurden zwischen dem 10. und 15. August 1891 am Gardasee bei Pacengo
und Desenzano gefangen.

Cygnus cygnus (L.)

Wie P. V. Gredler in den „Mitth. orn. Ver." in Wien
(1891. Nr. 2) berichtet, wurden am 11. Januar 1891 zu Leifers
bei Bozen 2 Singschwäne, ein altes und ein junges Individuum,
gefangen. — Am 18. April 1894 wurde ein prächtiges Männchen an der Noce-Mündung bei Mezzolombardo erlegt, das sich
dort im Besitze des Herrn F. Devigili befindet.

Fuligula ferina (L.)

Herr Hauptmann Panzner schoss 2 Stück dieser hier seltenen Ente im Winter 1890.91 auf dem Gardasee bei Riva.

Fuligula cristata (Leach.)

Am 22. März 1892 wurden zwei Exemplare bei Rovereto
gefangen. worunter sich ein schönes Männchen befand.

Oidemia fusca (L.)

Ich sah ein junges Exemplar, welches Herr Hauptmann
Panzner am 22. November 1890 aus einem Fluge von 5 Stück
auf dem Gardasee bei Riva erlegt hatte. - Herr Dal Nero
in Verona bekam ein am 22. Januar 1891 auf dem Gardasee
bei Pacengo erlegtes altes Männchen.

Mergus serrator L.

Ein junges Individuum wurde Ende 1892 auf dem Mas-
senzasee (Vezzano) gefangen. Gleichzeitig erhielt Herr Dal
Nero ein Exemplar vom Gardasee.

Mergus albellus L.

Herr Dal Nero bekam ein den 12. April 1892 erlegtes
Stück von Pacengo (Gardasee).

Podiceps cristatus L.)

Ich bekam ein am 25. März 1891 am Etschufer bei Rovereto gefangenes junges Exemplar. Ebendort wurde den 26.
November 1894 ein Männchen ad. geschossen.

Podiceps griseigena (Bodd.)

Herr Hauptmann Panzner sah ein Stück im Winter
1891 92 durch 2 Tage auf dem Gardasee bei Riva. Den 28.
April 1892 wurde ein Stück im Hochzeitskleide bei Lazise auf
dem Gardasee gefangen.

Urinator arcticus (L.)

Einen jungen, bei Trient zu Ende November 1890 gefangenen
Polarseetaucher erhielt das dortige Museum Ein zweites Stück
wurde am 6. November 1892 bei Zambana lebend gefangen
und für das vorgenannte Museum präpariert.

Urinator glacialis (L.)

Nach Dal Nero wurde ein Weibchen ad. den 30. April
1892 auf dem Gardasee bei Pacengo geschossen.

Rissa tridactyla (L.)

Das Museum in Rovereto bekam ein im März 1893 auf
dem Gardasee bei Riva gefangenes Exemplar.

Larus minutus Pall.

Ich sah ein junges auf der Etsch bei Rovereto den 9.
November 1893 geschossenes Männchen. Ein zweites Stück
entkam.

Larus ridibundus L.

Ich sah folgende Exemplare:
10. November 1890 1 Stück vom Gardasee.
1. Januar 1891 1 jun. vom Gardasee.
6. März 1891 1 Stück ad. von Trient.
Januar 1893 1 Stück vom Gardasee.

Hydrochelidon leucoptera (Schinz.)

Herr Dal Nero in Verona berichtet, ein Männchen ad.
dieser bei uns sehr seltenen Art aus Peschiera (Gardasee) am
12. September 1892 erhalten zu haben.

R o v e r e t o, im Januar 1896.

Ornithologische Notizen.

Von Jul. Michel.

a). Aus dem Böhmerwalde.

1. *Picoides tridactylus.* — Dreizehenspecht.

Als ich Anfang August 1894 eine kleine Partie durch den südlichen Theil des Böhmerwaldes unternahm, gerieth ich am 6./8. beim Plöckensteinsee auf einen Abweg, der mich anstatt zur Höhe der Seewand, seitwärts gegen Hirschbergen führte. Ich hatte den Weg bereits ein Stück verfolgt, als plötzlich neben dem Fusspfade ein Specht einfiel, der fleissig an dem Stamme einer alten Fichte herumhämmerte. Da die Entfernung nur etwa 6—7 Schritte betrug, so entdeckte ich beim ersten Blicke, dass ich es hier mit einem Dreizehenspechte zu thun habe. Der Vogel zeigte keine Spur von Scheu und so konnte ich denselben wohl 5 Minuten lang in Ruhe mit dem Glase genau betrachten. Es war, wie die fehlende Kopfplatte zeigte, ein Weibchen. Erst als ich mich ihm ohne jede Vorsicht näherte, strich er ab.

Auch im nördlichen Theile des Böhmerwaldes, bei Tachau, kommt dieser Specht noch vor. In dem Reviere Brand sind regelmässig einige Brutpaare zu constatieren. Der Güte des dortigen Revierförsters verdanke ich ein Männchen, das vor längerer Zeit erlegt wurde, sowie ein Weibchen, das heuer am 20./12. hier einlangte. Wie mir mitgetheilt wurde, sind die Vögel dort sehr scheu.

2. *Nucifraga caryocatactes.* — Tannenheher.

Noch an dem oben angeführten Tage wurde mir knapp vor dem Dreisesselberge das Vergnügen zutheil, einen zweiten Charaktervogel des Böhmerwaldes, dem Tannenheher, zu begegnen, der sich äusserst munter in den Zweigen einiger ca. 6 m hohen Fichten umhertrieb, sich aber, sobald er sich beobachtet sah, still drückte.

b). Aus Salzburg.

3. *Pyrhocorax pyrrhocorax.* Alpendohle.

Als ich nach einem äusserst angenehmen Aufenthalte bei Herrn von Tschusi in Hallein am 10.8. 95 von Golling aus

13

per pedes den Pass Lueg durchwanderte, hörte ich, beiläufig in der Mitte des Passes, einen eigenartigen Ruf, der meine Schritte hemmte. Zuerst erschallte er hinter einem kleinen Buchenbestande an der linksseitigen Bergwand, ohne dass ich des Urhebers ansichtig geworden wäre. Nach einer kleinen Geduldprobe sah ich zwei Alpendohlen, welche unter lebhaftem Rufen — ich möchte den Laut mit einem recht hohen „krr" bezeichnen — über meinem Haupte kreisten. Mit dem Feldstecher konnte ich deutlich den hellen Schnabel erkennen. Endlich liess sich der eine Vogel auf einer dürftigen Fichte an der jenseitigen Felswand nieder, während der andere verschwand.

4. *Nucifraga caryocatactes.*   Tannenheher.

Den Tannenheher traf ich am 10./8. 95 am Eingange des Passes Lueg in der Nähe der Salzachöfen, sowie ferner am 11. 8. auf dem halben Wege zur Schmittenhöhe (Zell a/S.) beim Gasthause „zum Schweizerhause" in je einem Exemplare an.

5.—8. *Motacilla alba, Ruticilla titis, Saxicola oenanthe et Cinclus aquaticus.* — Weisse Bachstelze, Hausrothschwanz, Steinschmätzer und Wasserschmätzer.

Am 12./8. durchzog ich das wundervolle Kapruner Thal. Dasselbe besteht aus drei ziemlich ebenen Thalstufen, welche durch steile Abhänge von einander getrennt werden. Die unterste (900—1000 m) repräsentiert sich als ein ziemlich enges Thal, welches von steilen, aber noch Baumwuchs aufweisenden, hohen Felswänden gebildet wird.

Die zweite Stufe, der Wasserfallboden, ist das eigentliche Gebiet der Hochweiden. Die Wände treten mehr zurück und bilden eine Art Kessel. Die Höhen sind fast baumlos aber noch grün berast. Thaufrisch prangt das liebliche Roth der Alpenrosen aus dem Grün der Matten. Sumpfige und steinige Stellen wechseln mit einander ab. Schäumend in dem steinigen Bette fliesst der Gebirgsbach. Zahlreich zerstreute Steinblöcke ragen, je weiter aufwärts, desto häufiger empor. Hier, bei 1600 m Seehöhe beobachtete ich längs des Wassers weisse Bachstelzen. Auch sah ich viele Hausrothschwänze, welche im Vereine mit Steinschmätzern wippend und rufend die Felstrümmer belebten. Unter den Rothschwänzchen bemerkte ich

auch ganz dunkle Exemplare. Den Steinschmätzer traf ich
auch noch beim Aufstiege zur dritten Stufe, dem Mooserboden,
in ziemlicher Anzahl; auch Junge befanden sich darunter. Der
Mooserboden ist ein prächtiges Hochgebirgsthal von 1900 m
Seehöhe. Die ebene Thalsohle wird von zahlreichen Bächlein
durchflossen, welche von den die Höhen schmückenden Glet-
schern herniederrieseln. Das Ende des Thales wird von dem
Karlinger Gletscher und zwei schneebedeckten Berghäuptern
abgeschlossen. Hier ist die Heimat des Edelweisses und der
Edelraute, sowie vieler zierlicher Alpenblumen. Rinder und
Ziegen weiden zwischen dem Geröll, welches den gangbaren
Theil des Thales bedeckt.

So interessant sich mein Aufenthalt in diesem Thale
gestaltete — es herrschte ein 3/4stündiges heftiges Gewitter
mit starken Regengüssen und Hagelschauern, das nach einer
kurzen Unterbrechung in einen andauernden Gussregen übergieng — so wenig ausgiebig war derselbe infolge dieses Um-
standes für ornithologische Beobachtungen.

Als gegen Ende des Gewitters die Sonne das erstemal
durch die zerrissenen Wolken blickte, sah ich an einem der
zahlreichen Wasserläufe einen Wasserschmätzer, der aber bald
in dem nachtreibenden Nebel meinen Blicken entschwand.
Leider blieb das der einzige Vertreter der Vogelwelt, den ich
hier zu Gesichte bekam.

c). Von Bodenbach a/E.

9. *Falco peregrinus.* — Wanderfalke.

Ein hübsches altes Weibchen erhielt ich am 26. 3. 94 von
Niedergrund, wo diese Art in den Sandsteinwänden an der
Elbe fast jedes Jahr in 1—2 Paaren brütet. Im Eileiter befand
sich ein ziemlich hartschaliges Ei, während das nächste fast
wallnussgross war. Im Kropfe fanden sich Reste eines Stares.

10. *Upupa epops.* — Wiedehopf.

Ein Weibchen, des hier als seltener Durchzugsvogel
vorkommenden Wiedehopfes wurde mir am 15. 4. 95 aus Ulgers-
dorf eingeliefert. Im April 93 waren einige Stücke in den
Elbweiden.

11. *Calamoherpe aquatica.* — Binsenrohrsänger.

Seit Mitte April 1893, wo ich ca. 10 Stück in den Elbweiden beobachtete und einige erlegte, bekam ich am 27. 4. 95 wieder das erste Exemplar. 1 Männchen. Dieser Rohrsänger ist hier selten und nur nach heftigen nächtlichen Regengüssen in den Elbweiden zu finden.

12. *Perdix cinerea.*   Rebhuhn.

Ein sehr schönes, abnorm gefärbtes Exemplar bekam ich am 13. 12. 94 aus Eulau zum Präparieren. Der Kopf und Hals ist mit Ausnahme von dunkelbraunen Bartstreifen und ebensolchen Flecken unter den Augen normal, das übrige Gefieder bis auf den weissen After schön dunkelbraun und schwarz.

13. *Tetrao bonasia.*   Haselhuhn.

Der Bestand dieses hier schon recht rar gewordenen Waldhuhnes scheint dem heurigen Abschusse nach zu schliessen, sich wieder erheblich verstärkt zu haben. So wurden heuer von Tichlowitz 12 Stück eingeliefert.

14. *Limosa aegocephala.* — Schwarzschwänzige Uferschnepfe.

Am 20./4. 91 bekam ich ein schönes Männchen dieser hier sehr seltenen Schnepfe aus dem Elbthale bei Klein-Priesen.

15. *Rallus aquaticus.* — Wasserralle.

Von diesem hier immerhin seltenen Vogel erhielt ich am 16. 9. 90 ein Männchen von Eulau und am 17. 4. 95 1 weiteres Männchen von Mosern (im Elbthale bei Aussig). Letzteres hatte sich am Telegraphendrahte erstossen.

16. *Larus canus.* — Sturmmöve.

Am 9./1. 1895 wurde mir ein in Pömmerle erlegtes Männchen dieser Art zum Präparieren eingeschickt, dessen Magen Larven von Wasser-Insecten, sowie Fischreste enthielt. Einer Zeitungsnotiz nach wurde bei Budweis zur selben Zeit eine Silbermöve erlegt. Sollte dies nicht vielleicht auch eine Sturmmöve gewesen sein? Die Verwechslung der beiden Arten liegt sehr nahe.

17. *Fuligula cristata.*   Reiherente.

Ein Weibchen der Reiherente wurde am 12. 3. 95 nebst einer Tafelente bei Pömmerle geschossen und mir eingeschickt.

18. *Colymbus arcticus* — Polartaucher.

Das erste Exemplar des Polartauchers erhielt ich am 19.10. 95 von Mittelgrund. Es war ein junges Männchen von 76 cm Länge, das ein Forstaufseher nach dem 5. Schusse auf der Elbe erlegte. Bodenbach. Weihnachten 1895.

Tagebuch-Notizen aus Madeira.

Januar bis December 1895.

Von P. **Ernesto Schmitz.**

3. Januar. Meinem Fenster gegenüber, in einer ziemlich verkehrreichen Strasse, hängt in der Nähe eines offenen Fensters ein Drahtkäfig mit einem Kanarienvogel. Viele Tage vorher war regnerisches Wetter. Plötzlich, um 9 Uhr morgens, stürzte sich mit aller Gewalt ein *Falco tinnunculus canariensis* auf den Käfig, der jedoch widerstand. Da die betreffende Strasse fast mitten in der Stadt gelegen ist, haben wir hier einen neuen Beweis der Dreistigkeit*) des Rüttelfalken. Der Fall ist übrigens nicht vereinzelt hier zu Lande.

8. „ Aus S. Anna, im Norden der Insel, erhalte ich eine *Ardea cinerea.*

10. „ In Funchal, Canico und anderen Orten wurden in diesen Tagen mehrere *Motacilla alba*, von *Sturnus vulgaris* ganze Schwärme und auch einige Exemplare *Turdus pilaris* beobachtet.

14. „ Auf der Nachbarinsel Porto Santo wurden mehrere *Vanellus cristatus* und *Motacilla alba* erlegt.

26. „ Heute erhielt ich einen *Gallinula chloropus*-ähnlichen Vogel, nur viel kleiner; vielleicht *Ortygometra porzana?*

*) Auch mir geschah es vor Jahren, dass ein Thurmfalke einen im Garten des Fanges halber ausgestellten Leinzeisig heftig attaquierte. Es lag damals im zeitigen Frühjahre — fusshoher Schnee, und ohne Zweifel war es der dadurch bedingte Nahrungsmangel, der den sonst unschädlichen Thurmfalken veranlasste, sich auf den eingekäfigten Vogel zu stürzen. Die meisten derartigen Fälle dürften beim Thurmfalken auf vorgenannte Ursache zurückzuführen sein. D. Herausgeb.

30. Januar. Fand heute im Kropfe einer *Col. livia* viele Schnecken-
gehäuse mit den betr. Thieren. In Porto Santo
sind solche fast die ausschliessliche Nahrung der
Hausenten, und da Schnecken dem Fleische einen
unangenehmen Beigeschmack mittheilen, werden
dort die Enten 8 bis 14 Tage vor dem Schlachten
eingesperrt und mit anderem Futter genährt. Porto
Santo ist wie kein Land mit Schnecken gesegnet;
auf einem 3 Zoll hohen Pflänzchen konnte ich an
30 Stück zählen.

10. Februar. Erhielt aus Porto Santo eine hübsche Zahl Eier
von *Puffinus obscurus (assimilis)* von welchen
keines bedeutend bebrütet war. Die 2 abnormsten
zeigten 57×33 mm und 51·5×31 mm.

13.   „ Erhielt aus Funchal eine *Hirundo rustica*. Gewöhnlich zeigen sich dieselben hier erst im April.

24. Fand im Kropfe einer Madeira-Taube *(Columba
trocaz)* 16 zum Theil noch ganz grüne Til-Lorbeer-
Beeren im Gewichte von 40 gr.

3. März. Erhielt *Tringa variabilis*, die ein regelmässiger Win-
terbesucher Madeiras ist.

10.   „ Seit etwa 14 Tagen ziehen allabendlich von 7—8
Uhr mit ihrem eigenthümlichen Geschrei verschiedene
Puffinus anglorum vom Meere über die Stadt nach
dem Gebirge zum Brutgeschäft, von wo sie morgens
gegen 4 Uhr zurückkehren.

12.   „ Vom 2. März bis heute wurden in Funchal, Calheta,
Caniço und anderen Orten Ex. von *Upupa epops*
beobachtet. Ebenso erhielt ich heute und in den
letzten Tagen 6 *Ardea cinerea* und 5 *Merops apiaster.*

17.   „ Aus Porto Santo erhielt ich *Ardea purpurea* und
1 Ei von *Puffinus obscurus*, wohl von einer verspäteten Brut.

18. April. Verschiedene *Hirundo rustica* beobachtet.

20. Mai. Die Brutzeit der *Sylvia conspicillata* fängt in Madeira
sehr frühe an. Heute wurde dem Pfarrer von Camacha
ein fast flügges Junge gebracht.

27.   „ Aus Machico erhielt ich eine *Ardetta minuta*, Männchen.

29. Mai. Zum erstenmale sehe ich 2 Dunenjunge von *Buteo vulgaris*. Im Horste befanden sich 3 Exemplare. Gefunden im Gebirge von Ponta do Sol.

20. Juni. Aus S. Anna erhielt ich 1 *Sylvia heineckeni*: im Vergleich mit früheren Jahren sind die *tutinegros de capello* sehr selten geworden. In diesem Jahre habe ich nur 4 Exemplare in der ganzen Stadt Funchal ausfindig machen können. Statt 1000 muss man 2500 Reis für ein Exemplar zahlen.

12. August. Von Fischern wurden in der Nähe der Desertas-Inseln 2 *Oestrelata mollis* gesammelt. Sie sind unter dem Namen Freira bekannt und werden genau vom *Puffinus anglorum* unterschieden. Dieser letztere aber hat 2 Namen : boeiro und patagarro, weil das Volk aus demselben 2 verschiedene Vögel macht; patagarro ist der nächtliche, unsichtbare, einen charakteristischen, unheimlichen Lockungsruf ausstossende Vogel, der Unheil dem Hause bringt, wo er sich vernehmen lässt; der über Tag sichtbare und dann niemals lockende Vogel ist dem Volke ein ganz anderer, das ist der boeiro.

20. „ Erhielt aus einer grösseren Schar 3 junge *Merops apiaster*, wenig ausgefärbte Thiere ; wohl die ersten aus Europa nach Afrika reisenden Wintervögel.

1. September. Schöne Jagdbeute aus Porto Santo : interessante Dunenjunge von *Thalassidroma cryptoleucura*, *Th. bulweri* und *Puffinus kuhli*. Da die Hauptbrutzeit von *Thal. cryptoleucura* in den Monat Mai fällt, scheinen einzelne Paare 2-mal zu brüten.

29. „ Erhielt aus Machico ein junges Weibchen von *Platalea leucerodia*.

9. October. Bekam aus Funchal ein von Fischerjungen gefangenes. lebendes Exemplar *Oedemia nigra*. Männchen juv.; für Madeira noch nicht nachgewiesen.

13. „ Von der Insel Bugio (Desertas) erhielt ich noch eine *Oestrelata mollis*. Um dieselbe Zeit 1894 hatte ich von dort ? Eier als solche dieses Vogels bekommen ; eines davon war zerbrochen, das andere sehr stark bebrütet und unterschied sich von meinen

Puff. anglorum-Eiern nur durch grössere Breite. Der Schnabel des voll entwickelten Embrio war bedeutend dicker als der eines solchen von *Puff. anglorum*.

22.   „ Eine für mich und wohl für Madeira überhaupt neue Ente aus Machico, die ich als *Anas acuta*-Männchen ansprechen zu können glaube.

1. November. *Puffinus kuhli* und *Thalass. bulweri* sind in Madeira nicht mehr sichtbar, während *Puff. obscurus* und *Thal. leachi* auch den Winter hindurch angetroffen werden. Wo bleiben die ersteren? Der Volksmund in Porto Santo sagt mit Recht:

„Em dia de S. Martinho
Nem cagarra, nem anjinho!"

d. h.: Am Tage des Sankt Martin weder Englein (*Thal. bulweri*), noch Puffin (*Puff. kuhli*).

6.   „ Ein *Otus brachyotus* aus Camacha; für Madeira neu.

5. December. Aus Porto Santo noch einen Löffelreiher, und ein Augenzeuge berichtet von einem weiteren Exemplar, das im Jahre 1892 in Porta do Sol erlegt wurde.

13.   „ Aus Caniço erwarb ich ein sehr auffallendes Exemplar des *Buteo vulgaris*, Weibchen, mit fast völlig weisser Brust; alle bisherigen Exemplare haben fast ganz dunkle Brust.

23.   „ Ein Schwarm wilder Enten wurde auf der Madeira-Hochebene Paul da Serra beobachtet, aber leider kein Exemplar zur Artbestimmung erlegt.

24   „ Heute erhielt ich eine *Fulica atra*, eine für Madeira jeden Winter häufige Erscheinung, so dass ich kaum Notiz davon nehme.

Im Anfange des Sommers 1894 schenkte ich 2 Dunenjunge von *Strix flammea* einem Nachbar, der sie in einen dunklen Stall sperrte und mit rohem Fleisch (jeden Tag bis $\frac{1}{2}$ Kilo) fütterte; dieselben gediehen ganz prächtig und lebten in Gefangenschaft wenigstens über ein Jahr lang.

Ein Herr Figueira da Silva in Estreito fand ein *Perdix rubra*-Nest und liess die Eier von einer Henne zu Hause ausbrüten. 12 bis 13 Junge kamen aus, giengen jedoch mit Ausnahme

von 2. die sich bis heute in einem Käfig halten, schnell
ein. Pfarrer Sardinha besitzt seit 3 Jahren eine *Perdrix rubra*
im Käfig. Noch ein anderes Exemplar wurde mir diesen
Sommer zum Kaufe angeboten.

Im verflossenen October erlangte gelegentlich eines Sturmes
ein hiesiger Händler eine junge *Gallinula chloropus*, die er mit
Brod aufzog. Dieselbe lebt heute noch im Käfig und entwickelt sich prächtig.

Temporäre Nützlichkeit unserer rabenartigen Vögel.

Von Curt Loos.

In der nächsten Umgebung von Schluckenau finden sich
bloss drei Arten der rabenartigen Vögel — die Nebelkrähe,
der Eichelheher und die Elster — als Brutvögel vertreten.

Einige Magenuntersuchungen sollen als kleiner Beitrag
zu dem Verhalten dieser Vogelarten gegenüber den im heurigen
Frühjahre hier ausserordentlich zahlreich auftretenden Maikäfern dienen, deren diesjährige Flugzeit in hiesiger Gegend
von Ende Mai bis Mitte Juli währte.

Corvus cornix L. Nebelkrähe.

1. Ein am 24. Juni erlegtes Junges hatte im Magen fast
ausschliesslich Theile von Maikäfern, sowie ein kleines
Knöchelchen.

2. Der Mageninhalt eines am 13. Juli erlegten jungen
Thieres bestand grösstentheils aus Maikäferüberresten, ferner
aus Theilen von *Geotrupes stercorarius*, aus 3 Erbsen, sowie
mehreren Schalen derselben, aus einem grösseren Granit- und
einem grösseren und kleineren Quarzkorn.

3. Ein am 15. Juli erlegtes junges Exemplar besass im
Magen Theile von Maikäfern und anderen Käfern, mehrere
noch grüne, sowie halbverdaute schmale Grasblattheile, 3 Kirsch-
kerne, einige Haferkörner, eine grössere Anzahl Knochen-
bruchtheile, von Fröschen herrührend, ein grosses und ein
kleines Quarzkorn, eine grosse Anzahl sehr kleiner Quarz-
körnchen.

Ein Heger meldete mir, dass derselbe bis ca. 20. Juni
auf dem Pürschkenberg 4 Nebelkrähen bei der Maikäfersuche
abgeschossen habe.

Garrulus glandarius (L.)   Eichelheher.

1. Mageninhalt am 24. Juni: Viele Überreste von Maikäfern, zahlreiche grüne Insecteneier, 2 je 1 cm. lange Raupenhüllen, Überreste von einem *Elater* und viele Chitintheile von anderen Käfern.

2. Mageninhalt am 3. Juli: Lediglich Theile von Maikäfern.

3. Mageninhalt am 6. Juli: Viele Überreste von Maikäfern, viele weisse Insecteneier, 2 Raupenhüllen, 1 Blattwespen-Cocon und 1 ca. 5 cm langer, dünner weisser Eingeweidewurm.

4. Mageninhalt am 8. Juli: Zum grössten Theile Maikäferreste, mehrere kleine rundliche Samen und ein grosses Quarzkorn.

5. Mageninhalt eines alten und eines jungen Hehers vom 10. Juli: Maikäferreste, sowie einige kleine eiförmige Samen.

6. Ein kürzlich ausgeflogenes, noch schlecht fliegendes Junges wurde am 10. Juli lebend gefangen, wobei es aus dem Kropfe einen mit Schleim überzogenen flügel-, bein- und kopf-losen Maikäfer hervorbrachte. In dieser Weise hatte jedenfalls der alte Heher den Käfer zubereitet und ihn so dem noch nicht an selbständige Futteraufnahme gewöhnten Jungen gebracht. Das Junge wurde in Freiheit gesetzt, nachdem ihm der Maikäfer wieder in den Schlund gesteckt worden war.

7. Mageninhalt am 16. Juli: Hauptsächlich Theile von Maikäfern, ein ganzer *Elater*, zahlreiche Kerne und viele Schalentheile von unreifen Heidelbeeren. Die Magenhaut war ganz dunkel blau-violett gefärbt.

Pica pica (L.)   Elster.

Ein am 11. Juli gegen Abend erlegtes Junges hatte im Magen sehr viele Chitintheile, die theilweise glänzend dunkelgrün bis hellviolett, theils braun gefärbt waren. Eine sehr gut erhaltene Tibia von violetter Färbung glich vollständig der Tibia des ersten Beinpaares von *Geotrupes sylvaticus*, auch konnten viele braungefärbte Körpertheile, zweifellos als vom Maikäfer herrührend, erkannt werden. Im Magen befanden sich ausserdem 4 Stück ca. 5 mm. lange hellgelbe, kaffeebohnenartig gestaltete, harte Kerne, eine grosse Anzahl von kleinen Kernen der Heidelbeere und viele faserige, bis schwammige, grünlich gefärbte Theile einer Pflanze, sowie 7 Stück grössere Quarzkörner.

Mit alleiniger Ausnahme von 2 jungen Elstern, die früh gegen 5 Uhr erlegt worden waren und den Magen fast vollständig leer hatten, wurde bei allen übrigen während der Maikäfergugzeit in hiesiger Gegend von mir untersuchten rabenartigen Vögeln Maikäferüberreste meist in überwiegender Menge vorgefunden.

Hinsichtlich der Nebelkrähe lag mir leider sehr wenig Untersuchungsmaterial vor. Hier sei nur erwähnt, dass die Jungen dieser Art in hiesiger Gegend bereits am 22. Juni ausgeflogen waren, wohingegen die Nussheher erst 3 bis 7 Wochen später das Nest verliessen. Da die Nebelkrähen also bei Beginn der Maikäferschwärmzeit an die selbständige Aufnahme der Nahrung gewöhnt waren und die anfangs am zahlreichsten vorhanden gewesenen Maikäfer überdies die bequemste Nahrungsquelle für diese Thiere darboten, so liegt die Vermuthung nahe, dass die Nebelkrähe bei ihrem grösseren Bedarf an Nahrung in der Vertilgung des Maikäfers verhältnismässig auch viel Bedeutenderes geleistet hat, als der viel später in den Kampf gegen dieses Insect eingreifende Eichelheher.

Schluckenau, am 19. Juli 1896.

Ornithologisches aus Baiern.
Von Baron Besserer.

Merops apiaster L.

Am 23. Mai dieses Jahres wurden von dem Eleven der Waldbauschule zu Kaufbeuern, Kahle, Sohn des fürstlich Fugger'schen Revierjägers zu Bobingen, 12 Klm. von Augsburg, in der sogenannten Schwenke in den Wertach-Auen 2 ♂ ♂ des *Merops apiaster* L. erlegt. Der junge Mann fand sich plötzlich, als er vormittags 11 Uhr in besagtem Revier nach Raubvogelhorsten Umschau hielt, inmitten eines Fluges von 15—20 dieser herrlichen Vögel, deren Farbenglanz er nicht genug zu schildern wusste. Die beiden Exemplare wurden von ihm, während sie ähnlich wie *Lanius excubitor* rüttelten, mit leichter Mühe geschossen. Die Witterung war in den vorausgehenden Tagen trüb, regnerisch und kühl; Windrichtung W. Bis 23. selbst war es morgens trüb bei gleicher Windrichtung, die mittags in N. und auf kurze Zeit in O. umschlug, nachmittags aber wieder in W. übersprang und heftigen Regen brachte.

Beide Vögel wurden vom Präparator Honstetter in Augsburg ausgestopft und befindet sich der eine im Besitze Sr. Durchlaucht des Fürsten Fugger-Babenhausen, der andere in dem des Kaminkehrermeisters Schröck in Bobingen.

Turdus pilaris L.

Am 28. Juni morgens beobachtete ich in den Werdach-Auen bei Hiltenfingen, unweit der Station Schwabmünchen der Bahnlinie Augsburg—Buchloe, auf einer Wiese mehrere Exemplare von *Turdus viscivorus* und unter diesen ein Pärchen *Turdus pilaris*, das 3 auf einem Weidenbusch sitzende, fast flügge Junge emsig ätzte. Dieselbe Beobachtung machte ich am selben Morgen noch an einer zweiter Stelle in denselben Auen.

Oedemia fusca (L.)

Am 22. December 1895 schoss der Privatjagdaufscher Hammerl auf der Amper bei Zolling, 6 Klm. von Freysing, ein ♂ der Sammtente. Dasselbe war allein und konnte, da es eifrig tauchte, leicht beschlichen und erlegt werden. Leider konnten mir bei meiner kürzlichen Anwesenheit in Freysing, da der Jäger den Versuch gemacht hatte, die Ente zu geniessen, nurmehr Kopf, Flügel und Füsse vorgezeigt werden.

Reichenhall, Juli 1896.

An den Herausgeber eingelangte Druckschriften.

G. v. Gaal. Der Vogelzug in Ungarn während des Frühjahrs 1895. (Sep. a.: „Aquila", III. 1896, p. 7—116.) Vom Verf.

H. Winge. Fuglene ved de danske Fyr i 1895. (Sep. a.: „Vidensk. Meddel. naturh. Foren. Kbhvn." 1896, p. 65—117 m. 1 Karte.) Vom Verf.

C. Floericke. Zweiter Nachtrag zur Ornis der Kurischen Nehrung. (Sep. a.: „Mitth. Orn. Ver." Wien, XX. 1896. 4. 6 pp.) Vom Verf.

J. P. Pražák. Was ist *Cyanecula orientalis* Chr. L.. Br.? (Sep. a.: „Orn. Monatsschr.", XXI. 1896. 2 pp.) Vom Verf.

J. v. Csató. Alsófehér Vármegye Növény-és Állatvilága. — Nagy-Enged, 1896. Lex. 8. 138 pp. Vom Verf.

✝

Lord Thom. Lyttleton Lilford.

Präsident der „British Ornithologists' Union," am 17. Juni zu Lilford Hall, Oundle, im 63. Lebensjahre.

Verantw. Redacteur, Herausgeber und Verleger: Victor Ritter von Tschusi zu Schmidhoffen, Hallein. Druck von Ignaz Hartwig, Freudenthal. Kirchenplatz 13.

Ornithologisches Jahrbuch.

ORGAN

für das

palaearktische Faunengebiet.

Jahrgang VII.   November-December 1896.   Heft 6.

Ornithologisches
und taxidermistisches von der Millenniums-Ausstellung.

Von Dr. G. v. Almásy.

Der freundlichen Aufforderung des Herausgebers dieses Journals, einen Bericht über das in der Millenniums-Ausstellung befindliche ornithologische Material zu liefern, konnte ich mit umso grösserer Bereitwilligkeit nachkommen, als thatsächlich ziemlich viele in's ornithologische Fach schlagende Objecte in derselben Aufstellung gefunden haben.

Dem ganzen Charakter der Ausstellung entsprechend kann natürlich von einer speciellen und fachgemäss angeordneten ornithologischen Exposition nicht die Rede sein, sondern das nahezu über den ganzen Ausstellungs-Rayon, und zwar ziemlich bunt verstreute Materiale verdankt seine Aufnahme in denselben — abgesehen von rein decorativen Zwecken — dem weitaus grösseren Theile nach wirtschaftlich-praktischen Momenten und nur zum geringen Theile wissenschaftlichen Erwägungen.

Die Zweige der Urproduction, Landwirtschaft, Jagd und Fischerei, lieferten, dem ersteren Gesichtspunkte folgend — wobei allerdings in der Regel nur directer Schaden oder Nutzen der betreffenden Arten den massgebenden Factor bildete der Zahl nach die meisten Objecte. Grössere Expositionen in diesem Sinne finden sich vor allem in den drei officiellen Pavillons für Forst- und Jagdwesen (Ungarn, Kroatien-Slavonien und Bosnien-Herzegowina), dann im Pavillon für moderne Fischerei. Zahlreiche verstreute Objecte gelangten aus gleichen

Rücksichten im Pavillon für Landwirtschaft in den Collectiv-
ausstellungen einzelner Comitate, endlich in separaten Pavillons
einzelner Comitate und einzelner grosser Domänen zur Aufstellung.

Nicht so sehr von praktischen Gesichtspunkten ausgehend,
sondern mehr wissenschaftlichen   wenn auch nicht rein
ornithologisch-fachlichen — Erwägungen zufolge wurde eine
Reihe einschlägiger Objecte in den Abtheilungen für Unter-
richtswesen exponiert, und zwar theils aus den Lehrmittel-
sammlungen von Fach- und Mittelschulen, theils als Muster-
collectionen zur Demonstration moderner Taxidermie und
Museologie.

In dieser Weise gliedert sich das gesammte ornithologische
Materiale der Ausstellung in zwei Gruppen, und dieser, im
Interesse leichterer Übersicht getroffenen Eintheilung gemäss
sei dasselbe im Nachstehenden besprochen.

Unter den ausgestellten, in Frage kommenden Objecten
bilden V o g e l p r ä p a r a t e die erdrückende Mehrzahl; ich
werde mich daher in dem vorliegenden Berichte vor allem nur
mit diesen beschäftigen.

Was die technische Ausführung derselben anbelangt, so
besteht der grösste Theil aus guten, oft tadellosen Präparaten;
sogenannte b i o l o g i s c h e G r u p p e n sind sehr zahlreich und
meist mit Geschmack, Naturtreue und guter Behandlung des
decorativen Beiwerkes zusammengestellt. Mit Berücksichtigung
des Charakters der Millenniums-Ausstellung als einer c u l t u r-
h i s t o r i s c h e n Exposition, kann demnach constatiert werden,
dass auch die Taxidermie — die sich ja nahezu zu dem Range
einer Hilfswissenschaft hinaufgearbeitet hat — im Reiche eine
weite Verbreitung gefunden und erfreuliche Fortschritte gemacht hat.

Einen weiteren Schluss culturellen Inhaltes -- nämlich
die Ausbreitung ornithologischen Wissens in weiteren Schichten
betreffend   möchte ich aus dem Umstande ziehen, dass die
Determination der vorhandenen Objecte im grossen und ganzen
eine correcte ist.

Die eigentliche Ornithologia oeconomica als Nebenzweig
der Landwirtschaft sei hier übergangen und nur darauf hinge-
wiesen, dass in den agriculturellen Abtheilungen auf die

Geflügel- und Tauben-, besonders Brieftauben-Zucht. Bezug habende Objecte. wie Präparate von Racehühnern. Modelle von Zuchtanlagen u. dgl. mehr. in befriedigendem Masse zur Schau gestellt sind, und dass eine specielle Geflügel-Ausstellung in die Serie von landwirtschaftlichen Thierausstellungen aufgenommen wurde.

Das Vogelmateriale der Gruppen Jagd und Fischerei wurde, wie erwähnt, seinem Hauptbestande nach entsprechend der praktischen Relation zusammengetragen. in welchem es zu dem betreffenden Productionszweige steht; also gilt hier vor allem die altehrwürdige Zweitheilung in „Nützliches" und „Schädliches."

Da leider die Bezeichnung „Gruppen" nicht so zu verstehen ist. als ob alles Einschlägige auch räumlich vereinigt und übersichtlich zusammengestellt wäre. sondern da ausser den oben erwähnten drei grossen Fach-Pavillons noch eine ganze Reihe kleinerer, je eine grössere oder geringere Menge hieher gehöriger Objecte enthält, so bereitet ein gründliches Sichten dieser letzteren nicht geringe Schwierigkeiten, umsomehr. als bei so manchem Stücke keinerlei Daten angegeben, und in vielen Fällen dieselben auch gar nicht zu erfragen sind.

Am markantesten in dieser Abtheilung ist unstreitig der Pavillon Ungarns für Forst- und Jagdwesen. welcher auch die Avifauna des Landes. soweit dieselbe jagdlich in Betracht kommt, so ziemlich vollständig enthält. Die Hauptattraction dieses Pavillons bildet eine, die jagdbaren Thiere des Reiches vorführende Gruppe. welche sowohl ihren Dimensionen. als ihrer Ausführung nach eine eingehende Schilderung verdient.

Freistehend in der Mitte des Pavillons erhebt sich eine kolossale Felsgruppe von über 11 m Höhe bei etwa 20 m grösster Länge. in wirklich künstlerisch-naturalistischer Weise von Präparator Fried. Rosonowsky. Budapest. aufgebaut. Ein grottenartig durchgebrochenes Thor mildert die Wucht der Massen; lebende Nadelhölzer, in Kübel gepflanzt und in die Felsen hinein verbaut, Latschenbüsche und prächtig imitierte und angebrachte Partieen von Alpenblumen. Edelweiss. Rhododendron und „Peterg'stamm," sowie ein lebendiger Miniatur-Wasserfall, der in einer Spalte herniederbraust, wirken — besonders von der inneren Gallerie des Pavillons aus gesehen. von wo man einen freien Ausblick aus beträchtlicher Höhe auf dieses „Gebirge im Kleinen" gewinnt — so ausserordentlich, dass der Beschauer sich unwillkürlich in die Region der Hochalpen versetzt fühlt. Oft hörte ich sogar die naivbewundernde Frage, wie es denn ermöglicht werden konnte, diesen riesenhaften Felsblock in den Ausstellungsrayon zu bringen!

Auf diesem Felsen ist nun Haar- und Federwild aller Arten gruppiert, und es wirkt sehr wohlthuend, dass derselbe trotzdem keineswegs mit Präparaten überladen ist, wie es sonst in der Regel bei derartigen Gruppen störend genug der Fall.

An ornithologischen Objecten zieren die Felspartie vor allem ein mächtiger *Gypaëtus barbatus*, in dem Momente dargestellt, als er sich auf der höchsten Spitze des Felsens niederlässt und im Begriffe steht, die kolossalen Schwingen zusammenzulegen. — Dieses Baron Nopcsa gehörige Prachtstück endete 1894 im Retyezát durch Gift. Das der Wölfe wegen gelegte Strychnin räumt überhaupt furchtbar unter den grossen Raubvögeln, die ja alle auf Aas fallen, auf, und die Zeit scheint nicht mehr ferne zu sein, wo der Lämmergeier auch aus seinem letzten Refugium in den Siebenbürger Alpen verschwunden sein wird. Ein zweites Exemplar des Bartgeiers im Pavillon der Urbeschäftigungen, welches sich durch besonders prachtvolle Färbung auszeichnet, endete ebenfalls durch Gift. Dasselbe stammt aus Bosnien — der Umgebung von Sarajevo — und wurde von Herrn O. Reiser der historischen Jagdgruppe überlassen.

Weisskopfgeier (aus Székudvard), ein äusserst starker Steinadler (Typus *fulva*), während des verflossenen Winters im Valkóer Reviere der Kronherrschaft Gödöllő aus der Krähenhütte erlegt; ein Fischadler, ein Pärchen Wanderfalken, Milane, ein Beute schlagender *Bubo maximus*, ein verschämt aus einer Felsspalte hervorlugendes Steinkäuzchen repräsentieren die Gruppe der Raubvögel auf dem Felsen, während hoch über demselben in freier Luft schwebend noch zwei kämpfende Seeadler — beide uralte Exemplare mit wachsgelben Schnäbeln und lichtestem Gefieder — in einander verkrallt zur Erde herabzusausen scheinen.

Wer je den Anblick eines solchen, in der wild-trotzigen Kraft f r e i e r Adler ausgefochtenen Kampfes genossen hat,

wird die vollendete Darstellung, besonders der in Hass und
Wuth gegen einander hauenden Köpfe lobend anerkenen.
Der Ausdruck dieses höchsten Affectes ist wirklich meisterhaft
festgehalten.

Ein Pärchen Alpendohlen, sowie einige *Tichodroma muraria*
aus dem Retyezát, welch' letztere an den Felswänden hinflatternd,
glutrothe Büschel der Alpenrose mimikrisieren, vervollständigen die „Hochgebirgs-Stimmung."

Nutzen oder Schaden dieser beiden Species bestimmten
wohl nicht deren Aufnahme in die Gruppe - wohl aber die
warme Beobachtungsgabe Meister Rosonowsky's, welcher den
Zauber, den das muntere Gebaren dieser Vögel in den todesstillen
Felsmassen des „Gamsgebirges" ausübt, voll erfasst zu haben scheint.

Unweit von den Dohlen lauert auf einer Felszacke ein
Kolkrabe über einer Gruppe spielender Murmelthiere.

Der Rabe, 1895 im Retyezát erlegt, ist trotz seiner hochalpinen Provenienz ebenso kleinwüchsig wie die anderen in
der Ausstellung zerstreut stehenden Raben.

Ich habe diesen, wie früher schon unseren ungarischen
Corvus corax überhaupt, besondere Aufmerksamkeit zugewendet
und meine frühere Beobachtung wieder bestätigt gefunden,
dass nämlich Exemplare aus den österreichischen Alpen, aus
der Schweiz etc. — kurz solche w e s t l i c h e r Provenienz -
wahre Riesen gegen die ungarischen Raben sind, besonders
aber gegen die aus dem Donautieflande stammenden, wo doch
sowohl klimatische, als auch Ernährungsverhältnisse eher für
den umgekehrten Fall sprechen würden. — Dasselbe scheint
auch bei den anderen Corviden der Fall zu sein, wenigstens
bei *Corvus cornix* und bei der Elster, bei welch letzterer aber
auch grosswüchsige, mit westlichen Exemplaren gleich starke
Individuen recht häufig vorkommen, ohne dass es mir bisher
jedoch gelungen wäre, für eventuelle Verbreitungskreise dieser
plastischen Schwankungen Anhaltspunkte zu gewinnen. In der
Ausstellung, im Forstpavillon sowohl als anderwärts, finden
sich Belegstücke der Elster für beide Dimensionen.

Doch zurück zu unserer Gruppe! Nächst den Raubvögeln,
zu welchen „jagdlich" auch die Corviden gerechnet werden
mögen, sind es natürlich die Tetraoniden, welche im Jagdpavillon die erste Stelle einnehmen.

14

Ein balzender Auerhahn mit einigen Hennen, zwei kämpfende
Schildhähne, denen die kleinen rothgelben Hennen neugierig
zusehen und ein Pärchen Haselhühner vertreten die Gruppe der
Waldhühner auf unserem Felsen (auch diese in natürlicher,
nicht forciert-malerischer Stellung präpariert!); im Rayon
der Ausstellung überhaupt aber ist dieselbe auch anderweitig
sehr zahlreich und in nicht uninteressanter Weise repräsentiert.
Sowohl im Forstpavillon, als in einzelnen Domänenausstellungen
sind schöne Exemplare von *Tetrao urogallus* und *tetrix* zu
sehen. *Tetrao urogallus* betreffend, brachte besonders die Collectivausstellung des Hunyader Comitates (Siebenbürgen) viel
Materiale aus dem Retyezát. Ich fand darunter s e h r
r e s p e c t a b l e Hähne, die an Stärke den alpinen in nichts
nachstehen, und konnte mithin keinerlei Anhaltspunkte für die
Bestätigung des angeblich schwächeren Schlages von Hähnen
aus den transsylvanischen Alpen finden.

Allerdings ist die B i o l o g i e dieser Hähne — vornehmlich der aus der Mármaros und dem nordöstlichen Siebenbürgen
stammenden — interessant, da dieselben angeblich an bestimmten
Balzplätzen gemeinschaftlich balzen sollen, und zwar r e g e l-
m ä s s i g a u f d e m B o d e n wie *Tetrao tetrix*.

Erwähnenswert ist noch, was durch einzelne Belegexemplare in der Ausstellung wieder erhärtet wird: die langsame,
aber stetige Ausbreitung von *Tetrao urogallus* im westlichen
Ungarn. An der steirisch-niederösterreichischen Grenze findet
eine regelrechte Einwanderung des Auergeflügels statt, und ist
dasselbe stellenweise als Standvogel bereits bis in die Ebene
vorgedrungen; im Eisenburger und Oedenburger Comitate, wo
man noch vor wenigen Jahren keine Ahnung von der Existenz
dieses Wildes hatte, bestehen zur Zeit schon hie und da ganz
regelrechte Balzreviere. Eine Wechselbeziehung dieses Phäno-
mens mit der in den genannten Gebieten fortschreitend erfol-
genden Ausbreitung der Heidel- oder Schwarzbeere, dieser
„Lieblingspflanze" des Auerwildes, steht wohl ausser Zweifel.

Der interessanteste Typus der Waldhühner, der Rackelhahn, ist im Forstpavillon durch ein Graf Géza Andrássy ge-
höriges, 1890 zu Betlér gestrecktes Exemplar von auffallend
ausgesprochener Hinneigung zu *tetrix* vertreten. Ausser einem,
im bosnischen Forstpavillon stehenden Stücke fand ich noch

zwei Exemplare dieses interessanten Hybrids in der Ausstellung, beide von vorwiegendem *urogallus*-Typus. Das eine, ein besonders mächtiges Thier, stammt aus der Hohen Tátra, da andere, im Pavillon Sr. kgl. Hoheit des Herzogs von Coburg aufgestellt, aus dem Gömörer Comitat.

Tetrao tetrix ist ebenfalls aus verschiedenen Landestheilen eingesendet; ein auffallendes Exemplar dieser Art, durch die phänomenalen Rectrices an russische Birkhähne erinnernd (was ich höchstem Alter zuschreiben möchte), steht im Pavillon der Rima-Murányer Gewerke.

Um bei der Familie der Tetraoniden zu bleiben, sei ein Völkchen Rebhühner erwähnt, welches durch Gestrüppe am Fusse unseres Felsens schlüpft, während ein starkes Volk von *Caccabis saxatilis* sich einer mit spärlichem Grase bestandenen Steinlehne entlang äst.

Diese letztere, in Friwaldszky's „Aves Hungariae" nicht aufgeführte Art ist im Quarnerogebiete häufig und war gastronomisch in Fiume, Abbazia, Cirkvenica etc. längst bekannt, ehe sie ornithologisch wieder entdeckt wurde. In der Millenniums-Ausstellung figuriert der Vogel häufig.

Im bosnisch-herzegowinischen Forst-Pavillon stellt eine recht anschauliche „biologische Gruppe" die Jagd auf Steinhühner mittelst des Schirmes dar: ein Bosniake pürscht unter dem Schutze einer groben, grau und weiss gefärbten Wolldecke ein Volk derselben im Karstterrain an. Zwei Augenlöcher in der auf einem Holzrahmen schildartig ausgespannten Decke, die der Schütze vor sich herträgt, gestatten den freien Ausblick, und durch ein drittes Loch wird demnächst der Schuss aus der langen, steinschlossbehafteten Donnerbüchse auf das verhoffend sich zusammendrängende Volk fallen.

Im kroatisch-slavonischen Forst-Pavillon sind mehrere Steinhühner-Gruppen aus der Lika und dem Quarnero-Gebiete ausgestellt, ebenso seitens der Schulausstellung Fiumes welche aus Grobnik. — Die auf dem Felsen befindlichen Steinhühner stammen ebenfalls aus Fiume.

Nächst diesen, mir einer eingehenden Besprechung würdig erscheinenden Vogeltypen, enthält die Rosonowsky'sche Centralgruppe, abgesehen von all' dem Haarwilde, noch eine Reihe

„geringeren Zeuges," alles typisch präpariert und mit Verständnis angebracht, so dass trotz der Fülle der Objecte nie Überladung oder widernatürliche Zusammendrängung erfolgt. Da mein Bericht sich ja auch auf „taxidermistisches" bezieht, kann ich mir nicht versagen, an dieser Stelle anzuführen, was E. von Dombrowski*) über diese Gruppe schreibt:

„Infolge der gewaltigen Dimensionen und des künst-
„lerisch vollendeten Arrangements wirkt dieses imposante
„Tableau so überwältigend naturgetreu, dass ich ihm nichts
„von all' den bisherigen ähnlichen Leistungen an die Seite
„zu stellen wüsste. Rosonowsky, der sich erst vor wenigen
„Jahren etabliert hat, erobert sich mit diesem Werke einen
„Ehrenplatz unter den ersten Dermoplasten der Welt."

Ausser derselben zieren den Pavillon noch einige grössere biologische Gruppen, sowie eine ganze Menge einzelner oder in zusammengehörigen Sammlungen aufgestellter Präparate, welche alle zu besprechen, weitaus den Rahmen dieses Berichtes überschreiten würde. Es seien denn nur die folgenden darunter hervorgehoben:

Eine Mustergruppe aus der dem Forstärar gehörenden Sammlung forstlich schädlicher oder nützlicher Thiere, die sämmtlichen in Ungarn vorkommenden Spechte — einschliesslich *Picus leuconotus* und *tridactylus* — bei ihrer Arbeit darstellend.

Eine grössere biologische Gruppe von recht guter Ausführung aus dem bekannten Präparatorium. Dr. Lendl's (Budapest) bringt einen Abschnitt aus dem Sumpfleben zur Darstellung. Erwähnenswert ist daraus ein Schwarzstorchpärchen beim Horste, sowie einige Beutel- und Rohrmeisengruppen. An dieser Stelle sei eine zweite, aus demselben Präparatorium entstammende Gruppe erwähnt, welche im Pavillon für moderne Fischerei Aufstellung gefunden hat und die „Fischereischädlinge aus der Vogelwelt" vor's Auge führt. Ausser den sämmtlichen gewöhnlichen Reiherarten — unter denen die stolzen *Ardea alba* stets wieder das Auge entzücken — und verschiedenen Entenarten, sind es besonders die Cormorane und Colymbiden, welche in diesen Gruppen in's Auge fallen.

*) Wild und Hund. Berlin, 1896, p. 438.

Colymbus arcticus ist ein r e g e l m ä s s i g e r und allen
Wetterprognosen zum Trotz nichts weniger als seltener Herbst-
gast Ungarns; Beweis dessen wiederum die recht zahlreichen
Vögel der Ausstellung. Allerdings sind dieselben meist — wie
die Mehrzahl der im Lande erlegten Stücke dieser Art — junge
Herbstvögel. Auffallend bei denselben ist die enorme Schwankung in den Grössenverhältnissen*): während manche Exemplare kaum die Stärke von *C. septentrionalis* erreichen, fühlt
man sich bei anderen fast versucht, sie auf den ersten Blick
zu *C. glacialis* zu stellen.

Ein Fehler der letzterwähnten Gruppe scheint es mir zu
sein, dass in dieselbe nur *C. arcticus* aufgenommen wurde,
während *C. septentrionalis* in derselben fehlt, unbedingt aber
ein ebensolcher Fischräuber ist, wie sein Verwandter und im
Lande ebenfalls recht häufig anzutreffen ist. Keinesfalls wäre
es mit besonderen Schwierigkeiten verbunden gewesen, vom
Velenczeer See oder aus den Donau-Rieden ein Herbstexemplar
für die Ausstellung zu beschaffen.

Die C o r m o r a n e, von denen in der letzterwähnten
Gruppe auch die Horstanlagen von *Graculus carbo* und
Graculus pygmaeus auf einem Sahlweidengebüsch — eine recht
gute Reminiscenz aus den Donaurieden — dargestellt sind,
finden sich gut in der Ausstellung vertreten.

Graculus carbo, dessen Brutgebiet im Lande mit den zu-
nehmenden Stromregulierungen übrigens von Jahr zu Jahr
abnimmt, wurde von mehreren Flussgebieten eingesendet;
über ein Exemplar, welches von der Gewerkschaft Salgó-Tarján
aus dem oberen Zagyvathale ausgestellt wurde, konnte ich
keinerlei nähere Daten erfahren. Unter den übrigen in der
Ausstellung befindlichen Vertretern der Art sah ich wieder
einige, denen die weissen Schenkelflecke vollständig fehlen,
sowie solche mit auffallend lichter Unterseite.

Im Pavillon Sr. kaiserl. Hoheit des Erzherzogs Friedrich

---

*) Es unterliegt wohl kaum einem Zweifel, dass die schon oft erwähn-
ten, ganz beträchtlichen Verschiedenheiten in den Grössenverhältnissen nicht
individueller Natur sind, sondern locale Formen darstellen, wie solche von
Brehm, von Hornschuh & Schilling unterschieden wurden. Es wäre eine
dankenswerte Aufgabe jener, denen sich f r i s c h e s Material in genügender
Menge bietet, selbes einer sorgfältigen Prüfung zu unterziehen. D. Herausg.

steht ein aus dem Bélye'er Ried-Museum (Forstmeister Pfennigberger) eingesendetes Exemplar mit fast rein weisser Unterseite. Zeitmangel gestattete mir nicht, von Herrn Pfennigberger die Erlegungsdaten dieses Vogels zu erbitten. Ich muss mich daher hier darauf beschränken zu erwähnen, dass ich selbst diese Farbenunterschiede zu allen Jahreszeiten an *Graculus carbo* zu beobachten wiederholt Gelegenheit hatte, und unter anderem ein dem Bélye'er Stücke gleich gefärbtes Exemplar im Jahre 1893 in den Auen von Rajka, Wieselburger Comitat, in der Paarzeit der Cormorane und sonst im vollen Hochzeitskleide prangend, erlegte.

Graculus pygmaeus wurde aus dem Alföld, sowie aus dem Küstengebiete mehrfach eingesandt; aus letzterem auch *Graculus cristatus*.

Was die im kroatisch-slavonischen Forstpavillon, sowie seitens des Fiumaner Gymnasiums mehrfach ausgestellten Exemplare dieser letzteren Art der Krähenscharbe — anbelangt, muss ich es mir leider versagen, in die kritische Frage hier näher einzudringen, ob dieselben *Graculus desmaresti* Peyraud, oder *Graculus croaticus* Bruž, zu benennen seien.

Doch kehren wir in den Forstpavillon zurück. Ausser den erwähnten grösseren Gruppen steht noch eine Menge von Präparaten hier zur Schau, unter denen natürlich die Raubvögel dem Wesen der Sache nach — wie überhaupt in den einschlägigen Expositionen der Ausstellung - die erste Stelle einnehmen.

Eine Enumeration dieser Objecte würde nur ermüden, und so sei es mir gestattet, nur kurz zu bemerken, dass die gewöhnlichen Raubvögel Ungarns, vom gewaltigen Kuttengeier angefangen, bis zum bescheidenen *Buteo vulgaris* und Thurmfalken hinunter, alle hier zu finden sind. Nur *Buteo ferox* und *Aquila orientalis* fehlen aus der Liste der ungarischen Raubvögel, dafür ist *Aquila imperialis* — allerdings meist in Jugendkleidern (alte lassen sich, wie ich aus recentesten Erfahrungen weiss, nicht so ohne weiteres bethören) — mehr als reichlich in der ganzen Ausstellung zu sehen; ebenso ist *Aquila fulva* sehr zahlreich vertreten, merkwürdiger Weise aber nur im typischen *Fulva*-Kleide!

Ebenso vollzählig ist das „nützliche Wild" ausgestellt.

Abgesehen von den bereits besprochenen Tetraoniden ist durch
die Classen der Columbiden, Grallae und Natatores so ziemlich alles zur Einsendung gelangt, was für die ungarische Ornis
als typisch gelten kann. . Da unter diesen Objecten einige seltenere Erscheinungen,
sowie einige nicht uninteressante Farbenvarietäten sich befinden
und ausserdem, wenn auch in geringerer Zahl, auch Vögel aus
der Classe der Passeriformes von Seite einiger Präparatoren
in dieser Gruppe zur Aufstellung gelangten, so sei es mir
gestattet, im nachstehenden einige markantere Exemplare
oder Arten aus der gesammten auf die Urproductionen bezüg-
lichen Gruppe, mit Ausschluss des bosnisch-herzegowinischen
Forstpavillons, welcher gesondert behandelt werden wird, in
systematischer Reihenfolge zu besprechen.

Um meinen Bericht nicht über das Mass auszudehnen,
muss ich zu dieser Zusammenziehung greifen, obschon vor
allem der kroatisch-slavonische Forstpavillon, sowohl was die
Fülle der Objecte, als auch gutes Arrangement derselben be-
trifft, einer speciellen Besprechung wohl würdig wäre. Ebenso
können aus der Fülle des Materiales aus verschiedenen anderen
Pavillons dieser Gruppe — ich erwähne daraus bloss den des
Erzherzogs Friedrich, welcher eine Mustercollection aus dem
ornithologisch so wohl bekannten Bélye'er Ried-Museum enthält — hier nur einzelne Objecte von allgemeinerem Interesse
hervorgehoben werden.

Neophron percnopterus (L.) ? alte, weisse Exemplare im
Pavillon der Urbeschäftigungen. Beide im verflossenen Jahre
im Temeser Comitate — eines im Flugsandterrain Deliblat,
das andere bei Ung.-Weisskirchen erlegt.

Circus macrurus (Gm.) Entgegen der herrschenden Ansicht geht meine Erfahrung dahin, dass die Steppenweihe in
Ungarn ebenso häufig, wenn nicht noch häufiger ist als *Circus
cyaneus* (L.) — Hiefür spricht auch die verhältnismässig grosse
Zahl der in der Ausstellung befindlichen (und wie viele derselben sind „unbekannt"!) Weihen dieser Art.

Astur palumbarius (L.) Nebst den bedeutenden Grössen-
unterschieden, welche die in der Ausstellung befindlichen, recht
zahlreichen Habichte aufweisen, fiel mir besonders die merkwürdig dunkle Färbung eines im kroat.-slavon. Forstpavillon

aufgestellten ? aus Daruvár auf. Dasselbe sieht wie verrusst aus, alles Weisse an demselben erscheint graulich, alles Grau schieferschwärzlich.

Accipiter nisus (L.) ♂ ad. Ebendaselbst. Oberseite schieferfarbig, fast schwarz, während die Unterseite normal, allenfalls mit etwas lebhafterer Ausbreitung der rostfarbenen Zeichnung als gewöhnlich erscheint.

Falco feldeggi Schl. Ein typisches Exemplar dieser Art, aus Bosnien stammend und von Herrn O. Reiser in liebenswürdiger Weise ad hoc der betreffenden Gruppe zur Verfügung gestellt, ziert als beliebter Beizvogel von einst die Gruppe „Falknerei" des historischen Jagdpavillons.

Falco laniarius Pall. Mehrere Individuen beweisen, dass die Art die ja auch mehrfach nachgewiesener Brutvogel ist -- nicht gar zu selten im Lande auftritt.

Syrnium aluco (L.) Mehrere braune, bis schwärzliche Aberrationen. Ein besonders schön chocoladebraunes Exemplar aus Bélye, im Pavillon des Erzherzogs Friedrich.

Syrnium uralense (Pall.) Ziemlich zahlreiche Exemplare bezeugen deren verhältnismässig häufiges Vorkommen. Nicht uninteressant ist es, dass 4 oder 5 Exemplare im kroat.-slavon. Pavillon Aufstellung gefunden haben, welche theils aus der Lika, theils aus der Umgebung Agrams stammen.

Corvus monedula L. In der Sammlung der Schemnitzer Akademie ein Exemplar von totalem Albinismus.

Nucifraga caryocatactes (L.) Wurde aus verschiedenen Theilen des Landes eingesendet, besonders aus Ober-Ungarn, wo die Art bekanntlich Brutvogel.

Im kroat.-slav. Forstpavillon befinden sich ebenfalls einige Exemplare; der Gruppencommissär dieses Pavillons, Herr kgl. Förster Schmidinger, Agram, war so freundlich mir mitzutheilen, dass seit einer Reihe von Jahren eine Einwanderung des Tannenhehers nach Kroatien stattfinde, so zwar, dass derselbe nunmehr als regelmässiger Brutvogel des Waldgebietes der Lika auftrete.

Die gesehenen Exemplare gehören, soweit ich dies bei dem oft ungünstigen Standorte derselben bestimmen konnte, sämmtlich der Form *pachyrhyncha* an.

Garrulus glandarius (L.) Im kroat.-slavon. Forstpavillon

ein interessanter, particller Albino. Kopf. Oberrücken. Bürzel, Brust- und Deckfedern am Flügelbuge rein weiss; das Weinröthliche des übrigen Gefieders lichter als gewöhnlich, eine Art gelblich abgetöntes Rosenroth. Alles Übrige normal. Das Schwarz der Schwingen- und Steuerfedern und der lebhaft blaue Spiegel heben sich prächtig von der schneeweissen Grundfarbe ab.

Turdus torquatus alpestris (Chr. L. Br.) Einige Exemplare aus Ober-Ungarn, wo die Art recht häufiger Brutvogel, stehen in der Sammlung der Schemnitzer Akademie.

Cinclus cinclus melanogaster (Chr. L. Br.) Ein Exemplar ebendaselbst.

Acanthis linaria (L.) Eine kleine Gruppe im kroat.-slavon. Forstpavillon, darunter ein ♂ von *A. linaria holbölli* (Chr. L. Br.). Die Vögel stammen aus der Umgebung Agrams und wurden im Winter 1893 erlegt, zu welcher Zeit grosse Massen von Leinfinken in Ungarn überwinterten.

Emberiza cia L. Mehrere Exemplare und kleine biologische Gruppen im kroat.-slav. Forstpavillon. Einer Mittheilung des liebenswürdigen Custos dieses Pavillons, Herrn Josef Schmidinger - Agram gemäss, ist die Art stellenweise im kroatischen Küstengebiete recht häufig.

Pastor roseus L. Ein in der Nähe von Agram erlegtes, mittelaltes ♂ ebendaselbst.

Turtur auritus (Gray.) Im ungar. Forstpavillon steht eine chlorochroistische Abweichung aus Csákó. Békés'er Comitat. Das stark abgenützte Gefieder des Vogels ist im allgemeinen weissgelb, die Kropfgegend und Oberbrust grau-isabell mit einem starken Stich in's Violettröthliche. Sämmtliche obere Deckfedern der Schwingen sind an den Rändern lebhaft braun gesäumt, was auf der weissgelben Grundfarbe eine eigenthümliche Zeichnung hervorruft.

Phasianus colchicus L., *torquatus* Gm., *reevesi* Gray. und *versicolor* Vieill. Im ungar. Forstpavillon — wie auch anderwärts — sind mehrere Exemplare dieser Arten aufgestellt; besonders schöne Exemplare lieferte die Gräfl. Carl Eszterházysche Gutsverwaltung Szt. Ábrahám, wo ein Fasanenaufzug im grossen Stil betrieben wird und mit der Acclimatisierung verschiedener Phasianiden gelungene Versuche angestellt werden.

Von dieser Stelle wurde auch ein interessanter Bastard

zwischen *recvesi* und *torquatus* ausgestellt. Dieser Vogel stimmt
in den Dimensionen und in der Färbung vollständig mit einem
im steiermärk. Landesmuseum Joanneum stehenden Exemplar
des gleichen Ursprunges überein. welches, in der Nähe von
Graz erlegt, seinerzeit, wenn ich nicht irre, von Stephan Freiherrn von Washington-Pöls beschrieben und publiciert worden ist.

Perdix cinerea Lath. Einige Fälle von partiellem und totalem Albinismus stehen zerstreut in der Ausstellung. Nicht
uninteressant ist — obschon eigentlich in's Capitel Ornithologia
oeconomica gehörig — der seitens der oben erwähnten Szt.
Ábrahámer Gutsverwaltung erbrachte Beweis. zu welch' er-
staunlichem Masse die Verbreitung oder eigentlich Vermehrung
dieser Art durch rationelle Hege und Pflege entwickelt werden
kann. In dem genannten Reviere erlegten auf freier Wildbahn
— nicht aus künstlichem Aufzug stammend — 8 Schützen einfach „buschierend" an einem Tage (15. August 1887) in 6 Jagd-
stunden 1157 Stück Rebhühner.

Otis tetrax L. Schöne Stücke der Art. darunter einige
♂ im schönsten Hochzeitsschmuck. aus verschiedenen Theilen
des Landes eingesendet.

Oidemia fusca (L.) Ein ♂ ad. aus Opeka. Warazdiner
Com.. im kroat.-slavon. Forstpavillon.

Anser brachyrhynchus Baill. Ein Exemplar im kroat.-slavon.
Industriepavillon stammt aus der fürstl. Odeschalchischen Herrschaft Illok. ein zweites im Pavillon des Herzogs von Coburg
aus Puszta Vacs. Pester Comitat. Zwei weitere Exemplare
stehen in der Vogelsammlung des Torontáler Comitates.

Cygnus musicus Bech. Mehrere Exemplare in der Ausstellung. Zwei alte Stücke wurden im verflossenen Winter bei
Vinkovce auf dem Flüsschen Bošut erlegt.

Bei der relativ guten Vertretung dieser Art in der Ausstellung ist es umso auffallender. dass *Cygnus olor* auf derselben vollständig fehlt.

Larus fuscus L. Ein jüngerer Vogel aus Mezö-Berény,
Békéser Comitat.

Lestris catarrhactes Vieill. Fiume, Quarnero.

Das so bezeichnete Exemplar steht in der Sammlung des
Fiumaner Obergymnasiums. Da ich es nicht in die Hand bekam, kann ich über die Richtigkeit der Determination mich

nicht äussern, glaube aber bestimmt, dass es sich nur um *Lestris pomarina* Temm. handeln dürfte.

Larus argentatus michahellesi (Bruch.) Mehrere Exemplare aus der unteren Donaugegend und vom Quarnero.

Als Beschluss dieser Gruppe sei die kleine, aber auserlesene Collection von Vögeln besprochen, welche den seitens der bosnisch-herzegowinischen Landesregierung ausgestellten Forstpavillon schmückt.

Auch hier sind es natürlich nur mehr oder weniger jagdlich in Betracht kommende Arten, die zur Aufstellung gelangten; — aber das vorhandene, von Herrn O. Reiser, Sarajevo, in fachverständigster Weise ausgewählte Materiale zeigt, welche Schätze auch in ornithologischer Beziehung das in so erstaunlich kurzer Zeit erschlossene und zu relativ hoher Blüte gelangte Land noch birgt.

Das meiste Interesse nimmt die in der Mitte des Pavillons auf Felsblöcken aufgestellte Raubvogelgruppe in Anspruch, aus der einige schöne Vertreter der drei europäischen Vulturiden. zwei mächtige *Gypaëtus barbatus*, ein auffallend prachtvoll gefärbtes uraltes ♀ von *Aquila heliaca*, Savi, *Aquila fulva*, *clanga* und *pennata* besonders hervorgehoben seien.

Nicht viel Objecte — aber wie selten sind dieselben bereits in Europa. wie wenige Culturländer — und die übrige Exposition des Occupationsgebietes beweist eindringlich, dass dasselbe heute schon vollen Anspruch auf diese Bezeichnung erheben darf können sich rühmen, auf verhältnismässig kleinem Terrain alle diese stolzen Raubvögel noch zu beherbergen.

Ausser dieser und der schon erwähnten Steinhuhngruppe schmückt den Pavillon eine Reihe von „Hängestücken" — Enten und Säger verschiedener Arten, unter denen ein schönes ♂ von *Fuligula rufina* (Pall.) besonders hervorgehoben sei — sowie gute Präparate von *Tetrao urogallus, tetrix* und *bonasia*.

Ein prachtvoller Rackelhahn verdient jedenfalls den in einem besonderen Glaskästchen eingeräumten Ehrenplatz. Dies letztere Exemplar — wenn ich nicht irre aus der Hrbljina stammend. wo Herr O. Reiser auch heuer einen Rackelhahn erlegte — ist aus einem älteren. von einem Jäger „kunstvoll" mit Tabaksaft präpariertem Balge durch Herrn Reiser für das Landesmuseum in Sarajevo gerettet worden.

Die übrigen in der Ausstellung befindlichen Stücke — grösstentheils Eigenthum des bosnisch-herzegowinischen Landesmuseums sind meistens in neuester Zeit gesammelt.

Damit sei die Gruppe der Urproductionen abgeschlossen, und im nachstehenden dasjenige ornithologische Materiale besprochen, welches mit Rücksicht auf Museologie oder als Mittel des Anschauungsunterrichtes — kurz aus einem mehr fachwissenschaftlichen Gesichtspunkte in der Ausstellung Aufnahme gefunden hat.

Vor den übrigen ist hier eingehender die Collectivausstellung der kgl. naturwissenschaftlichen Gesellschaft zu erwähnen, welche in 20 grösseren, der ungarischen Fauna entnommenen biologischen Gruppen besteht.

Ein mit Illustrationen versehener Artikel im Organ des genannten Institutes, welcher diese Gruppen (von denen 14 sich auf die Vogelwelt beziehen) katalogartig in populärer Weise bespricht, gibt in einer kurzen Einleitung darüber Aufschluss, dass diese Exposition den Zweck habe, die eine Hauptrichtung moderner Museologie, nämlich d i e p o p u l ä r e V e r b r e i- t u n g d e r K e n n t n i s d e r T h i e r w e l t d u r c h d e n A n s c h a u u n g s u n t e r r i c h t, durch Vorführung einer Reihe biologischer Gruppen nach englischem Muster, zur Darstellung zu bringen.

Die Gruppen selbst sind im Einvernehmen mit der Leitung des ung. Nationalmuseums und unter Benützung einzelner, dem genannten Museum gehöriger Präparate vom Leiter des zoologischen Präparatoriums des National-Museums, D r. J u l i u s v o n M a d a r á s z, hergestellt.

Vorzügliche Plastik der Thiergestalten und malerisch arrangiertes — wohl auch zumeist naturalistisch recht gut zusammengestelltes Beiwerk charakterisieren diese Gruppen, unter denen als kleinere und kein besonderes Interesse darbietende ein S e e a d l e r p ä r c h e n, die Bruthöhle eines S t e i n k a u z- p ä r c h e n s, eine M a n d e l k r ä h e n f a m i l i e, je eine Gruppe von *Ardea alba, Platalea leucerodia* und *Anas boscas* mit Jungen nur einfach erwähnt seien.

Ausserordentlich lebendig und wirklich künstlerisch ausgeführt ist eine grosse Gruppe, ein Bruchstück aus einer Brutcolonie von *Merops apiaster* darstellend. — Von grösserem ornithologischem Interesse sind zwei weitere, ebenfalls mit lobenswerter Technik ausgeführte Gruppen, von denen die eine — wohl zum grösseren Theile aus dem Materiale des National-Museums zusammengestellt — eine Partie Röhricht mit Nestanlagen von *Locustella luscinioides* und *Lusciniola melanopogon*, diesen beiden interessanten Typen der ungarischen Sumpfornis, vor's Auge führen, während die andere ein simpeles Schwalbennest zum Gegenstande hat, ein Nest von *Hirundo rustica*, dessen Anlage jedoch in P. Leverkühn's langer Reihe von „sonderbaren Niststellen" jedenfalls einen hervorragenden Platz eingenommen hätte.

Das in Rede stehende Curiosum ist nämlich f r e i s c h w e - b e n d, etwa in der Befestigungsart der Beutelmeisennester, an dem gegabelten Zweige einer Ranke wilden Weines angebracht und wurde von Dr. v. Madarász auf der Veranda des Freiherr von Kemény'schen Schlosses, Puszta Kamarás in Siebenbürgen, im Juli vergangenen Jahres gesammelt. Was die Schwalben zu diesem equilibristischen Kunststückchen — das Nest schwebte etwa 3 m hoch frei über dem Erdboden — veranlasst haben mag, bleibt räthselhaft, da passendere Niststellen zur Genüge vorhanden waren.

Bei der Abnahme des Nestes wurden die noch nicht flüggen Jungen in einer mit Baumwolle gepolsterten Schachtel geborgen und an Ort und Stelle von den Alten auch glücklich aufgefüttert. Wie Dr. von Madarász mittheilt, baute hierauf das alte Pärchen trotz der erfolgten Störung nochmals und zwar in derselben Weise in die Ranken des wilden Weines — und auch diese Brut soll glücklich durchgeführt worden sein!

Weniger gut gelungen als die vorstehenden scheint mir eine Gruppe von *Glareola pratincola* zu sein; die Vogelgestalten selbst sind zwar naturwahr und correct behandelt, aber ob die üppige, selbst für englischen Rasen etwas zu grüne und ihrer Zusammensetzung nach entschieden an alpine Wiesen erinnernde Vegetation auf den Steppen des Hortobágy, von wo die ganze Gruppe stammt, anzutreffen ist, erscheint mir fraglich.

Die nächste grosse Gruppe, „die Vogelwelt des Sumpflandes", verdient in ihrer Ausführung volles Lob.

Das Terrain — schlammiges, sumpfiges Hutweideland — ist correct ausgeführt, die Präparate sachlich richtig ausgewählt und naturwahr dargestellt, die Gruppierung derselben

ist künstlerisch. Zur Darstellung gelangten hier alle typischen
Schnepfenarten (im weiteren Sinne) Ungarns, unter denen als
interessantere Objecte aufgezählt seien: *Limosa aegocephala,
Recurvirostra avocetta, Totanus stagnatilis* und *Totanus fuscus.*
Dem Vernehmen nach sind die meisten dieser Objecte im ver-
flossenen Jahre gesammelt worden.

Derartige biologische Gruppen, besonders in so grossen
Dimensionen ausgeführte wie die gegenwärtig besprochenen,
besitzen als Mittel des Anschauungsunterrichtes entschieden
nicht zu unterschätzenden Wert. Die malerische Gruppierung,
die Darstellung eines lebendigen Vorganges aus dem Treiben
der Thierwelt. fesseln das Auge des Laien und erleichtern und
befördern das Auffassen und geistige Festhalten der geschauten
Objecte, während die langen Reihen gleichförmiger Präparate
nach altem Muster erfahrungsmässig auf den Laien ermüdend
und nichts weniger als anregend wirken, und in der Regel
Mangels augenfälliger Merkmale, — ich möchte sagen mnemo-
technischer Hilfsmittel, — das Geschaute gar nicht zur Perception
gelangen lassen.

In diesem Sinne ist die Ausstellung der kgl. ungar. naturwissenschaftlichen Gesellschaft vollkommen zu billigen, und
das in derselben zum Ausdrucke gebrachte Bestreben, eine Umgestaltung der Museologie in der angedeuteten „modernen"
Weise anzubahnen. auf jeden Fall gut zu heissen, selbst wenn
auch eine derartige Umgestaltung in minder gesegneten Ländern als England es ist, aus praktisch-ökonomischen Gründen
wohl noch für lange hin das Stadium des frommen Wunsches
nicht überschreiten dürfte.

Einige Bemerkungen bezüglich der Ausführung dieser
Tendenz kann ich jedoch an dieser Stelle nicht unterdrücken.

Das erste Erfordernis biologischer Gruppen, wenn dieselben ihren Zweck erreichen sollen, besteht vor allem in der
i n n e r e n   W a h r h e i t.

R i c h t i g e   K e n n t n i s und r i c h t i g e s   W i s s e n
können nur durch t a d e l l o s r i c h t i g e D a r s t e l l u n g
verbreitet und erworben werden.

Die biologische Gruppe muss ein Momentbild aus der
Natur sein, vom Fachmanne mit kritischer Erwägung in dem
Momente aufgenommen, wo über die zu behandelnde Art oder

Gattung der belehrendste Einblick auf Leben und Weben gewonnen werden kann.

So beschaffen sind die berühmten Gruppen des British-Museums; Momentbilder aus dem Leben mit minutiös genauer Durchführung bis in die kleinsten Details hinab.

Abgesehen von einigen kleineren Fehlern an den bereits erwähnten Gruppen, welche wegen ihrer Geringfügigkeit hier übergangen sein mögen, will ich an den beiden letzten Gruppen dieser Collection näher erörtern, was ich in dieser Richtung an denselben auszustellen finde.

Die eine dieser Gruppen, übrigens auch der „clou" der ganzen Collection, führt eine Brutcolonie der Seeschwalben vor. Ein etwa 2—2½ Meter langer Wasserspiegel. theilweise bedeckt mit Blättern und Blüten der weissen und gelben Wasserrose — in einer Ecke etwas Schilf und Geröhricht, in der anderen eine Schlammbank. dies ist die äussere Scenerie.

Das braune, morastige Wasser (aus einer Platte Spiegelglas gefertigt) ist wunderbar täuschend dargestellt. die Vegetation — vielleicht etwas zu grell in den Farben gehalten — ist in dieser Gruppe, was nicht von allen gilt, sehr realistisch und naturwahr nachgeahmt, und was die Hauptsache ist. künstlerisch. bildartig vertheilt.

Die in der Gruppe aufgestellten Vogelgestalten sind ebenfalls lebendig und tadellos natürlich präpariert. Wo also liegt der Fehler?

In der Gruppe vereinigt stehen *Hydrochelidon fissipes, leucoptera* und *leucoparcia*, sowie *Sterna minuta* und *St. fluviatilis*.

Vorerst ist die Vereinigung all' dieser Arten auf einem so gestalteten Brutplatze wie der vorliegende, biologisch unwahr. Eine Anmerkung in der eingangs erwännten Besprechung der Gruppen erklärt zwar. dass *Sterna minuta* niemals auf den schwimmenden Blättern der Wasserrose brüte. wie dies die *Hydrochelidones* mit Vorliebe thun, sondern stets Kies- oder Schotterbänke zu Nistplätzen benütze — aber wozu wurden dann Eier, Dunenjunge und alte Vögel der Art in der angegebenen Weise in diese Gruppe aufgenommen! Auch *Sterna fluviatilis* Naum. wird man selten in derartigen Colonien der Seeschwalben antreffen. wenn aber ja, so absolut niemals mit frei auf den Wasserrosenblättern liegendem Gelege, wie dasselbe in der

Gruppe angebracht ist. Auch eine solche Nestanlage, wie dieselbe aus 4 bis 5 frischen Stengeln von *Nymphaea* und grünem Baummoose, (sic!) bestehend, von Dr. von Madarász einem Pärchen der *Hydr. leucoparcia* zugetheilt wurde, wird sich, wenngleich alle *Hydrochelidones* gerne nestartige Unterlagen zum Schutze der Eier zusammentragen, sowohl dem Materiale als dem Gefüge nach in der Natur wohl kaum vorfinden!

Obwohl, wie gesagt, *Sterna fluviatilis* Naum. in der Regel von solch' mit *Nymphaea* bewachsenen Stellen sich fernhält (das typische Nest der Art besteht ebenso wie bei *St. minuta* aus einer ausgescharrten Mulde auf Kies-, Sand- oder Schlammbänken), so konnte doch ohne grossen Fehler die Art einbezogen werden, weil sogar sehr grosse Brutcolonien derselben auf freiem Wasser bekannt sind. In diesem Falle jedoch hätte das in der Architectur von *Larus ridibundus* aus Schilf- und Rohrstengeln zusammengetragene schwimmende Nest angebracht werden müssen, und zwar, der Tendenz der modernen biologischen Gruppe entsprechend, das echte Nest des Vogels, dessen Beschaffung (z. B. vom Velenczeer See) ad hoc ja mit keinerlei Schwierigkeiten verbunden gewesen wäre.

Ein zweiter Fehler dieser Gruppe, den ich noch strenger beurtheile, besteht darin, dass unter den Objecten der eigentlichen Nestgruppe — also Vögeln im Hochzeitskleide, Eiern, Dunenjungen — auch alte Vögel in Herbst- und Winterkleidern, sowie junge Thiere im ersten Herbstkleide aufgestellt sind.

Der Wunsch ist zwar naheliegend und begreiflich, die Seeschwalbengruppe in all' den verschiedenen Federkleidern vorzuführen, doch darf dies meiner Ansicht nach keinesfalls in einer dem populären Unterrichte gewidmeten biologischen Gruppe geschehen, deren erste Aufgabe darin besteht, dem grossen Publicum einen Blick auf ein Stückchen des Lebens und Treibens der Thierwelt zu eröffnen, wie es in der Natur sich abspielt und wie es der Forscher eben in der Natur belauschte und seiner oft genug mühevollen Beobachtung gemäss zur Verbreitung allgemeiner Kenntnis festhielt.

Eine bloss auf den Effect berechnete Zusammenstellung der Gruppen erinnert mich stets an einen Scherz, den ich illo tempore mit einem von mir übrigens sehr verehrten Jagdgaste gelegentlich einer Frühjahrsjagd auf Wassergeflügel unternahm. Ich stellte nämlich dem in Ornithologicis Unbewanderten aus

Männchen und Weibchen verschiedener Entenarten eine solche
Serie von „Species" zusammen, dass sich der Gute über die
schier unerschöpfliche Menge nicht genug wundern konnte.
Als Scherz war's gut — aber ein w i s s e n s c h a f t l i c h e s
Vorgehen möchte ich derlei denn doch nicht nennen.

Denselben Fehler zeigt die Gruppe „Trappen."

Abgesehen von dem kahlen Fleck in der Ohrgegend neben
dem „Barte" des Männchens, welcher bei dem alten Hahn der
in Rede stehenden Gruppe in einem aufdringlichen berliner-
blauen Tone „erbläut" (sit venia verbo), in der Natur jedoch
schwarzgrau, bloss im höchsten Affect infolge Intravasierung
venösen Blutes truthahnartig (wenn auch nicht so ausgesprochen wie bei diesem) blauroth erscheint; abgesehen von diesem
Farbeneffect zeigt die Gruppe ein altes Pärchen, 2 Eier. 2
Dunenjunge und 2 bereits ganz ausgefiederte Junge, wie sie
bei uns in Ungarn etwa von Anfang August an zu finden sind.
vereinigt.

Wo bleibt da die Biologie, wo die innere Wahrheit der
Gruppe?

Ich glaube, diese akademisch angehauchte dermoplastische
Erörterung in den Rahmen dieses Berichtes einschalten zu
dürfen, da dieselbe unbedingt in das Capitel wissenschaftlicher
Taxidermie gehört, und es nahezu unmöglich ist, im Materiale
der Millenniums-Ausstellung ornithologisches vom taxidermisti-
schen zu trennen; anderntheils aber auch deshalb, weil mit
Rücksicht auf die Tendenz der Ausstellung der kgl. ung. natur-
wissenschaftlichen Gesellschaft, dieses grössten einschlägigen
Institutes in Ungarn, und infolge der gewissermassen officiösen
Betheiligung des National-Museums an derselben, es geboten
erscheint, gerade vor den Lesern des Auslandes den strengsten
Masstab fachwissenschaftlicher Kritik an dieselbe zu legen.

Eine Gruppe von *Chema minutum* (Pall.), bei Pest erlegt,
beschliesst die ornithologischen Objecte dieser Collection. Ein
ganz richtiger Passus des oben erwähnten Kataloges constatiert
das recht häufige Durchziehen dieser Art durch Ungarn.

Es erübrigt mir nun noch, nach der in dieser Gruppe
weitaus bedeutsamsten Ausstellung der kgl. ung. naturwissenschaftlichen Gesellschaft, einige aus fachlichen Rücksichten
exponierte Collectionen su erwähnen.

Lehrer K a r l K u n s z t aus Somorja, Pressburger Comi-

15

tat, stellte ebenfalls eine kleine Collection von — allerdings in
bescheidenen Dimensionen gehaltenen — biologischen Gruppen
für Lehrzwecke an Mittelschulen aus. Wenn auch die ausgestellten Objecte s a c h l i c h nicht besonders interessant sind,
so verdient doch die gute, in bekannt sauberer Weise ausgeführte Technik der Präparate volle Anerkennung.

Im Pavillon des T o r o n t á l e r C o m i t a t e s sind zwei
systematische Vogelcollectionen aufgestellt; die eine die Ornis des
Perjámoser (Torontáler Comitat) Waldbesitzes des Erzbisthumes
Agram, die andere, von Dechant Dr. L. K u h n zusammengestellt, die Avifauna des gesammten Torontáler Comitates ent-
haltend.

Beide Sammlungen zusammen umfassen etwa 550 Objecte,
ausserdem eine kleine Eiersammlung aus Perjámos.

Zeitmangel gestattete mir bisher nicht, ein gründlicheres
Studium dieser leider recht unvortheilhaft in engen Kästen
untergebrachten interessanten Collectionen vorzunehmen, und
so kann ich nur notieren, was mir en passant auffiel.

Plectrophanes nivalis (L.), December 1893.
Otocoris alpestris (L.), 24 December 1894.
Totanus stagnatilis Bechst., 28. September 1895.
Anser brachyrhynchus Baill., 2 Exemplare, 14. December 1895.
Pelecanus crispus Bruch., 10 November 1895.
Pelecanus onocrotalus L., '0. Mai 1857.
Ploceus atrogularis Vogt., - natürlich ein entkommener
Käfigvogel — am 3. November 1895 bei Perjámos „in einem
Walde" erlegt, steht (mitgefangen, mitgehangen!) auch in dieser
Collection.

Endlich ist noch die Ausstellung zoologischen Materiales
aus dem vom u n g a r. K a r p a t h e n v e r e i n e in rühriger
Weise gegründeten und sorgfältig in streng wissenschaftlicher
Weise ausgestatteten K a r p a t h e n - M u s e u m zu erwähnen,
dessen ornithologischer Theil viel Interessantes aufweist, darunter einige Arten, welche ausschliesslich der ungarischen Ornis
aus der Karpathenregion angehören.

Leider konnte ich mir auch da die interessanten Samm-
lungsdaten nicht verschaffen und muss mich damit begnügen,
die einzelnen Objecte der Collection zu notieren, welche be-

sonders auffallend sind. Wie mir versichert wurde. stammen
die Belegexemplare sämmtlich aus der Karpathenregion.*)
Aquila chrysaëtus (L.) (Typus *fulva.*) Bekanntlich noch
Brutvogel der Hoch-Karpathen.

Scops giu (Scop.)
Nyctale tengmalmi (Gm.)
Nucifraga caryocatactes (L.) Brutvogel im Gömörer Comitat.
*Pyrrhocorax alpinus***) Koch.
Turdus torquatus alpestris (Chr. L. Br.)
Ruticilla titis cairii (Gerbe.)
Accentor collaris (Scop.)
Parus cyaneus Pall. 2 Exemplare.
*Poecile palustris borealis****) Selys.
Tichodroma muraria (L.) aus Kapivár, Sároser Comitat.
Anthus spipoletta (L.) Brutvogel der Hoch-Karpathen.
*Citrinella alpina*****) (Scop.)
Montifringilla nivalis (L.)
Loxia curvirostra L.

Mit dieser gewiss nicht uninteressanten Liste nordisch-
alpiner Vögel schliesse ich meinen Bericht. welcher durchaus
keinen Anspruch darauf erheben kann, fachlich und wissenschaftlich neues zu bringen. sondern — dem Wesen der Millenniums-Ausstellung entsprechend — sich damit begnügen musste,
aus dem in derselben à forfait zerstreuten Materiale dasjenige
herauszuheben und zu gruppieren, was auf die Verbreitung
der Avifauna des Landes und auf die Kenntnis derselben im
Lande einen Schluss zu ziehen gestattet.

*) Und wohl vorwiegend aus dem Árvaer Comitate, da die Sammlung
des Revierförsters A. Kocyan, der sich um die genauere Erforschung der
Tátra-Ornis ein grosses Verdienst erwarb, in den Besitz des Karpathen-Mu-
seums übergieng. Ich möchte hier aber auf den Umstand aufmerksam machen,
dass Herr A. Kocyan auch von auswärts bezogene Stücke in seiner Sammlung
aufstellte, daher nicht alle Exemplare seiner wertvollen Collection aus Ungarn
stammen. D. Herausgeb.

**) Der Tátra fehlt diese Art. D. Herausgeb.

***) Ist bekanntlich nicht die nordische, sondern eine ihr nachstehende
Form: *P. palustris salicariu (accedens)* Chr. L. Br. D. Herausgeb.

****) War bisher aus Ungarn nicht nachgewiesen, obgleich ihr Vorkommen
behauptet wurde. Ich möchte ein so weit östliches Vorkommen in Frage
ziehen. D. Herausgeb.

15*

Bemerkungen zu:
„Ein abweichendes Exemplar der Mehlschwalbe."
Von V. Ritter Tschusi zu Schmidhoffen.

Die unter vorstehender Überschrift veröffentlichte Mittheilung v. Ssomow's (vgl. dieses Journ. VII. 1896. p. 80—81) veranlasst mich zu einigen Bemerkungen. Ich theile nicht die Vermuthung des Autors, in der von ihm beschriebenen Hausschwalbe eine neue Form derselben zu erblicken, sondern bin der Ansicht, dass es sich hier um eine individuelle Aberration handelt. Veranlassung dazu geben mir drei Exemplare meiner Sammlung, welche auf den allerdings normal weissen, nicht hellgrauen unteren Schwanzdecken, eine ähnliche, aber bei allen drei Individuen abweichende schwarze Zeichnung aufweisen.

a) ♂ (Hallein, Salzb., 3. IX. 92). Die längste obere Deckfeder besitzt vor ihrem Ende zwei 8 mm lange, 1·5 mm breite, vor dem Federende zu einem spitzen Winkel zusammenlaufende schwarze Striche.

b) ♀ (Zuberez. Ob.-Ung., 27. VI. 87) Auf der zweitgrössten oberen Deckfeder steht, kurz vor derem Ende, ein 7 mm langer, an seiner breitesten Stelle 5 mm breiter, tief ausgeschnittener, spitz verlaufender, herzförmiger schwärzlicher Fleck auf weissem Grunde.

c) ♂ (Zuberez. Ob.-Ung., 27. VI. 87). Die beiden längsten Decken haben schwarze, in ihrer Form und Grösse verschiedene Zeichnung. Die linke Decke hat die Aussenfahne bis auf einen ganz feinen weissen Saum in einer Ausdehnung von 7 mm vor ihrem Ende schwarz, die Innenfahne nur bis 5 mm. Die rechte Decke zeigt auf der Aussenfahne vor dem Ende einen 4 mm langen, 2 mm breiten Fleck, der an der gleichen Stelle der Innenfahne kaum merklich angedeutet erscheint. Ausserdem haben mehrere der äussern kleinen unteren Decken die Aussenfahnen schwarz und zwar zahlreicher auf der linken als auf der rechten Seite.

Eine ähnliche Aberration bei der Dorfschwalbe (*Hirundo rustica* L.) hat v. Madarász in den Mittheilungen des ornithologischen Vereines in Wien (V. 1881, p. 28—29) beschrieben

und war damals geneigt, den Vogel für einen Bastard von
H. rustica mit *cachirica* oder *rufula* zu halten. Das Exemplar,
welches mir durch die Güte seines Besitzers vor Jahren vor-
gelegen hatte, ist ein alter Vogel, dessen Unterkörper die
rostgelbliche Färbung der *H. rustica pagorum* Chr. L. Br.
trägt und auf Brust und Bauch unregelmässig vertheilt, manchmal
näher zusammenrückend, schmale schwarze Längsstreifen besitzt. Die unteren Schwanzdecken zeigen auch hier eine ab-
norme Zeichnung, indem die beiden längsten einen ziemlich
grossen, dunkelgrün schimmernden dreieckigen Fleck aufweisen,
der gegen die Feder zu spitz verläuft, während die kleinen
einen schmalen Längsstreifen von gleicher Färbung in der
Mitte tragen.

Der Vogel wurde von v. Madarász den 27. Juni 1879 in
Budapest erlegt.

Meine eingangs geäusserte Ansicht über die von v. Ssomow
beschriebene Mehlschwalbe, der ich drei weitere ähnliche Fälle
bei dieser Art aus meiner Sammlung, sowie die von v. Madarász gesammelte Dorfschwalbe an die Seite stellte, glaube
ich durch die angegebenen Details und den Umstand begründet
zu haben, dass, da die anomale schwarze Zeichnung nicht
nur bei jedem der vier Exemplare in verschiedener Form und
Vertheilung auftritt, sondern selbe auch an jedem Individuum
ungleichseitig vertheilt ist, mir sowohl die Annahme einer Subspecies als die einer Bastardierung vollkommen ausgeschlossen
erscheint.

Als Vorstehendes geschrieben war, hatte v. Ssomow die
Freundlichkeit, mir seinen Vogel zur Ansicht zu senden, wofür ich selben meinen Dank ausspreche. Ich vermag auch
jetzt meine Anschauung über dieses Exemplar, zu welchem
meine Stücke vermittelnde Übergänge bilden, nicht zu ändern,
möchte aber zu der Beschreibung des Autors noch ergänzend
beifügen:

Bürzel nicht weiss, sondern vorwiegend braungrau überflogen, besonders an seiner unteren Partie wie die unteren
Stossdecken dunkel gefärbt, lichter gesäumt. Kinn und Kehle
haben einen graubräunlichen Anflug, auch das Weiss der
Unterseite ist nicht rein.

230   v. Tschusi: Cyanecula orientalis und Cyanecula wolfi

Es wäre von Interesse, zu erfahren, ob derartige abweichende Färbungen und Zeichnungen – wie es zu vermuthen
ist — öfters bei der Mehlschwalbe beobachtet wurden. Aus
der Literatur sind mir derartige Fälle nicht bekannt.

Villa Tännenhof b Hallein. im August 1896.

Nochmals über Cyanecula orientalis Chr. L. Br.
und einige Worte über Cyanecula wolfi Chr. L. Br.

Von V. Ritter v Tschusi zu Schmidhoffen.

Herr J. P. Pražák hat in der „Ornith. Monatsschr."
(XXI. 1896. p. 163—164) meine Deutung der *Cyanecula
orientalis*)* einer Prüfung unterzogen und vermag auf Grund
derselben sich nicht meiner Ansicht, dass *C. orientalis* ein Um-
färbungsstadium des r o t h s t e r n i g e n Blaukehlchens dar-
stelle, anzuschliessen, hält dasselbe vielmehr — was auch ich
früher that — für das Bastardierungsproduct aus dem weiss-
und rothsternigen Blaukehlchen. möglicherweise auch für eine
vermittelnde Zwischenform der beiden Letzten.

Des Verfassers Ansicht stützt sich vorwiegend auf die
Untersuchung einer Suite von 24 rothsternigen Vögeln, die
von Dr. R. Niewelt in den Monaten September bis April in
Unter-Egypten gesammelt wurden. In dieser ganzen Reihe
befand sich nicht eine einzige *orientalis*. sondern sämmtliche
Stücke liessen sich gleich als rothsternige erkennen.

Das negative Untersuchungsergebnis. zu welchem Herr
Pražák gelangt. vermag meine Anschauung nicht zu erschüttern.
Es beweist nur, dass die *Orientalis*-Kleider selten vorkommen,
also nicht als r e g e l m ä s s i g e Erscheinung bei der im
Frühling sich vollziehenden Umfärbung von *C. caerulecula*
aufgefasst werden dürfen. Sie stellen dagegen einen dauern-
den oder temporären Störungsprocess bei der als Regel normal
verlaufenden Umfärbung der rothsternigen Form dar. infolge
dessen das Saison-Kleid seine vollständige Ausbildung nicht
oder erst verspätet erlangt. Solche Individuen, zumeist wohl
aus sehr verspäteten Bruten hervorgegangen, die im vorher-

---

*) Vgl.: Was ist *Cyanecula orientalis* Chr. L. Br.? »Orn. Jahrb.« VI. 1895,
p. 269—271.

gehenden Jahre ihr Jugendkleid nicht oder nur unvollständig gewechselt haben, kommen auch bei der Frühjahrsmauser, bezw. auch — wo diese stattfindet — bei der Umfärbung damit zu spät und tragen dann ein dementsprechendes Jugend- und Alterskleid repräsentierendes Gewand. Besonders auffällig zeigt sich das bei *Motacilla alba*. Auch bei dem rothsternigen Blaukehlchen werden ähnliche Ursachen die Veranlassung sein, dass es ab und zu in einem unvollständigen *(Orientalis-)* Kleide zur Beobachtung gelangt.

Einen ganz schlagenden Beweis, dass sich aus *C. orientalis* die *C. caerulecula* entwickelt, hat der bekannte Wiener Vogelhändler M. Rausch (Gef. Welt. XXIV. 1895. p. 10) erbracht. Abgesehen von seiner vollständig irrigen Anschauung über die beiden Blaukehlchenformen, auf welche näher einzugehen ich hier für überflüssig halte, birgt der genannte Aufsatz zwei Beobachtungen, die ich zur Illustration des vorher Gesagten hier citiere.

M. R a u s c h (l. c.) sagt: „Ich selbst besass vor mehreren Jahren ein wildgefangenes Blaukehlchen mit einem zimmetfarbenen Stern, welch' letzterer stark mit weissen Federn rings herum umsäumt war. Bei der ersten Mauser während seines Käfiglebens verschwand das Weiss und nur der braune Fleck blieb zurück. Nach wiederholtem Federwechsel verlor sich auch dieser und die Stelle zeigte düsteres bräunliches Blau. Leider ist mir der Vogel bald darauf in's Freie entkommen. . . . Ähnliche Wahrnehmungen machte ich an einem zweiten Blaukehlchen, das, wild eingefangen, r e i n weissternig war, nach Vollendung der ersten Mauser in der Gefangenschaft aber inmitten des weissen Fleckens einen ganz kleinen zimmtbraunen Stern bekam, so dass man durch diese Verfärbung den allmählichen Übergang des weisssternigen Blaukehlchens zum schwedischen als erwiesen ansehen konnte.“

Auf diese beiden Beobachtungen hin, wo sich in letzterem Falle aus einem weisssternigen (?) Blaukehlchen eine *orientalis* und in ersterem aus letzterer eine *caerulecula (succica)* entwickelte, deren rostfarbiger Stern bei späterem Federwechsel eine mit blau gemischte Färbung erhielt, glaubt M. Rausch in *Cyanecula cyanecula, C. orientalis, C. succica* und *C. wolfi* nur A l t e r s k l e i d e r einer Art zu erblicken, die einander in der hier angegebenen Reihenfolge ersetzen. Ich halte es für überflüssig, auf die Unrichtigkeit dieser Annahme speciell einzugehen, da sie hier nebenbei ihre Erklärung und Richtigstellung findet.

Was ersteren Fall anbelangt, wo sich aus einer *orientalis* eine *coerulecula* entwickelte, so beweist selber meine Annahme vollkommen und habe ich dem nichts weiter beizufügen.

Anders verhält es sich mit dem zweiten Falle, wo sich aus einer *cyanecula (leucocyanea)* eine *orientalis* herausgebildet haben soll. Hier scheint offenbar ein Irrthum vorzuliegen, der aber seine Erklärung dadurch findet, dass M. Rausch nicht ein weisskehliges Blaukehlchen *(leucocyanea)* vor sich hatte, sondern ein junges rothsterniges, dessen weisser Stern einen sehr blassen rostgelblichen Anflug besass oder solange er nur auf die Federspitzen beschränkt war, auch leicht verloren gegangen sein konnte. Eine andere Erklärung dieses Falles ist vollkommen ausgeschlossen, da das weiss- und das rothsternige Blaukehlchen zwei gute geographisch gesonderte Formen darstellen, bei denen zwar eine Kreuzung nicht unmöglich wäre, wogegen aber nie aus einem weissternigen Vogel ein rothsterniger *(orientalis* und *coerulecula)* hervorgehen kann.

Wir haben es offenbar auch hier mit einem jungen rothsternigen Blaukehlchen zu thun, das nicht oder noch nicht vollständig das Alterskleid erlangte.

Nachdem hier bewiesen wurde, dass sich aus der *C. orientalis* die *C. coerulecula (suecica)* entwickelt, wird man auch fernerhin erstere als anomale Phase der letzteren ansehen müssen. Dabei ist es aber theoretisch nicht ausgeschlossen, dass sich das *Orientalis*-Kleid, ohne die Ausbildung zu *C. coerulecula* zu erlangen, zu erhalten vermag, wenn die Ursachen, die es veranlassten, keine Änderung erfahren.

Das Wolf'sche Blaukehlchen (*Cyanecula wolfi* Chr. L.. Br.) gilt nun schon seit lange als eine Aberration des weisskehligen. A. Reichenow (Syst. Verz. Vög. Deutschl. p. 1) bemerkt bei letzterem: „Bei vorgeschrittenem Alter verschwindet der weisse Brustfleck. Solches Kleid ist *wolfi* (Br.) genannt worden."

Neuerer Zeit hat sich J. P. Pražák*) bemüht, dieses Blaukehlchen zu rehabilitieren. Trotz der von dem Genannten zu
Gunsten desselben vorgebrachten Gründe vermag ich mich
nicht für selbe zu erwärmen. Untersucht man eine Reihe stern-
loser Blaukehlchen, deren Plastron also nur blau ist. so findet
man solche, bei denen die blaue Färbung an der Stelle. wo sich
sonst der weisse oder rothe Stern befindet. gegen die Feder-
wurzel zu in eine schwärzliche übergeht (also sogen. echte *wolfi*) und
solche, bei denen das Blau mehr eine Oberflächenerscheinung
der Federn darstellt. indem es sich verschiedentlich tief gegen
die Wurzelhälfte erstreckt. die in diesem Falle weiss ist. welche
Färbung ja sehr oft. besonders in der Mitte durchschimmert.
Als was sind nun solche (letztere) Kleider aufzufassen? Etwa
als junge Individuen der *wolfi!* Das schiene recht plausibel;
es fehlt uns aber vollständig die Kenntnis des Wohn-. bezw.
Verbreitungs-Centrums, dieses europäischen Blaukehlchens.
Es findet sich überall vereinzelt, wiewohl immer selten. besonders typische Stücke, und an eine Bastardierung, wie sie bei
orientalis für möglich gehalten wurde. ist hier gar nicht zu
denken. da sie nichts besitzt, was für selbe zu sprechen vermöchte.
Nun ist es eine Thatsache. dass helle Stellen von gerin-
gem Umfange. wenn sie an ein aus gesättigten Farben bestehendes Feld grenzen oder in diesem selbst liegen, nicht
selten allmählich verkleinert. ja von demselben sogar absorbiert
werden können. wenn infolge eines Überschusses der umgebenden Partien an Pigment dieses gegen die isolierten Stellen
gedrängt wird. Der natürliche Weg ist hier der von der
Peripherie gegen das Centrum. welches diesem Processe am
längsten widersteht und zumeist seine ursprüngliche Farbe
durchschimmern lässt.
Ich finde diesen hier geschilderten Vorgang sehr hübsch
und deutlich durch das Wolf'sche Blaukehlchen in seinen verschiedenen Stadien illustriert und habe keinen Grund. es für
etwas anderes als für eine individuelle Farbenaberration anzusehen. wofür ja, wie schon erwähnt. neben dem Fehlen eines
Verbreitungs-Centrums auch seine Seltenheit sprechen.

Villa Tännenhof b Hallein. August 1896.

---

*) Orn. Jahrb., V. 1894, p. 44; Mitth. orn. Ver. Wien, XVIII. 1894,
p. 3, p. 138; XIX. 1895, p. 105.

Über das Vorkommen des rothsternigen Blaukehlchens (Cyanecula caerulecula (Pall.) in Österreich und Deutschland.

Von Victor Ritter v. Tschusi zu Schmidhoffen

Das Vorkommen des rothsternigen Blaukehlchens galt bisher im südlichen und mittleren Europa als Seltenheit; wenigstens gehört es zu den Ausnahmserscheinungen, wenn man in den faunistischen Arbeiten eine Bemerkung über sein Auftreten findet. Und doch scheint es bei weitem nicht so selten zu sein, als es, nach den dürftigen literarischen Hinweisen zu schliessen, den Anschein hat. Unserer Kenntnis des Vorkommens, bezw. Auftretens desselben während des Zuges stand insbesonders der Umstand hindernd im Wege, dass beide Formen in der Regel nicht als solche unterschieden und nur zu oft auch für die weissternige Form der Linnée'sche Name *suecica* angewendet wurde. Dies hat eine nicht unbedeutende Verwirrung verursacht, wenn auch in manchen Fällen es ersichtlich war, dass es sich um das rothsternige Blaukehlchen handelte, da bei einem derartigen Vogel, der in ornithologischen Kreisen für unsere Breiten als Seltenheit figurierte, der rothe Stern speciell hervorgehoben wurde.

Erst durch J. P. Pražák (Orn. Jahrb. IV. 1893, p. 100 und V. 1894, p. 46–47) erhielten wir Kenntnis, dass an gewissen Örtlichkeiten in N.-Ost-Böhmen, so bei Habřina, Semonic und Smiřic das rothsternige Blaukehlchen all-jährlich in ziemlicher Menge — gewöhnlich erst anfangs Mai — beobachtet wird, während es an anderen Orten N.-Ost-Böhmens nur sehr sporadisch und höchst unregelmässig auftritt. Ein Paar wurde sogar durch zwei Jahre bei Račic als Brutvogel constatiert. Hiermit wurde zum erstenmale nach-gewiesen, dass das nordische Blaukehlchen auf seinem Zuge nach seinem Brutgebiete regelmässig Rast bei uns hält. H. Gätke sprach sich (Vogelwarte Helgolands, p. 275) infolge der aus Süd- und Mittel-Europa vorliegenden Beobachtungen, die überall übereinstimmend das Erscheinen dieses Vogels auf dem Frühjahrszuge als Seltenheit bezeichnen, dahin aus, dass das nordische Blaukehlchen „seine Reise in einem Fluge, ohne im allgemeinen irgendwo zu rasten, zurücklegen muss," da von seinen Winterquartieren in Afrika Helgoland die einzige Ört-

lichkeit ist, wo es sich, mit Überspringung der dazwischen
liegenden grossen Länderstrecken, zuerst wieder in grösserer, ja
grosser Zahl, sogar alljährlich constatiren lässt.

Diese dem kleinen und ausserdem nichts weniger als zu
den besonders flugtüchtigen Arten gehörenden Vogel zuge-
schriebene, ganz ausserordentliche Flugleistung, stiess begreif-
licher Weise auf Zweifel, doch gelangte Gätke zu seinem Aus-
spruche nur durch den Umstand, dass das Vorkommen des
rothsternigen Blaukehlchens von allen ornithologischen Autoren,
von Italien bis Norddeutschland, auf dem Frühjahrszuge als
Seltenheit bezeichnet wurde, wie ja in der That die in den
zwischenliegenden Ländern nachgewiesenen Fälle seines Vorkommens eine verschwindend kleine Zahl bildeten. Gätke's Annahme beruhte also auf dem vorhandenen Beobachtungsmateriale
und musste derselbe auf Grund dessen zu obiger Schlussfol-
gerung gelangen, da es ja doch ausgeschlossen erschien, dass
der Durchzug dieses Vogels durch ein so grosses Ländergebiet
sich beinahe vollständig den Blicken der Beobachter zu ent-
ziehen vermocht hätte. Und doch scheint dies der Fall zu
sein! Prazak's Mittheilung hat evident bewiesen, dass das nordische Blaukehlchen auch bei uns local nicht selten auf dem
Frühjahrszuge erscheint, und, was hier der Fall, dürfte sich
wohl auch anderswo ereignen.

Verschiedene Artikel in der „Gefied. Welt," welche sich
mit der Blaukehlchenfrage vom Standpunkte des Vogellieb-
habers beschäftigen, veranlassten mich, in dieser in Liebhaber
und Händlerkreisen weitverbreiteten Zeitschrift eine Bitte um
Mittheilungen über das Auftreten des rothsternigen Blaukehlchens einzurücken, die mir in wenigen Tagen zwei Mittheilungen
brachte, welche ich hier mittheilen will.

Herr T. Wessely, Besitzer der Vogelhandlung „Ornis"
in Prag, schreibt:

„Das rothsternige Blaukehlchen wird hier bei Prag in
den Dörfern Bránik, Hodkowicka und Modřan jedes Jahr im
April und im August und September in 3–5 Köpfen gefangen
und zwar die grössere Zahl im Frühjahr. Ich bekomme auch
viele Blaukehlchen aus der Gegend von Lissa bei Melnik
a. d. Elbe, habe aber in den 20 Jahren, wo ich von dort beziehe,
nur 2 rothsternige erhalten; ein Beweis, dass es dort selten ist."

Herr Blimsrieder, Besitzer der Thierhandlung in Brünn, theilt Folgendes mit:

„Heuer erhielt ich 12 in Mähren gefangene Blaukehlchen, worunter sich 7 rothsternige befanden, die gleichzeitig mit den weissternigen Mitte März an der Schwarzawa und Zwittawa gefangen wurden."

Auf eine briefliche Anfrage an Herrn Math. Rausch, Singvogel-Exporthandlung in Wien, schreibt mir derselbe wie folgt:

„ . . . So viel ich mich erinnere, dürften es innerhalb des Zeitraumes von 10 Jahren — so lange ich den Vogelhandel betreibe — beiläufig 15-20 Vögel gewesen sein, die rothgesternt waren und durch meine Hände giengen. Die Vögel stammten theils aus Tirol, theils aus Mähren und Böhmen. Zwei Exemplare erhielt ich vor mehreren Jahren aus Stuttgart mit einigen weissternigen. Darunter befand sich damals auch ein östliches *(orientalis)*. Ausser diesem Stück habe ich seit 10 Jahren noch weitere 4 erhalten." . . .

„Vor etwa 20 Jahren hatten wir hier einen Händler, bei welchem ich öfters rothsternige Blaukehlchen sah, die ihm ein Mann vom Lande — also jedenfalls aus Niederösterreich — gebracht hatte. Auch ein Jäger, nächst Lassee (N.-Ö.), erzählte mir vor einigen Jahren, dass er manchmal rothsternige Blaukehlchen auf dem Frühjahrszuge in seiner Gegend wahrgenommen habe, vorherrschend seien aber die weissternigen gewesen."

Aus Frankfurt a. M. berichtet mir ein bekannter Vogelliebhaber, Herr C. Kullmann, Nachstehendes:

. . . . . Was den Zug der Blaukehlchen in unserer Gegend anbelangt, so haben wir verschiedene Stellen, wo er wirklich sehr stark ist, z. B. die ganze linke Mainseite zwischen Frankfurt und Offenbach bis ziemlich nach Hanau hin; ausserdem an einer ganz entgegengesetzten Stelle wieder, und zwar hinter Frankfurt, an dem kleinen Flüsschen, die Nied genannt, wo ganz besonders der Frühjahrs-, weniger der Herbstzug interessant ist. . . . .

Das Verhältnis des Vorkommens der weissternigen zu den rothsternigen und der letzteren zu den Wolf'schen ist wie 2 : 1.

Was Sie interessieren dürfte, ist, dass ich vor zwei

Jahren ausser 3 Gelegen des weissternigen Blaukehlchens in der Odergegend, ungefähr ½ Stunde von Frankfurt a. Oder, ein Nest des r o t h s t e r n i g e n mit vier Eiern fand.

Aus vorstehenden Angaben lässt sich mit Bestimmtheit schliessen, dass das nordische Blaukehlchen denn doch weit häufiger bei uns vorkommt, als man bisher angenommen hat und auf Grund der dürftigen Angaben in der Literatur schliessen musste.

Es scheint sich weiters zu ergeben, dass das nordische Blaukehlchen — entgegen dem weissternigen -- schmälere, schärfer begrenzte Zugwege hat und da wohl auch alljährlich gefunden wird, so lange sich die für dasselbe günstigen Bedingungen daselbst finden.

Es wird nun Aufgabe der Local-Faunisten sein, genauer auf das Vorkommen dieses Vogels zu achten, und dann wird es wohl — ich zweifle nicht daran — auch gelingen, ihn dort zu finden, wo man ihn bisher nicht erwartete. Vielleicht ergeht es mit ihm ähnlich wie mit dem Zwergfliegenfänger (*Muscicapa parva* Bchst.), der gleichfalls lange als Seltenheit bei uns galt und erst, als man nach ihm suchte, sich als local nicht allzu seltene Art entpuppte.

Bei der geringen Zahl Vogelkundiger ist das Übersehen eines Vogels wie das rothsternige Blaukehlchen, das sich ja vermöge seiner versteckten Lebensweise den Augen des Beobachters entzieht, sehr nahe liegend und selbst beim Erblicken der Art wird es in den meisten Fällen ohne bewaffnetem Auge kaum möglich sein, den rothen Stern mit Sicherheit zu erkennen. Da aber die Blaukehlchen zu den beliebten Käfigvögeln gehören, wird man durch controlierbare Nachforschungen bei Vogelfängern und Händlern — wie dieser Bericht beweist — schätzbare Daten zu sammeln in der Lage sein. Hiermit sei die Anregung zu weiteren Nachforschungen gegeben.

Villa Tännenhof b/Hallein, im September 1896.

Über ein älteres Bilderwerk dalmatinischer Vögel.

Von Victor Ritter v Tschusi zu Schmidhoffen

Julius Finger erwähnt in seiner Ornis austriaca*), dass er einige Arten in sein Verzeichnis nur auf Grund der Abbildungen dalmatinischer Vögel Baron Feldegg's aufgenommen habe. In einem Briefe Finger's aus den 80er Jahren theilte mir selber auf eine Anfrage über den Verbleib der von ihm erwähnten Bilder mit, dass er selbe als eine Erinnerung an Feldegg aufbewahre.

Durch die Güte der Witwe des Vorgenannten, Frau Marie Finger, hatt ich Gelegenheit, die erwähnten Abbildungen einer genauen Besichtigung unterziehen zu können, die mir in mehrfacher Beziehung interessant schien, darüber hier zu berichten. Die Sammlung trägt von der Hand des Malers die Aufschrift: Sammlung der in Dalmatien vorkommenden Vögelgattungen. Nach der Natur gezeichnet und gemalt von Anton Stöckl, Cadet im VII. Jäger-Bataillon.

Die Zahl der losen, in einer Mappe verwahrten Blätter beträgt 328, ihre Grösse 21 : 14·8 cm. Die Ausführung der Tafeln ist eine höchst ungleiche und verräth den Dilettanten, dessen Fortschritte in der Auffassung und Technik sich gut verfolgen lassen. Einige der offenbar letzten Tafeln sind in ihrer Ausführung bis in's Detail als ganz vorzüglich zu bezeichnen und würden. selbst heute noch. jedem Bilderwerke zur Zierde gereichen. Wann diese Bildersammlung, der die Feldegg'schen Exemplare zum Vorwurfe dienten. entstand. ist nicht angegeben. Ich glaube jedoch nicht allzusehr zu irren. wenn ich sie auf den Anfang der 30er Jahre datiere. da einige der Tafeln die Jahreszahl 1830 mit Tinte geschrieben. — andere als Wasserzeichen tragen.

Von Wichtigkeit ist vorerwähnte Collection deshalb. weil in ihr nur in Dalmatien erlegte Exemplare, öfters in beiden Geschlechten und verschiedenen Alterskleidern, zur Darstellung gelangten und sich darunter eine nicht unbedeutende Zahl solcher Arten befindet. die entweder seither nicht wieder im Lande aufgefunden wurden oder doch zu den Seltenheiten gehören.

---

*) Verhandl. d. zool.-bot. Ver. in Wien. VII. 1857. Abhandl. p. 556.

Sehr zu bedauern ist es, dass alle Angaben über Ort und Zeit der Erlegung mit nur einzelnen Ausnahmen fehlen, die den Wert dieser Sammlung ganz ausserordentlich erhöht haben würden.

Ich lasse hier die Liste der interessanteren Arten unter den auf den Tafeln verzeichneten Namen folgen. Auffallender Weise fehlen dieser Collection nicht wenige, gerade für Dalmatien charakteristische Arten; die von J. Finger erwähnte Darstellung des *Falco concolor* war nicht auffindbar.

Die durch halbfetten Druck hervorgehobenen Arten sind solche, welche meines Wissens nicht wieder in Dalmatien aufgefunden wurden und deren Vorkommen sich nachweislich nur auf die hier angeführten Fälle beschränkt. Der grösste Theil derselben dürfte sich nach mündlicher Angabe Dr. A. Fritsch's im böhmischen Landesmuseum in Prag befinden, da doch der Genannte beim Verkaufe der Feldegg'schen Sammlung die seltenen Objecte für genanntes Institut erwarb.

Falco naevius juv., 25. X. 1830. Ist offenbar *Aquila clanga* Pall. und stimmt mit Naumann's Taf. 342 überein.

Falco nisus. Männchen ad. Oben mohnblau, hellrostroth gewellt; Tarsen kurz und stämmig, was auf *Astur brevipes* Sev. hinweisen würde, zumal eine zweite Abbildung einen Sperber mit langen, dünnen Ständern zeigt.

Falco peregrinus. Ein junger Vogel, der weit eher an *Falco lanarius* Pall. erinnert.

Lanius excubitor. Nur die Handschwingen zeigen den Spiegelfleck; Brust und Seiten sind gewellt, was auf *L. excubitor major* Pall. deuten würde.

Fringilla coelebs. Kinn, Kehle, Halsseiten und Oberbrust weinroth, Rücken röthlichbraun, nur der Oberkopf von der Stirne bis in den Nacken grau. (Aberration?)

Alauda alpestris. Wenn auch in der Färbung sehr mangelhaft ausgeführt, lässt der unterbrochene Kehlfleck deutlich erkennen, dass es sich um *Otocorys alpestris* und nicht um die neuerer Zeit durch Prof. P. Kolombatović auch aus Dalmatien nachgewiesene *O. alpestris penicillata* Gould handelt.

Alauda arvensis. Eine semmelgelbe Aberration mit lichten Nackttheilen, aber dunklen Augen.

Turdus migratorius. Weibchen ad.

Sturnus vulgaris. Männchen mit grünem Kopf und purpurfärbigem Nacken und ebensolchen Kopfseiten.

Emberiza palustris. Männchen mit starkem Schnabel.

„   *nivalis.* Männchen ad.   *Calcarius nivalis* (L.)

Parus biarmicus. ♂, ♀ – *Panurus biarmicus.* (L.)

„   *lugubris.*

„   *palustris* mit **grauer** Oberseite.

Pastor roseus. Männchen ad.

Bombycilla garrula. Männchen.

Tetrao bonasia. Männchen.

Perdix saxatilis. Weisse Aberration mit gelblich angedeuteter Bänderung an den Seiten und rother Pupille.

Tetrao lagopus. Männchen und Weibchen im Winterkleide *Lagopus mutus* M.

Grus virgo ad.

Phoenicopterus ruber   *P. roseus* Pall.

Corvus caryocatactes. Nach dem langen, dünnen Schnabel und dem breiten Weiss auf den Steuerfedern zu urtheilen: *Nucifraga caryocatactes leptorhynchus* R. Bl.

Haematopus ostralegus ad.

Porphyrio hyacinthinus. Ganz blau, also die italienische Art *(P. caeruleus* Vand.)

Sterna anglica. ⎫
„   *caspia.* ⎭ Beide im Sommerkleide.

Larus tridactylus.

„   **eburneus.**

Mergulus alle.

Uria troile.

Mormon fratercula. Das zu dieser Tafel benützte Papier trägt die Jahreszahl 1830 als Wasserzeichen.

Pelecanus onocrotalus ad. und juv., 17. VI. 1830. ist *P. crispus* Bruch.

Anser torquatus = *Bernicla brenta.*

„   *albifrons.*

Anas rufina. Männchen.

„   *nigra.* Weibchen u. Männchen.

„   „   Männchen *fusca.* Männchen.

„   **spectabilis.** Männchen.

„   **mollissima.** Männchen.

Anas mollissima. Weibchen ═ **Somateria spectabilis.** ♂

„ *tadorna.*

„ **histrionica.** Männchen.

„ *Cygnus* — *Cygnus cygnus* (L.)

Procellaria glacialis *Gavia alba* (Gunn.)

Procellaria leachi . *Thalassidroma leucorrhoa* (Vieil.), wahrscheinlicher die südliche Form. *cryptoleucura* (Ridgw.)

Villa Tännenhof b Hallein. November 1895.

Nicht Numenius phaeopus, sondern tenuirostris in Tirol.

Auf p. 120 dieses Jahrganges brachte ich die Mittheilung von der Erlegung eines Regenbrachvogels im Wippthaler Gebiete. Ganz kürzlich hatte ich durch die Güte meines hochverehrten Freundes. Ludw. Baron Lazarini. Gelegenheit, das betreffende, tadellos präparirte Stück zur Ansicht zu erhalten. und da stellte es sich sofort heraus, dass dasselbe kein Regenbrachvogel, sondern der für unsere Breiten seltene dünnschnäblige Brachvogel ist. dessen Vorkommen in Tirol durch diesen Fall zum erstenmale nachgewiesen ist.

Villa Tännenhof b Hallein. im October 1896.

v. Tschusi zu Schmidhoffen.

Literatur.

Berichte und Anzeigen.

Naumann's Naturgeschichte der Vögel Deutschlands und des angrenzenden Mittel-Europa's. Neu bearbeitet von Dr. R. & Dr. W. Blasius. Dr. R. Buri, Stef. Chernel v. Chernelháza, Dr. C. Floericke, Dr. A. Girtanner, A. Goering, F. Grabowsky, E. Hartert, Dr. F. Helm, Dr. C. R. Hennicke, O. Kleinschmidt, Dr. O. Koepert, Dr. P. Leverkühn, O. v. Loewis. E. de Maes, N. W. Marshall, Dr. J. P. Pražák, Dr. E. Rey, J. Rohweder, O. v. Riesenthal, E. Rzehak, Dr. O. Taschenberg, J. Thienemann, V. Ritter v. Tschusi zu Schmidhoffen, J. v. Wangelin und W. Wurm. herausgegeben von Dr. C. R. Hennicke in Gera. — Gera-Untermhaus. Lithographie. Druck und Verlag von Fr. Eug. Köhler. Vollständig in XII Bänden oder ca. 100 Lieferungen in Fol. mit je 3—4 Chromotafeln und Text à Mk. 1.—.

16

Die schwere Erhältlichkeit, sowie der hohe Preis von Naumann's klassischem Werke haben die Verlagshandlung von Fr. Eug. Köhler in Gera Untermhaus veranlasst, eine neue Ausgabe zu veranstalten, von der uns 2 Lieferungen vorliegen. Das ganze Werk soll innerhalb vier Jahren in 100 Lieferungen erscheinen und darnach der Subscriptionspreis von 100 Mk. auf 150 Mk. erhöht werden. Die Herausgabe und Redaction übernahm auf Wunsch des Verlegers Dr. C. R. Hennicke — Gera, der eine grössere Zahl Ornithologen für das Unternehmen gewann.

Was die Neubearbeitung des Textes anbelangt, so soll die Originalität des alten Werkes strenge gewahrt bleiben und jene sich nur auf Berichtigung irrthümlicher Angaben als Fussnote und auf zeitgemässe Ergänzungen beschränken, welche als solche durch beigefügte [ ] und Abreviaturen der Namen der betreffenden Bearbeiter kenntlich gemacht werden.

Die Abbildungen werden der 8° Ausgabe entnommen, dem Formate der neuen Auflage entsprechend von den damit betrauten Künstlern (A. Goering, O. Kleinschmidt und E. de Maes) vergrössert und, wo es nöthig scheint, die Stellungen verändert.

Bei dem hohen Ansehen, dessen sich Naumann's Werk unter allen Ornithologen erfreut, fand die Nachricht von dem Erscheinen einer neuen Auflage im allgemeinen keine günstige Aufnahme, die nicht zum geringsten Theile in dem Pietätsgefühle begründet war, welches das klassische Werk von jeder Veränderung oder fremden Beigabe frei -, in seiner ganzen Originalität erhalten sehen wollte. Anderseits aber fand der Gedanke, das treffliche Werk durch die seit Erscheinen der den XIII. Band bildenden Nachträge gemachten Forschungen, bis auf die Neuzeit zu ergänzen, freudigen Wiederhall, zumal bei dem niedrigen Preise und dem lieferungsweisen Erscheinen desselben, dessen Anschaffung jedem ermöglicht wird.

Auch wir schlossen uns der letzteren Anschauung an, in der Überzeugung, dass das Programm in seiner Gänze stricte durchgeführt werden würde.

Die nun vor einigen Monaten erschienene I. Probe-)Lieferung brachte in ihren Tafeln eine arge Enttäuschung. Die jener Lieferung beigegebenen Tafeln waren Reproductionen aus der alten Folio-Ausgabe von J. A. Naumann, die in Stellung, Zeichnung und Colorit einer weit hinter uns liegenden Epoche angehörten und höchstens historisches Interesse beanspruchen konnten. Wenn die Ausgabe solcher Tafeln eine scharfe Kritik erfuhr, so war selbe nur berechtigt. Die Tafeln einer neuen Ausgabe des Naumann'schen Werkes mussten nicht nur denen der 8° Ausgabe ebenbürtig seien, sie mussten auch in ihrer ganzen Ausführung auf der Höhe der Zeit stehen und den berechtigten Anforderungen genügen, die man heute an bildliche Darstellungen stellt.

Verleger und Herausgeber sind nun den von Seite der Mitarbeiter im Interesse des Werkes gemachten Vorschlägen in jeder nur möglichen Weise nachgekommen, so dass neben der textlichen Ergänzung auch für eine würdige zeitgemässe Herstellung der Tafeln Garantieen geboten sind.

Mit Übergehung der I. Lieferung, deren Text und Tafeln nachgeliefert werden, wenden wir uns der kürzlich ausgegebenen II. zu, die des VI. Bandes I. Lieferung bildet. Sie enthält die Tafeln: 3 *Columba oenas* Männchen und juv.; 5 *Lagopus lagopus* Männchen im Winter und Sommer; 6 *Lagopus mutus* Männchen, Weibchen im Winterkl.; 18 *Phasianus colchicus* Männchen, Weibchen; 27 Schwarzdruck und vom Text: V. Ordn. Girrvögel. Familie Tauben, Feldtaube, *Columba livia* L., p. 1—16.

Wir können uns bezüglich dieser Lieferung kurz fassen. Die 4 Tafeln von A. Goering nach den Naumann'schen Originalen angefertigt und mit landschaftlichem Hintergrund versehen, können bis auf einige kleinere Fehler — unrichtige Stellung des Nagels der Hinterzehe bez. dieser selbst beim Winterkleide des Moorschneehuhns und viel zu breite Rose beim Winterkleide beider Schneehuhnarten — die offenbar, weil Copien, nicht dem Künstler zur Last fallen, als gelungen bezeichnet werden. Allenfalls hätten wir beim Weibchen des Alpenschneehuhns noch auszustellen, dass dasselbe entschieden zu breit gerathen ist. Als die gelungenste der Tafeln möchten wir die den Edelfasan (18) darstellt, bezeichnen.

Wenn es schon beabsichtigt ist, Copien der Naumann'schen Tafeln zu bringen, so möchten wir doch dringend empfehlen, gut präparierte Exemplare zum Vergleiche herbeizuziehen; es würden dadurch gewiss manche, wenn auch kleine, immerhin den Kenner störende Fehler leicht vermieden werden können. Leider hat Naumann in den meisten Fällen es versäumt anzugeben, woher die von ihm abgebildeten Arten stammten. Das ist aber von Wichtigkeit, besonders heute, wo man die grosse Variabilität der Art mit kritischem Blicke verfolgt Es sollte daher in allen Fällen, wo es sich um Originalabbildungen handelt, angegeben werden, woher die Exemplare stammen und wo sie sich befinden.

Aus technischen Gründen erscheint der Band VI, welcher die Tauben, Hühnervögel, Reiher, Flamingo's und Störche behandelt, zuerst.

Die der vorliegenden Lieferung beigegebenen 2 Bogen Text enthalten: V. Ordn. Girrvögel, Gyrantes, von F. Helm; Familie Tauben, Coumbidae, von F. Helm und R. Buri und die Feldtaube, *Columba livia*, L. von C. Floericke und sind dem heutigen Stande der Wissenschaft entsprechend ergänzt.

Es erübrigt noch zu bemerken, dass die in dem Werke angewandte Nomenclatur den von den internationalen zoologischen Congressen zu Paris (1889) und zu Moskau (1892) angenommenen Regeln der Nomenclatur —, die systematische Eintheilung — geringe Veränderungen ausgenommen — dem Reichenow'schen Systeme folgt. Jedem Bande werden auch die Abbildungen der Eier der darin beschriebenen Vogelarten beigegeben.

Der Text ist halbbrüchig gedruckt und zeigt die verschiedenen Abschnitte der früheren Ausgabe.

Druck und Papier sind vorzüglich und der Preis der Lieferung ein so niedriger, dass die Anschaffung den weitesten Kreisen ermöglicht ist.

Wir hoffen, dass Verleger, Herausgeber und Mitarbeiter ihr möglichstes thun werden, das alte klassische Werk, welches auch fremde Nationen als

eine Musterarbeit deutschen Fleisses und deutscher Gründlichkeit anerkennen,
textlich und illustrativ zeitgemäss zu gestalten; dann bedarf es keiner weiteren
Anempfehlung.   T.

A q u i l a. Zeitschrift f. Ornithologie. -- Budapest, 1896. Nr. 1, 2.
I n h a l t: O. H e r m a n : Scharfe Grenzen und scheinbare Verspätun-
gen, ihre Bedeutung für den Frühlingszug der Vögel. -- G. v. G a a l: Der Vogelzug in Ungarn während des Frühjahrs 1895. — K. H e g y f o k y: Meteorolo-
gische Angaben zum II. Jahresberichte über den Frühjahrszug der Vögel im
Jahre 1895. — T. H e l m: Frühjahrsbeobachtungen an den Teichen von Froh-
burg. — St. v. Chernel: Die Frühjahrsankunft der Zugvögel in Kösseg. — K l e i-
n e r e M i t t h e i l u n g e n. — I n s t i t u t s a n g e l e g e n h e i t e n.   T.

G. v. G a a l: Der Vogelzug in Ungarn während des Frühjahrs 1895.
(Sep. a: „Aquila." Ill. 1896. p. 7—116.)
Wie der erste Bericht folgt auch der zweite derselben Reihenfolge in
Bezug auf die Zusammenstellung (vgl. Orn. Jahrb. VI 1895, p. 275—276) und
zeichnet sich wie sein Vorgänger durch sorgfältige und kritische Bearbeitung
des zu bewältigenden beträchtlichen Materials aus, das durch weiteren Beitritt
von Beobachtern eine erfreuliche Vermehrung gefunden hat.   T.

C. F l o e r i c k e: Zweiter Nachtrag zur Ornis der kurischen Nehrung.
(Sep. a.: „Mitth. Orn. Ver." Wien, XX. 1896. 4. 6 pp.)
Verf. zieht sechs Arten, welche sich in seiner mit F. Lindner veröffentlichten Arbeit*) angeführt finden (*Acrocephalus aquaticus, Falco sp.?, Circaëtus
gallicus, Limosa aegocephala, Totanus stagnatilis* und *Sterna cantiaca*) ein, weil
für deren Vorkommen keine Belege vorliegen, wogegen für fünf Arten, die
als zweifelhaft angesehen wurden, solche erbracht wurden. Wir heben von
diesen *Falco lanarius* hervor. Den fortgesetzten Bemühungen des verdienten
Autors ist es gelungen, den bisher 220 für das Gebiet nachgewiesenen Arten
noch 14 weitere beizufügen, darunter *Saxicola stapazina, Acanthis linaria exilipes, Sturnus vulgaris menzbieri, Lagopus albus, Tadorna casarca*. Von den
früher schon constatierten Arten wurden 1895 *Numenius phaeopus, Tringa
alpina* und *Larus minutus* als B r u t v ö g e l angetroffen. *Tringa temmincki* und
Limicola platyrhyncha waren auf dem Herbstzuge häufig, *Phalaropus hyperboreus*
nicht selten; von *Fuligula histrionica* wurde 1894 ein Weibchen erlegt. *Urinator arcticus* erschien im Mai 1895 in ganzen Scharen. Die Gesangsleistungen
der Vögel der kurischen Nehrung sind minderwertig; nur die aus dem Norden
erscheinenden kleinen Stieglitze und die indigenen Gelbspötter machen eine
Ausnahme, welch' letztere sich als ganz hervorragende Gesangskünstler erwiesen.   T.

*) Zur Ornis der kurischen Nehrung. — Mitth. Orn. Ver. 1894.

Verantw. Redacteur, Herausgeber und Verleger : Victor Ritter von Tschusi zu Schmidhoffen, Hallein.
Druck von Ignaz Hartwig, Freudenthal, Kirchenplatz 13.

Index.

Corrigenda.

Vgl. pag. 164.

pag. 122 steht Zeile 18 von oben letzteres, statt letztere.
,, 133 ,, 14 ,, unten *macrura,* ,, *macrura.*
,, 134 ,, ,, 13 ,, ,, *leucoptera,* ,, *leucoptera.*
,, 142 ,, ,, 4 ,, ,, *litoreus,* ,, *littoreus.*
,, 203 ,, ,, 9 ,, oben 22. Juni, ,, 22. Mai.

Bemerkung.

In dem Berichte „Über ein älteres Bilderwerk dalmatinischer Vögel" (p. 239—241, wurden die bemerkenswerten Arten in derselben Reihenfolge aufgezählt, in der die einzelnen Tafeln in genannter Bildersammlung auf einander folgen.

www.ingramcontent.com/pod-product-compliance
Lightning Source LLC
Chambersburg PA
CBHW021522210326
41599CB00012B/1348